"十二五"国家重点图书

绿色建筑
——西部践行

The practice of
green building
in western China

刘加平 等著

中国建筑工业出版社

图书在版编目（CIP）数据

绿色建筑——西部践行 / 刘加平等著 . —北京：中国建筑工业
出版社，2015.12
"十二五"国家重点图书
ISBN 978-7-112-18917-5

Ⅰ . ①绿…　Ⅱ . ①刘…　Ⅲ . ①生态建筑—研究—西北地区
②生态建筑—研究—西南地区　Ⅳ.①TU18

中国版本图书馆CIP数据核字（2015）第316384号

本书为"十二五"国家重点图书出版项目，内容分为上、中、下篇三个部分。其中第1章和第2章为上篇，立足于人、社会、自然之间盘根错节的关系，提出了以本土观和地域性为理论基础，以人体需求为依据的绿色建筑层级理念。第3章到第6章为中篇，研究团队以绿色建筑基础研究案例为主线，在立足于西部地区的基础上不断拓宽研究视野，将云南、西藏、新疆、海南等具有代表性的地区都纳入了研究的范围。详细论述了针对绿色建筑本土属性和地域属性的研究方法，探讨了在这些地区构建绿色建筑的途径，为同类的绿色建筑研究提供参考。第7章到第11章为下篇，介绍了作者及其团队多年来的绿色建筑实践项目，给出了将绿色建筑理论和方法应用于实践操作的方法。

责任编辑：陈　桦　杨　琪
责任校对：张　颖　关　健

*

"十二五"国家重点图书

绿色建筑——西部践行

刘加平　等著

*

中国建筑工业出版社出版、发行（北京西郊百万庄）
各地新华书店、建筑书店经销
北京京点图文设计有限公司制版
北京缤索印刷有限公司印刷

*

开本：787×1092毫米　1/16　印张：16　字数：375千字
2015年12月第一版　2015年12月第一次印刷
定价：**89.00**元
ISBN 978-7-112-18917-5
（28077）

前 言

绿色建筑就是既坚固、实用、美观,又节约资源、健康环保的建筑。蜘蛛结网、老蚕作茧、燕子筑巢,动物都有构筑生存空间以躲避自然侵害的本能,人也是如此,因此建筑最基本的目标是为人之生存提供"坚固"的场所。随着人类应对自然的技能日益娴熟,建筑不再局限于为生存提供安全保障,还为人之社会生活和精神追求营造"实用"、"美观"的人工环境。工业革命以来人类改造自然的能力与日俱增,迎来文明飞速发展的同时,也导致资源极度消耗和环境严重破坏,不仅反向制约社会的发展,甚至威胁人类基本的生存,于是建筑又被赋予了"节约资源"和"健康环保"的绿色使命。反思人之于自然,从被动躲避到主动应对,从改造利用到消耗破坏,征服的野心成就了高度发达的文明,也可能成为人类自我勒毙的井绳。唯有遵从人与自然和谐共存的法则,缔造社会发展的新秩序,才是人类永续之道。为此构建新型建筑秩序,使其既满足人对坚固、实用、美观的需求,又最少的利用自然资源,还最好的维护自然环境,则是绿色建筑的核心精神。

常有人存在"科技至上"的误解,认为绿色建筑就是投入高精尖的技术设备,事实上却与绿色建筑的精神背道而驰。本书正是以此为背景,探讨绿色建筑的理论体系,论述绿色建筑的方法策略,介绍绿色建筑实践经验。作者希望这样做能给予致力于绿色建筑研究或实践的人士一些借鉴,也希望能引起广大建筑同仁共鸣,共同为推动绿色建筑发展尽一份力。本书可以分为三个部分,其中第1章和第2章为上篇,立足于人、社会、自然之间盘根错节的关系,提出了以本土观和地域性为理论基础,以人体需求为依据的绿色建筑层级理念。第3章到第6章为中篇,研究团队以绿色建筑基础研究案例为主线,在立足于西部地区的基础上不断拓展研究视野,将云南、西藏、新疆、海南等具有代表性的地区都纳入了研究的范围。详细论述了针对绿色建筑本土属性和地域属性的研究方法,探讨了在这些不同地区构建绿色建筑的途径,为同类绿色建筑研究提供参考。第7章到第11章为下篇,介绍了作者及其团队多年来的绿色建筑实践项目,给出了将绿色建筑理论和方法应用于实践操作的方法。

本书由刘加平主稿,其中第1章和第2章由成辉撰写;第3章由王芳撰写;第4章由李恩撰写;第5章由何文芳撰写;第6章由陈敬撰写;第7章到第11章由刘加平撰写,由成辉、陈敬执笔完成。

目　录

上篇
绿色建筑理论体系

第1章 绿色建筑

1.1 绿色建筑的背景与发展

绿色建筑是一个既古老又新颖的论题。古人建房就知道"尊重自然、顺应自然"，这其中蕴含着原生、朴素的"绿色"思想，是人类对自然依赖和敬畏的无奈与抉择。如今再提绿色建筑，是因为人类面临全球生态恶化、环境破坏、资源危机、建筑能耗过高等诸多外部环境灾难，而这些灾难威胁着人类自身及后代的存续问题。绿色建筑的再一次提出，标志着人类已经并逐步正视与应对生态环境危机挑战，反省与纠正自身行为后果。

1.1.1 绿色建筑产生的背景

1. 环境恶化

现代意义上的环境问题主要是由工业革命后人类大规模地开发和利用自然资源引起的。可大致分为三个主要阶段[1]：18世纪后期至20世纪60年代环境问题，主要表现在各国工业区、开发区一带的局部污染和自然资源破坏，如伦敦、纽约等早期工业城市都多次发生毒雾事件，造成多人死亡。20世纪60~80年代伴随着国际间的资源开发、原材料的输入输出、工业生产以及贸易往来，污染物在大气中扩散，在国际水道间蔓延，大大超过了环境的自净能力，引发了一系列国际环境纠纷。20世纪80年代至今随着人类文明的飞速进步，环境问题成为各国在发展过程普遍遇到的困局。地球环境状况进一步恶化，生态系统遭到巨大破坏，全球变暖、臭氧层耗竭等一系列全球性环境问题迫近人类，对整个人类的生存和发展构成严重威胁。

20世纪的100年时间里，世界人口从16亿增加到60亿，增加了近4倍；工业生产增加了50倍以上；能源消耗增长了100多倍。据联合国环境规划署统计，现在世界上有一半以上的地方水源不足，第三世界只有25%的人能饮用清洁水，森林面积以每年1800万公顷的速度从地球上消失，每年有600万公顷的土地沦为沙漠，250亿吨表土流失，有1000种鸟类和哺乳动物以及10%的植物正面临灭绝的危险。[2]

进入21世纪，人类仍然面临更严峻的环境问题。研究表明[3]："存在着急剧改变地球和威胁地球上许多物种，包括人类生命的环境趋势。每年有600万公顷具有生产能力的旱地变成无用的沙漠，它的总面积在30年之内大致等于沙特阿拉伯的面积。每年有1100多万公顷的森林遭到破坏，这在30年内大致等于印度的面积……矿物的燃烧将二氧化碳排入大气之中，造成全球气候逐渐变暖，这种'温室效应'到下世纪初可能将全球平均气温提高到足以改变农业生产区域、提高海平面使沿海城市被淹以及损害国民经济的程度；其他工业气体有耗竭地球臭氧保护层的危险，它将使人和牲畜的癌症爆发率急剧提高，海洋的食物链将遭到破坏；工农业将有毒物质排入人的食物链以及地下水层，并达到无法消除的地步。"

造成温室效应和臭氧层破坏的气体中，有约50%的氟利昂产生自建筑物中的空调机、制冷系统、灭火系统及一些绝热材料等。约 50% 的矿物燃料（煤、石油、天然气等，为不可再生资源）的消费与建筑的运行有关，因此约 50% 的 CO_2（相当于 1/4 的温室气体）排自与建筑相关的活动。建筑因为与我国（全球相同）近一半的环境问题产生关系，它对温室效应、臭氧层损耗、酸雨等一系列关系我国及全球可持续发展大环境的问题负有重要责任。[4]

环境问题在 20 世纪 60、70 年代引起了世界各国的广泛重视和关注。

2. 能源危机

1973 年中东石油危机造成了全球性经济衰退，发达国家经济遭受重创。2002 年 5 月 15 日联合国环境规划署在巴黎发表的"全球环境综合报告"中谈到，人类所正在面临的最严重的十大环境问题中，能源危机居于首位，在其后的是：大气污染、酸雨沉降、森林锐减、土地退化、淡水匮乏、生物灭绝加剧、全球气候变暖、臭氧层被破坏和固体废料污染。

建筑业是个典型的立足于大量消耗资源（含能源）的产业。据资料显示，一个国家的建筑物在使用过程中所消耗的能量占能量消耗总量的 25% ~ 40%，如果算上建筑材料生产和运输以及建造和拆除过程中所消耗的能源，该比例则会上升至 50% 左右。[5] 在能源消耗方面北美的建筑消耗着所有能源的 30%，电力的 60%。它们占据了全部一氧化碳释放量的 35% 和全部二氧化硫释放量的 75%，并且是酸雨和浓雾现象的主要制造者。[6] 据估算美国的建筑物和建筑设施约占国家财富的 70%。[7] 英国的建筑能耗约占全部能源消耗的 50%，其中 60% 用于住宅建筑。[8] 改革开放以来，我国建筑能耗的总量逐年上升，在能源总消费量中所占的比例已从 20 世纪 70 年代末的 10%，上升到 2007 年的 27.6%。随着城市化进程的加快和人民生活质量的改善，我国建筑能耗比例最终将上升至 35% 左右，建筑能耗将超越工业、交通、农业等其他行业成为能耗的首位。[9] 目前，我国的单位 GDP 能耗高出世界平均水平 70%，单位建筑面积采暖能耗比发达国家高出 2 至 3 倍。[10]

对能源的过度消耗导致了建筑师们开始思考如何通过设计手段来达到减少建筑能耗的目的，因此，占社会总能耗约一半甚至更高的建筑及建筑节能受到了特别的重视。

1.1.2 绿色建筑的发展历程

1. 国外绿色建筑发展

1）理念发展

1962 年，美国生物学家莱切尔卡逊（Rachel Carson）出版了《寂静的春天》（Silent Spring）一书，标志着环境革命的开始。书中首次提出（书中暗含）了可持续发展思想，引起人类对人与自然环境关系的反思。

1963 年，维克托·奥戈亚（Victor Olgyay）完成《设计结合气候：建筑地方主义的生物气候研究》（Design With Climate：Bioclimate Approach to Architectural Regionalism），概括了 20 世纪初至 20 世纪 60 年代建筑设计与气候、地域等因素的关系研究的成果，提出"生物气候地方主义"的设计理论，将满足生物舒适感觉作为设计出发点，注重研究气候、地域与人体生物感觉之间的关系，认为建筑设计应当遵循气候—生物—技术—建筑的设计过程。早期的绿色建筑设计注重建筑与气候、地域之间关系的研究，这是认识绿色建筑、提出设计理念与方法的最早期著作。

20 世纪 60 年代，美国建筑师保罗·索勒里将生态学（Ecology）与建筑学（Architecture）两个词合并为"Arcology"，提出了"城市建筑生态学"（Arcology）理论。该理论首次将生态学概念引入到建筑学领域。该理论是"一种试图体现建筑学与生态学相融合的关于城市规划与设计的理论"。

1969 年，美国风景建筑师伊恩·伦诺克斯·麦克哈格（Lan L. McHarg）出版了《设计结合自然》（Design With Nature），提出人、建筑、自然和社会应协调发展，并探索了结合地质学、气象学、水文学和土壤科学的综合性的生态规划方法。[11]

1972 年，罗马俱乐部发表研究报告《增长的极限》，敲响了"地球容量无限，经济增长无限"的警钟，将全球关注的重点从以"持续的经济增长"为目标转移到"环境与发展"问题上来。同年，在斯德哥尔摩召开第一次联合国人类环境大会。

20 世纪 70 年代末的中东战争突然让全世界明白：石油不仅在战略上，而且在战术上可作为武器使用。进一步的研究表明：常规化石油能源短缺是全世界共同面临的挑战，研发节能型技术、低能耗产品以节约常规能源，是所有国家持续发展的必由之路。人们开始认识到设计和建造节能环保型建筑的重要性，引发了兴建太阳能建筑的热潮，同时，有关地热能、风能、围护结构节能等各种节能技术的开发与研究大量兴起，节能建筑成为建筑业的发展导向。许多研究机构展开了各种实验性研究，其中以澳大利亚建筑师西德尼·巴克斯（Sydney Baggs）和美国建筑师马尔科姆·威尔斯（Malcolm Wells）等为代表设计研究的掩土建筑将生态建筑推向一个新的阶段。"绿色建筑"正源于此，最初是由建筑节能专家提出，并推向建筑设计领域，而并非源于某个建筑流派本身。此时同时的是，发达国家开始将高能耗低技术产业向发展中国家转移。

1980 年，世界自然保护联盟（IUCN）《世界保护策略》中首次使用了"可持续发展"的概念，并呼吁全世界"必须研究自然的、社会的、生态的、经济的以及利用自然资源过程中的基本关系，确保全球的'可持续发展'"。[12]

1981 年，国际建筑师协会第 14 次大会，以"建筑、人口、环境"为主题，提出了经济发展不平衡、人口增长、环境、自然资源与能源危机等问题。[13]

1984 年，联合国大会成立环境资源与发展委员会，向世界各国提出可持续发展的倡议。

1987 年，挪威首相布伦兰特夫人在联合国环境资源与发展委员会的报告《我们共同的未来》（Our common future）中指出："环境危机、能源危机和发展危机不能分割；地球的资源和能源远不能满足人类发展的需要；必须为当代人和下代人的利益改变发展模式。"报告中正式提出了可持续发展战略，得到国际社会广泛认可。

20 世纪 80 年代，绿色建筑在工程实践上没有重大进展，但在理论思想、会议组织等方面慢慢酝酿，为 90 年代绿色建筑大潮积蓄力量。

20 世纪 90 年代，一系列重要事件极大地推动了绿色建筑运动的发展。这一时期出版了大量关于绿色建筑的著作，其中包括[14]迈克尔·J·克劳斯比（Michael J. Crosbie）所著的《绿色建筑：可持续发展设计导引》（Green Architecture：A Guide to Sustainable Designs）、威尔夫妇所著的《绿色建筑：为可持续发展的未来而设计》（Green Architecture：Design for a Sustainable Future）等。

1992年6月3日至14日，在巴西里约热内卢联合国环境与发展大会（里约地球峰会）上，可持续发展思想在全世界范围内得到共识。并且第一次明确地提出了"绿色建筑"的概念，绿色建筑体系渐成。会议最终发表了5部纲领性文件，分别是[15]《关于环境与发展的里约热内卢宣言》（RIO Declarations on Environment and Development）、《21世纪宣言》（Agenda 21）、《保护生态多样性公约》（Convention on Bioligical Diversity）、《森林法则》（Forest Principles）、《气候变化框架公约》（Framework Convention on Climate Change）。纲领性文件标志着可持续发展思想已成为人类的共同行动纲领。里约地球峰会为90年代的绿色建筑事业的蓬勃奠定了基础，人类对环境问题的关注在建筑领域的具体实现就是绿色建筑。

1993年6月在美国芝加哥召开了第18次世界建筑师大会，发表了《芝加哥宣言》。宣言指出："建筑及其建成环境在人类对自然环境的影响方面扮演着重要角色；符合可持续发展原理的设计需要对资源和能源的使用效率、对健康的影响、对材料的选择进行综合思考"。

1996年6月在土耳其伊斯坦布尔召开了联合国第二次人类住区大会——城市问题首脑会议。会议重点讨论了"人人享有适当的住房"和"程式化进程中的人类住区的可持续发展"。[16]

2）实践探索 [17][18][19]

对于建筑行业，其关联行动——研究发展节能建筑。气候寒冷、采暖季节长的加拿大、北欧等国走在世界前列。20世纪80年代，节能体系已逐步完善，并在英、法、德、日和加拿大等发达国家得到广泛应用。在世纪交替的近十年间，伴随绿色建筑技术的发展，发达国家通过充分利用地热能、太阳能和风能，已将建筑能耗在传统能耗基础上降低70%~80%；有些国家甚至提出了零能耗、零污染、零排放等建筑新理念。[20]

英国已制定了一系列政策和制度来促进高能效技术在新建建筑和既有建筑改造中的应用。在低碳排量建筑方面，英国政府也采取了一些新的规划和经济激励政策。在建筑设计方面，英国有很多世界级的建筑大师致力于绿色建筑的设计，并已设计出独具特色的、世界一流的低碳排量建筑。例如在威尔士的加的夫港口的未来屋，在设计中巧妙地应用环境友好性材料，使得建筑对居住者在生活方式和环境方面的改变具有超强的适应能力。在研究方面，英国有很多优秀的学术研究机构致力于可持续发展和绿色建筑的研究和创新。英国剑桥大学（University of Cambridge）的马丁建筑研究中心多年来致力于城市与建筑的可持续发展研究，目前主要针对可持续建筑产业和城市发展的三个方面：环境、人文以及社会经济学。英国诺丁汉大学（University of Nottingham）的朱比丽分校（Jubilee Compus）的校园（图1.1）就是在一个废旧工业用地上建成的具有代表性的应用可持续发展和生态设计概念的可持续建筑实例。

（a）

（b）

（c）

（d）

图 1.1　英国诺丁汉大学的朱比丽分校的校园

图片来源：（a）（b）（c）http://www.chinagb.net/case/public/education/20070307/20990.shtml
　　　　　（d）http://gz.house.sina.com.cn/scan/2014–12–01/16305945101372595945576.shtml

　　法国在 20 世纪 80 年代进行了包括改善居住区环境为主要内容的大规模居住区改造工作。

　　德国在 20 世纪 90 年代开始推行适应生态环境的居住区政策，以切实贯彻可持续发展的战略。大力发展拥有公共绿地和具有环境友好性的建筑。目前德国是欧洲太阳能利用最好的国家之一，在弗赖堡（Freiburg）市就有超过 400 栋建筑拥有小型太阳能发电站。

　　奥地利目前约有 24% 的能源由可再生能源提供，这在国际上是属于发展较好的。在很多示范项目中，大量应用了降低资源消耗和减少投资成本的技术，最突出的例子有 PREPARE 项目。

　　瑞典实施了"百万套住宅计划"，在居住区建设与生态环境协调方面取得了令人瞩目的成就。瑞典充分利用太阳能、风能、水力作为能源生产的基础，其最大的太阳能应用项目就是将生物沼气和太阳能结合提供能量。

　　丹麦提出被动式节能方法和主动式节能方法。在丹麦南部洛兰岛上，建成了世界上第一个海上风车园，每年有 1200 万度（kW·h）电供应岛上 4000 幢民宅使用。丹麦北部奥尔胡斯市的"日与风"住宅区，全区供暖由一个太阳能集热器和一个天然气供暖中心解决，区内其他用电由一台风力发电机提供。

　　日本颁布了《住宅建设计划法》，提出"重新组织大城市居住空间（环境）"的要求，以满足 21 世纪人们对居住环境的需求，适应住房需求变化。

美国在科技研究与革新方面投入巨大。联邦政府颁布的一系列能源法案和签署的总统令在降低建筑能源消耗、建筑选址、设计和建设方面都对可持续发展提出要求，旨在推进绿色建筑设计与实施，已取得显著成效，并付诸实施。目前美国正在考虑成立一个更加权威的绿色建筑联合组织，为绿色建筑的发展提供战略性指导、解读和识别绿色建筑相关发展和实施政策等，用以引导建筑的可持续发展。

近年来，发达国家为发展绿色建筑还陆续开发出相应的绿色建筑评价体系，通过具体的评估技术，可以定量客观地描述绿色建筑中的节能效果、节水率以及减少 CO_2 等温室气体对环境的影响，从而指导设计，并为决策者和规划者提供技术依据和参考标准。

英国 "建筑研究所"（Building Research Establishment，BRE）在 1990 年率先编制了评价与判定建筑是否绿色的标准 "建筑研究所环境评估法"（Building Research Establishment Environmental Assessment Method，BREEAM 体系），该体系成为世界上第一个绿色建筑评估体系。世界上各国家和地区均受 BREEAM 体系启发，制定了自身的绿色建筑评估体系。BREEAM 体系在绿色建筑评估领域无疑是开路先锋。[21] 其他发达国家和地区后来制定的绿色建筑评估体系直接借鉴或受到其深刻影响，如美国 LEED 和加拿大的 BEPAC。目前，英国大约 15% ~ 20% 的新建办公楼采用了这种标识。

1995 年，美国最早从事建筑节能与太阳能利用的一批学者组建了美国绿色建筑委员会（NGO），组织编制了名为 "能源与环境设计领袖"（Leadership in Energy and Environmental Design，简称 LEED）。在美国政府和私营组织的支持下得到大力发展，在美国已大范围使用。初期的 LEED 是一个针对绿色建筑设计的评分系统。涉及的建筑要素包括：可持续的场地设计（Sustainable site planning），维护水质安全与提高用水效率（Safeguarding water and water efficiency），节能与可再生能源（Energy efficiency and renewable energy），材料与资源的保护（Conservation of materials and resources），室内环境质量（Indoor environmental quality）。LEED 是在商业上运营推广最为成功的绿色建筑评价标准，且其市场定位得到了国际范围内的认可和追随。

1998 年 10 月，由加拿大自然资源部发起，在加拿大的温哥华召开了以加拿大、美国、英国等 14 个西方主要工业国共同参与的绿色建筑国际会议——"绿色建筑挑战 98"（Green Building Challenge 98）。会议的中心议题是通过广泛交流此前各参与过的相关研究资料，发展一个能得到国际广泛的通用绿色建筑评估框架，以便能对现有的不同建筑环境性能评价方法进行比较。同时考虑地区差异，允许各国专家小组根据各地区实际情况自定具体的评价内容、评价基准和权重系数。通过这种灵活调节，各国可通过改编而拥有自己国家或地区版的评价工具——GBTool。2000 年加拿大推出绿色建筑挑战 2000 标准（GBC2000）。

日本是 GBC 的积极参与者，他们的研究工作和财政支持促进了 GBTool 的发展。相应地，GBTool 对日本后来开发本土评价体系 CASBEE 产生深远影响。2003 年，日本的 "建筑物综合环境性能评价体系"（Comprehensive Assessment System for Building Environmental Efficiency，CASBEE）是日本国土交通省支持下，由企业、政府、学术界联合组成的 "日本可持续建筑协会" 合作研究的成果。

澳大利亚也有自己的评估体系，ABGRS（Australian Building Greenhouse Rating Scheme）是澳大利亚第一个较全面的绿色建筑评估体系。后在英国的 BREEAM 体系基础上，澳大利亚针对商业建筑、住宅建筑、办公建筑研究出适宜于本国国情的 NABERS（National Australian Building Environment Rating System）体系。

基于 BREEAM 体系，还有一些评价体系在北欧的瑞典、挪威、丹麦、冰岛以及中国香港等地也有不同程度的发展。

2. 我国绿色建筑发展

在中国，绿色思想源远流长。人类在发展过程中逐步学会了依附自然、利用自然。易传的作者主张的"人与天地合其德，与日月合其明，与四时合其序，与鬼神合其吉凶"的天人协调思想；老子提出的"人法地、地法天、天法道、道法自然"的"法自然"思想；北魏农学家贾思勰提出的"顺天时、量地利"，农畜产业循环生产的思想；宋代张载主张的"民胞物与"思想；等都是中国古代留下的一些朴素的、自发的绿色意识。[22]

绿色意识萌芽虽早，但还没有达到也不可能达到"思想的自觉"。由于历史和经济的原因，我国的绿色建筑发展历史前后不到 30 年时间，与欧美发达国家相比，发展绿色建筑的背景完全不同。我国的绿色建筑发展伴随着稳定快速城市化的高峰期，而欧美国家的绿色建筑是在其完成了城市化后的。我国绿色建筑发展可划分为以下几个阶段 [23]：

（1）20 世纪 80 年代：萌芽初期

20 世纪 80 年代初，全国范围掀起建筑热潮。我国城镇住宅建筑热工性能很差，导致能耗很高。以北方地区为例，建筑物本体的能耗指标在 35 ~ 60W/m²，折合成单位建筑面积的煤耗量 / 年，在 14 ~ 30kg 标准煤之间。折合到能耗的初始端（锅炉房供煤量），约在 20 ~ 50kg 标准煤之间，甚至更高。对于全国数百亿 m² 面积建筑，能耗总量达到数亿吨标准煤。中国学者于此时开始建筑节能研究，即建筑热工学专业的开展。上述情况下，各地尝试研究改善建筑性能的办法，以北方地区生土建筑的研究和实践为典型代表，成为中国建筑技术因地制宜的研究典范和绿色建筑的雏形。同期，我国颁布了《民用建筑节能设计标准（采暖居住建筑）1986》，其中规定的设计技术指标，基本上达到了 20 世纪 80 年代初德国的技术水平。

（2）20 世纪 90 年代：基础研究

随着国外绿色建筑技术和研究成果的引入，建筑能耗、占用土地、资源消耗以及建筑室内外环境问题逐渐成为人们关注的焦点，建筑的可持续发展成为政府和行业的共识。1994 年《中国 21 世纪议程》通过，标志着我国绿色建筑的理论逐渐清晰。

（3）21 世纪前 10 年：付诸实践

以 2004 年的上海建筑科学研究院生态办公楼、2005 年的清华大学超低能耗实验楼、2005 年深圳招商地产的泰格公寓（获得 LEED 银级认证）等三栋绿色建筑的落成或认证，标志着我国绿色建筑逐渐走向成熟。如果说上述绿色建筑实践还带有实验性质，那么 2008 年后同在深圳建成的深圳万科中心、深圳建科大楼等已经超越实验建筑，成为市场化建造。

2001 年《中国生态住宅技术评估手册》出版，2004 年《绿色奥运建筑评估体系》和

2005 年《住宅性能评定技术标准》出版。2006 年，GB/T50378—2006《绿色建筑评价标准》
（该标准于 2013 春季进行了较大修订）以国家标准的形式发布。尽管其得分指标体系的构
成基本上模仿了 LEED 标准，但从里程碑意义上而言标志着中国建立了官方的绿色建筑技
术标准体系。

（4）2011 年以后：高速发展

从 2011 年后，我国经济较发达地区出现积极建设并申报绿色建筑的局面，绿色建筑
已从建筑层面波及城市层面。但在中、西部经济相对落后地区，由于政策解读与识别的滞
后，绿色建筑还未形成规模。但绿色建筑的确是今后的发展方向，就目前绿色建筑理念在
我国的接受和认可程度而言，相信将在全国范围内形成蓬勃发展之势。

1.2　绿色建筑的内涵与特征

1.2.1　绿色建筑的内涵

1. 内涵

绿色，代表着自然界植物的颜色，它象征着生机盎然的生命运动，象征着自然存在物
之间、人与自然之间的和谐与协调。绿色，作为一种文化，是指人类仿效绿色植物，取之
自然又回报自然，而创造的有利于大自然平衡，实现经济、环境和生活质量之间相互促进
与协调发展的文化。[24]

那么，何谓"绿色建筑"？

20 世纪 90 年代初期到中期，加拿大等国的建筑节能学者意识到：建筑物不仅消耗大
量能源，而且消耗物质资源，排放大量气、液、固体废弃物甚至污染物，特别是 CO_2，同
时改变了地表的性态，影响到了不同尺度的生态环境，甚至全球气候。于是世人们期望，
建筑物能否具备绿色植物的属性，成为"绿色建筑"？

Nils Larsson 等，于 20 世纪 90 年代初率先给出了绿色建筑的完整概念，并于 1998 年
在温哥华（Vancouver）组织召开了首次绿色建筑国际学术会议（Green Building Challenge
98），并成立了 GBC98 国际绿色建筑联盟。GBC 认为，绿色建筑必须考虑的因素包括：能
源（Energy）、CO_2 排放（Emissions）、水耗（Water use）、土地利用（Land use）、场地生态（Impacts
on Site Ecology）、废弃物减排（Reduced Waste）、室内空气质量（Indoor Air Quality）。但还
有其他一些因素被包括在内，诸如建筑功能、建筑质量等。至于有多少这样的因素被包含
在内是一个持续的争辩，取决于国家或地区条件。这一定义说明绿色建筑涵盖的内容涉猎
了能源、碳排放、水资源、土地资源、废弃物排放、室内空气质量等。当然，GBC 认为上
述因素是绿色建筑最本质、独有的内涵特征。当然依各国家或地区的具体情况，向外拓展
而言，还包括建筑功能、质量等。

克劳斯·丹尼斯（Klaus Daniels）在他的专著《生态建筑技术》（The Technology of
Ecological Building）一书中对绿色建筑下了如下定义："绿色建筑是通过有效地管理自然资
源，创造对于环境友善的、节约能源的建筑。它使得主动和被动地利用太阳能成为必需，
并在生产、应用和处理材料等的过程中尽可能减少对自然资源（如水、空气）等的危害。"

丹尼斯的这一定义侧重于从资源与能源的角度阐明绿色建筑，鲜明指出太阳能利用在绿色建筑中的重要意义，并且流露出对材料全寿命周期的考虑。

艾默里·罗文斯（Amory Lovins）在他的文章《东西方观念的融合：可持续发展建筑的整体设计》（East Meets West: Holistic Design for Sustainable Building）中指出"绿色建筑不仅仅关注的是物质上的创造，而且还包括经济、文化交流和精神上的创造"，"绿色设计远远超过了热能的损失、自然的采光通风等因素，它已延伸到寻求整个自然和人类社区的许多方面"。罗文斯侧重于从绿色建筑涵盖的方面对其进行阐述，将人们的视野从绿色建筑这一客体本身的物质层面延伸至精神层面。

杨经文在他的专著《设计结合自然：建筑设计的生态基础》（Designing with Nature: The Ecological Basis For Architectural Design）中指出："生态设计牵扯到对设计的整体考虑，牵扯到被设计系统中能量和物质的内外交换以及被设计系统中从原料到废弃物的周期，因此我们必须考虑系统及其相互关系。"这一定义体现了杨经文运用整体思维与系统观点将绿色建筑视为一个完整体系，并从能量交换、全寿命周期的角度看待该体系的运转。

我国 2006 年出台的《绿色建筑评价标准》中明确定义绿色建筑是"在建筑的全生命周期中，最大限度地节约资源（节能、节地、节水、节材）、保护环境和减少污染，并能够为人们提供健康、适用和高效的使用空间，与自然和谐共生的建筑。"[25] 这一定义可以从以下几方面理解：①全生命周期。绿色建筑应在建筑规划、设计、建造及改造、材料生产、运输、拆除及回收再利用等所有和建筑活动相关的环节中实现。②节约资源。绿色建筑是节能、节地、节水、节材的建筑。③环境问题。环境友好的建筑不随便排放污染。④人体健康。充分考虑被服务对象人的健康、舒适等要求的空间设计。⑤与自然的关系。人工环境应与自然和谐共生，从而完成真正意义上的"绿色"。

通过上述描述，绿色建筑可从存在时域、服务主体、操作方法、最终目标等四个方面对其阐述。建筑负责的时域横跨全生命周期，生命周期时段包括：规划设计；建筑设计；材料与部件的生产、加工、运输、安装；建筑运营直至寿命终结后的拆除、再利用等。服务主体可归结为：自然环境与人体健康。绿色建筑的诞生源于环境污染和能源危机，因此，改变已经和正在被污染环境是绿色建筑的宗旨。随之，为人类提供健康、舒适的生活空间。操作方法包括：节约资源、保护环境、友好对待自然。从土地、能源、水、材料等方面节约资源，对待自然采取友好而非对抗的态度，最终达到人工环境与自然环境的和谐共生目标。

概括而言，即在全生命周期内，为保护人类赖以生存的自然环境，为给人类提供健康舒适的工作、居住和活动空间，绿色建筑将以最少的能源和资源消耗、以最少的污染物排放，对环境和生态产生最小的影响。

任何类型或性质的建筑都是应对当时的社会需求而生。现代建筑，是西方社会在工业革命后应对大量住房功能需求应运而生。绿色建筑是在当今资源能源短缺、生态环境恶化的情况下应对生态化需求而生。那么，现在所谓的"绿色建筑"与之前存在过的建筑流派或类型有何不同？与现代建筑区别何在？首先，绿色建筑不否定现代建筑的发展与成果；其次，绿色建筑也是建筑，是建筑就应满足坚固、实用、美观的需求。再次，绿色建筑应该是在满足坚固、实用、美观等建筑基本性能基础上通过设计与技术手段增加了绿色属性的建筑。

2. 概念区分

提起"绿色建筑",人们往往会联想到"节能建筑"、"生态建筑"、"可持续建筑"等,还有"低碳建筑"、"低能耗建筑"、"零能耗建筑"等概念。上述与绿色建筑相关的概念既相互区别,又相互联系。

（1）节能建筑

节能建筑是按节能设计标准进行设计和建造、使其在使用过程中降低能耗的建筑。采用新型墙体材料,采用各种措施达到节能标准的建筑,涉及众多的技术领域,主要内容包含:建筑节能设计和应用;新能源、新技术的开发;建筑围护结构改善;注重设备节能问题;物业管理和使用操作节能等。[26]

绿色建筑首先关注的是如何利用能源及各种其他资源的观念问题。绿色建筑因此,它发展到可持续建筑,包含了建筑节能的内容。节能建筑也从有效利用常规能源、充分利用新能源的单纯模式发展为能源、气候、环境等并重的综合模式,其外延应该包含了对能源有效的、可持续的使用和建筑对环境、健康的影响等更多方面的内容。[27]

（2）绿色建筑

绿色建筑,概念较为宽泛,特别关注建筑的"环境"属性,利用一切可行措施来解决生态与环境问题,（不局限于生态学的原理与方法）,是一种更易为普通大众所理解和接受的概念。概念内涵前文已述。

（3）生态建筑

生态建筑是将建筑看成一个生态系统,通过组织（设计）建筑内外空间的物态要素,使物质、能源在建筑生态系统内部有秩序地循环转换,获得一种高效、低耗、无废、无污、生态平衡的建筑环境。[28]生态建筑的概念与生态系统相关,可认为是一种参考生态系统的规律进行设计的建筑。

首先,从内涵上看,"生态建筑"侧重于从"整体"、"系统"、"生态"的角度强调利用生态学原理和方法解决生态与环境问题。"绿色建筑"侧重于从"环境"与"健康"角度利用一切可行措施来解决生态与环境问题。两者目标一致,但出发角度各有侧重。"生态建筑"将建筑的物态要素加入到社会经济的多产业的物质大循环中,使建筑业和其他方面相互渗透、融合,并最终构成循环中类似生态食物链的结构。"绿色建筑"主要解决人类在面临环境危机这一特定时期的建筑问题,故侧重于人与自然环境关系的研究。可以说,"生态建筑"与"绿色建筑"是同一问题的两个不同的方面,它们相辅相成,共同推进建筑的可持续发展。

（4）可持续建筑

关于可持续发展,世界环境和发展委员会1987年提出:"可持续发展就是要既满足当代发展的需要而又不危及下一代发展的需要"[29]。可持续建筑,是"可持续发展观"在建筑领域中的体现,可将其理解为在可持续发展理论和原则指导下设计和建造的建筑。"可持续建筑"的定义由世界经济合作与发展组织（DECD）给出了下列四个原则和一个评定要素。其内容为[30]：一是资源的应用效率原则；二是能源的使用效率原则；三是污染的防止原则（室内空气质量，CO_2 的排放量）；四是环境的和谐原则；以及对以上四个原则方面内容的研究评定，以评定结果来判定其是否为可持续建筑。可持续建筑从资源、能源、污染与环境四个方面衡量建筑的可持续性，它不仅关注"环境—生态—资源"问题，还强调"社会—经济—自然"的问题，涉及社会、经济、技术、人文的方方面面，相较于绿色、生态、节能建筑等侧重于从宏观角度将可持续理念应用在建筑领域。

可持续建筑是从全局出发，其内涵与外延较"绿色建筑"、"生态建筑"、"节能建筑"等要深刻、复杂、宽泛得多[31]。可以说从"节能建筑"、"绿色建筑"、"生态建筑"到"可持续建筑"是一个从局部到整体、从低层次向高层次认知过程[32]。但他们最终目标与核心内容是一致的，即关注建筑的建造和使用对资源的消耗和给环境造成的影响；同时也强调为使用者提供健康舒适的建成环境。

1.2.2　绿色建筑的特征

如前文所述的绿色建筑运动过程来看，基于可持续发展观的绿色建筑运动是一种由环境价值观与科学观共同驾驭的城市与建筑发展观。均表达了对人类赖以生存的生态环境的关注。总结绿色建筑运动的成果，其绿色建筑具有以下特征：

（1）保护生态环境

这是绿色建筑的最高宗旨。走出"人类中心论"的桎梏，尊重并友好对待自然环境，寻求人—建筑—自然的和谐共存。

（2）节约资源与资源的有效利用

这是绿色建筑的目标之一，也是达到绿色建筑的操作手段。在建筑设计与营造中节约能源、土地、水、材料等资源，采用可再生资源，减少和有效利用非可再生资源。

（3）以人为本

这是绿色建筑的目标之二。人的一生大部分在室内度过，考虑为人提供舒适、健康、高效的工作、居住空间。

（4）整体设计

这是绿色建筑设计的出发点。整体设计，就是从全球环境与资源出发，应用经济可行的各种技术和建筑材料，构筑绿色建筑体系。1999 年，国际建协 20 届大会通过的北京宪章中指出："建筑单体及其环境历经一个规划、建设、维修、保护、整治、更新的过程。建设环境的寿命周期恒长持久，因而更依赖建筑师的远见卓识，将建筑循环过程的各个阶段统筹规划。"局部利益必须服从整体环境利益，一时的利益必须服从持续性利益，这契合了可持续发展公平原则。

（5）本土精神

这是绿色建筑实施的具体策略。充分结合各地域气候特性，延续当地文化和风俗，充分利用地方材料，并从中探索利用现代高新技术与地方适用的结合。

（6）全寿命周期

这是绿色建筑的责任时长。在建筑寿命期内，如在材料设备的生产和运输、在设计建造的运行和维持过程、在拆除和材料再利用等方面，提倡 3R 原则，即减少使用（reduce）、重复使用（reuse）、循环使用（recycle）。

1.3 绿色建筑的地域特色

任何建筑，都具备一定的地域性，绿色建筑也不例外。

1.3.1 与地区环境和谐共生

在绿色建筑的内涵与特征中多次提到，与自然环境的和谐共生是绿色建筑的宗旨。绿色建筑在特定的地域环境之中，顺应自然，取自然之利，避自然之害，最大限度地与自然保持整体的联系。明代著名造园家计成在《园冶》一书中一开始就强调"相地"的重要性；赖特的"有机建筑"理论强调了建筑与自然环境的关系；哈桑法赛为穷人建造的房屋等皆是地区环境的产物。

1.3.2 体现地区的人文价值

可持续发展涵盖内容中的重要一环就是文化的可持续性。绿色建筑应赋予地域文化的内在精神，如当地居住文化的传统价值观、思维方式、审美情趣以及建筑思想等。绿色建筑要体现地域的人文内涵，要尊重当地历史文化，尊重当地生活习俗。

1.3.3 采用地区的适宜技术

"适宜技术"的科学含义是指：针对具体作用对象，能与当时当地的自然、经济和社会环境良性互动，并以取得最佳综合效益为目标的技术系统[33]。适宜技术归根结底的指向目标是可持续发展，它关注环境问题与发展问题。其手段包括有：合理利用当地可再生资源，尽可能使用地方建筑材料，采用节能技术、被动式建筑设计等等。这些是绿色建筑采取的具体技术策略。因此，适宜技术中涵盖了地区特色，是实现地域特色的手段与标志之一。

第2章 地域建筑的绿色更新

2.1 地域建筑中的绿色经验与智慧

2.1.1 地域建筑与绿色属性

1. 地域建筑

所谓地域建筑，就是依托于某一地区，顺应该地区的生存环境，具备该地区的自然、人文、经济技术特征的一种建筑形式。它回应着这一地域的地形、地貌和气候等自然环境条件；适应并继承着这一地域的生活方式、风俗习惯、宗教信仰；在当地允许的经济条件下充分运用地方性材料、建造技术、资源能源，从功能、空间、形式、细节等本体，从建造、经济、技术等客体方面都表现出地域特征差异。

地域建筑，是地域义化在物质环境和空间形态上的体现。它的存在不仅满足社会物质功能的需要，同时体现了人们的意识观念、伦理道德、审美情趣、生活行为方式和社会心理需求等精神需要。

2. 建筑的绿色属性

1）与自然环境共生

在尊重自然环境的基础上，建筑采取与自然和谐共存并非对立的姿态。因此，生态性体现在建筑适应当地气候，与自然景观相结合等方面。目前尚存的乡土聚落之所以长期存在并发展至今，就是因为在适应气候、结合地域条件上它做到了与自然环境相契合。

2）节约高效

建筑环境是人类活动对资源影响最为显著的领域之一，世界上约1/6的净水供给建筑，建筑业消耗全球40%的材料和近50%的能量，在美国，建筑生产、运行就占据了50%的国家财富[34]。作为资源消耗大户的建筑业，采取节约、高效措施是节约全球资源的重要一环。

（1）节能

节约建筑制造能源、施工能源、运行和维护能源、拆除建筑的能源等。为了达到节约以上能源的目的，就要采取以下两种措施：其一，提高能效。包括改进建筑物热工性能；挖掘自然通风、采光等被动式设计手段；引入新材料、节能设备和智能控制设备；适当选择木、竹、石等天然建材；多层次回收利用能源等。其二，开发和利用可再生能源，如太阳能、风能、生物能等，以替代传统能源。

（2）节地

节地措施包括充分利用地形，因地制宜地利用坡地、荒地，发挥建设用地效能；合理紧凑布局建筑，适度提高建筑密度；长远考虑近期与远期发展关系；控制建筑体形；开发建筑的复合功能；充分发掘利用地下空间，如停车、交通、商业等用途；有效利用地表空间，并发展空中与水面空间。节地措施的意义在于减少建筑物对生态区域的占有。

（3）节水

节水措施包括雨水收集利用、中水回收利用，使用节水器具，选择建造时耗水少的建材等。

其意义在于缓解由浪费造成的水资源危机，摆脱由于分布不均造成的人类社会缺水问题。

（4）节材

节材措施包括对现有结构和材料的再利用（Reuse）；减少建筑建造过程中不可持续材料的使用（Reduce）；废弃物回收利用，使用循环再生材料（Recycle）；此即众所周知的3R原则。除此外，使用可再生相关材料、地方材料及耐久材料也是节约材料的措施之一。节材措施的意义在于减少有害气体排放，能源与资源消耗等。

3）健康无害

健康无害主要是以人的健康需求为目标，保证室内空气的无害化；确保室内废气、废物的及时处理；创造宜人的室内物理环境等。此外，健康无害的范围从生存环境的微观范围扩充至建筑环境以外的场地环境、地球环境等宏观范围。对场地环境而言，妥善处理场地内部植被、动物、水系等的关系，尽可能小的改变场地原有面貌，施工中减少废物、废气、废液排放。对于地球环境而言，选择内含能量少、排放有毒物质少的材料，重复利用旧材料以减少对环境污染物的排放。

4）保护文化多样性

建筑生态化不是仅对自然生态系统平衡的维护，还涉及人以及与人相关的社会系统的平衡发展。作为实现建筑可持续发展的具体措施之一，生态建筑对传承地方文化、实现文化多样性具有义不容辞的责任，即建筑文化生态化。其具体方面有：乡土聚落、地域风貌的保护与传承，地方性适宜技术的延续利用，地方材料的运用与表达，当地居民参与设计与建设等。具体措施如表2.1所示。

保持文化多样性的措施[35]   表2.1

	概念	措施
继承历史	1. 对城市历史地段和乡土聚落特色的继承 2. 与传统建筑技术结合	·对有历史价值的古建筑妥善保护 ·传统街区、地段和民居的保全和再生 ·对具有地方特色的景观进行保护和利用 ·保护和继承适宜的地方建造技术 ·传统建筑材料的再利用
新旧融合	3. 与城市肌理融合 4. 对标志性景观及风景名胜区进行保护和利用	·与历史城市环境尺度和轮廓线相协调 ·维持原有城市街区和乡村自然生长的有机性 ·适度的容量开发 ·对土地、资源、交通适度利用 ·城市标志性景观共享 ·继承的同时积极创造城市新景观
复兴地区文化	5. 尊重当地居民的生活方式 6. 鼓励居民参与设计 7. 创造多样化的人口结构和生活方式，保持城市活力	·考虑当地传统生产方式、贸易方式 ·尊重传统风俗、伦理制度、信仰及日常生活习惯 ·更新过程中，保护居民对原有地区的认知特征物（建筑、景观、标志物） ·创造各种形式的城市交往空间 ·鼓励居民参与设计，使方案更贴近当地文化和生活 ·继承传统和地方特色，创造有归属感的建筑环境

2.1.2 地域建筑中的绿色经验与智慧

从前文地域建筑的概念中，不难得出地域建筑具备如下特征：对地形地貌、气候等自然环境的回应；对当地生活方式、风俗习惯、宗教信仰的继承；在经济允许情况下充分利用地方材料、建造技术、资源能源等。气候、地形、材料是建筑建造中起决定性作用的三个基本物质要素，气候决定了建筑的总体布局、朝向、屋顶样式、内部空间；地形决定了建筑的整体构成、构筑方式、室内外空间变化；材料决定了建筑的构筑方式、物理质感、建筑形态等。地域建筑在长期的发展演变过程中，从上述三个基本物质要素方面的表现而言，蕴含着丰富朴素的原生"绿色"思想。

1. 结合地方气候

由"巢居"发展而来的傣族竹楼，具有强烈的地域特征。主要分布在我国云南省南部边疆，地处偏远的热带地区，高温多雨、全年只有干、湿季之分。底层架空是干栏民居建筑的典型特征，目的在于防潮湿，且加强通风。楼板和墙板多采用竹子，缝隙多，轻薄透气，使建筑上部的热空气通过楼板孔隙传到架空层排至室外（图2.1）。屋面出檐深远，不仅排水顺畅，且有利于遮挡阳光。有时墙板外加一圈腰檐，起到遮阳、防辐射的作用，形成的三角空间用于储藏杂物。墙面由上至下稍微内收的倾斜，降低因外墙面照射升温后对室内温度的影响，使室内获得阴凉效果。一般屋顶硕大，内部空间高爽，有利于室内热空气升至屋顶从瓦沟间隙排出。为了减弱环境辐射的影响，在西双版纳，傣居的居住层外墙开窗很少（或只开小窗），甚至不开窗，以隔绝夏日的热浪。

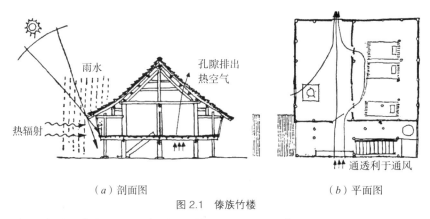

（a）剖面图 （b）平面图

图2.1　傣族竹楼

图片来源：陈晓扬，仲德崑. 地方性建筑与适宜技术 [M]. 北京：中国建筑工业出版社，2007：70.

说起徽州民居，立刻联想到的是"马头墙"、"窄天井"、"白墙黛瓦"等地域符号。高高的围墙围合出极其内向的院落，狭窄高耸的空间布局显得封闭和压抑。徽州民居的最显著特点是它采取了内向敞厅与天井结合的布局方式。这一方式中暗藏着适应夏季热湿，冬季无严寒这一气候特征的设计。它利用开敞堂屋（图2.2a）和天井（图2.2b）来有效地组织热压通风以改善室内的热湿环境，而且已经转变为一种文化范式在建筑空间中成为传统和固定模式。采用高大开敞的堂屋，削弱空间的隔断，尽量使风畅行无碍地进出室内，与开放的天井组合形成纵向贯通的空间，减少了通风阻力。在夏季给民居内带来阵阵舒适的凉风，同时也带走庭院和室内的湿气。另外，高敞的堂屋形式不仅利于引风入室，也便于夜间向室外散发热量。天井较大的高宽比和较小的天井面积使得直射阳光的射入量十分有限，天井中所弥漫的是均匀的漫反射光线。徽州民居的天井很好地适应了当地夏季炎热、多雨、潮湿的气候条件，承担起采光、通风、排水、日常家庭活动以及与外界沟通等作用。

（a）堂屋

（b）天井

图2.2 徽州民居

图片来源：西安建筑科技大学绿色建筑研究中心．

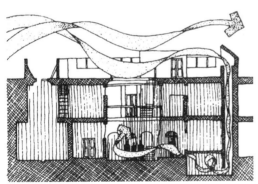
（a）夏季白天

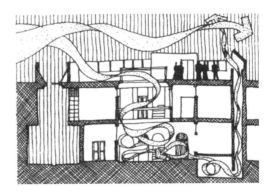
（b）夏季夜晚

图2.3 伊拉克地区通风防热措施

图片来源：陈晓扬，仲德崑．地方性建筑与适宜技术[M]．北京：中国建筑工业出版社，2007：72．

干热气候的中东地区，伊拉克民居中通常采用捕风塔捕风，并利用可开启的庭院来调节日夜温度。夏季白天（图2.3a）人们在底层活动，风塔捕捉的风通过长长的垂直风道，冷却后进入庭院；夏季夜晚（图2.3b），人们待在已经冷却的屋顶，室外冷空气从开启的庭院下沉进入，垂直风道中的空气温度相对较高，从顶部溢出，从而带动了空气流动，冷却了室内空气。

埃及建筑师哈桑法赛是坚持地域特色创造建筑的代表人物，他的作品极具地域特色。捕风塔就是他向传统建筑的借鉴在现代建筑上的运用。在埃及的卡拉布沙总统行宫（图

2.4*a*）中，就设计了高耸的捕风塔和出风口。他在捕风塔内设计了喷淋系统（图 2.4*b*），并提高了捕风塔的进出口高度。空气在捕风塔内被多孔金属网状湿炭盘加湿冷却，从捕风塔下部流出，经过其他房间，最后从高窗或热压排风口排出。

（*a*）行宫剖面

图片来源：[美] G. Z. Brown，Mark Dekay. Sun Wind and Light—Architectural Design Strategies. John Wiley & Sons，Inc，2001.

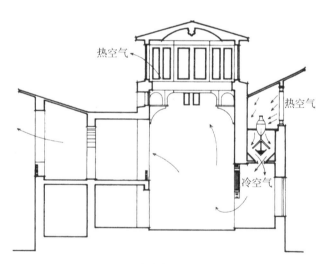

（*b*）行宫剖面局部

图片来源：陈晓扬，仲德崑 . 地方性建筑与适宜技术 [M]. 北京：中国建筑工业出版社，2007：78.

图 2.4　埃及 Kalabash 的总统行宫

　　湿热地区穿堂风成为组织建筑空间的必要手段。在印度南部海滨地区科瓦拉姆海滨度假村（图 2.5）的设计中，柯里亚就采用了阶梯状金字塔的剖面设计，这一剖面形式来源于印度古代帕德马纳巴普兰宫殿在利用当地主导风向和解决日照的方式。其中亭榭的剖面形式呈金字塔状，与上方的坡屋顶相一致。在度假村项目中采用类似古代宫殿亭榭的坡面组织形式，就是为了顺应主导风向，产生穿堂风，这一建筑形式就是基于当地气候条件而产生的。在印度首府孟买湿热环境中，城市高层住宅也面临着组织穿堂风以降低室内温度、湿度的要求。干城章嘉公寓大楼（图2.6a，b）的设计就面临着既要顺应主导风向又要避免午后烈日的暴晒和季风暴雨的侵袭。设计师在居住单元与外部空间的交接处设置跨越两层高的平台花园作为"气候缓冲区"（图2.6c），该空间还可兼做部分时段的起居空间。剖面设计上，贯穿了建筑的东西立面，保证穿堂风，而且为住户提供了观看东西向城市景观的视野。

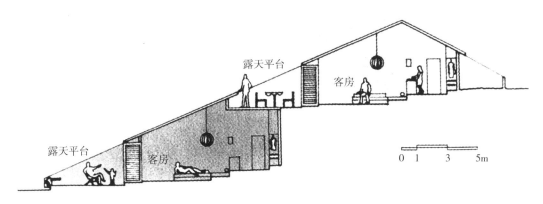

（a）单元局部剖面

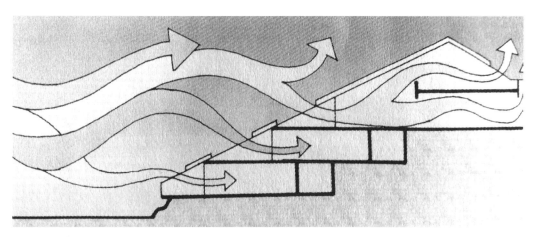

（b）单元通风示意

图2.5 科瓦拉姆海滨度假村旅馆

图片来源：汪芳. 查尔斯柯里亚 [M]. 北京：中国建筑工业出版社 .2006：113.

印度中北部的干燥地区，需要更多的开敞空间，诸如屋顶平台、社区庭院等。在塔拉组团住宅的设计中，柯里亚就以屋顶平台提供夜晚露宿、晾晒谷物、围坐聊天的功能；覆以棚架的社区庭院以植树和喷泉调节湿度等。基于管式住宅"夏季剖面"（图2.7a）——建筑室内采用类似金字塔的形式，基部宽敞，顶部狭窄，将住宅由上而下封闭，适用于炎热的午后；和"冬季剖面"（图2.7b）——倒金字塔形，顶部开敞，适用于寒冷季节。在这种不同季节不同时段使用不同建筑空间的想法，除了在剖面上实现外，在平面方向亦能产生变化。即将建筑分解成多个既分散又相互联系的空间体块。此概念在位于艾哈迈达巴德的圣雄甘地纪念馆中得到印证。每天特定的时段使用建筑的特定空间，该方式也可随季节的转换而调整。

（a）大楼外观

（b）大楼剖面

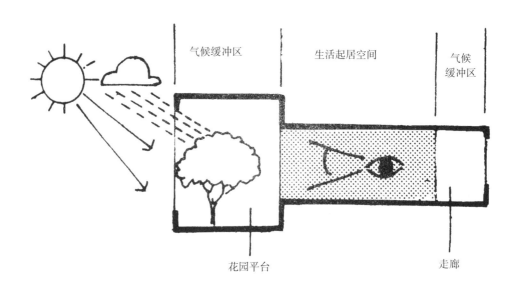

（c）局部剖面

图 2.6 干城章嘉公寓

图片来源：汪芳．查尔斯柯里亚 [M]．北京：中国建筑工业出版社 .2006.

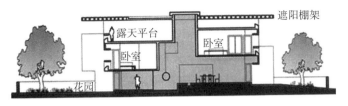

（a）夏季剖面

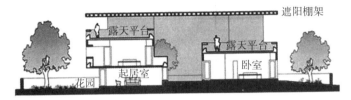

（b）冬季剖面

图2.7　帕雷克住宅

图 片 来 源：Correa C. The blessings of the sky. In：Charles Correa；with an essay by Kenneth Frampton. London：Thames and Hudson Ltd，1996.

　　马来西亚建筑师杨经文在应对热带雨林气候的策略上根据风向、太阳辐射等气候因素因势利导改变建筑形式，以应对炎热潮湿气候环境。1984年杨经文为自己设计的名为ROOF-ROOF HOUSE 的住宅（图2.8），鉴于当地以南风和东南风为主导风向，太阳辐射强烈，设计者将起居室、餐厅、客厅布置在北侧以使这些公共活动空间免受白天太阳辐射。同时，建筑朝向的设置与室内空间的安排有利于主导风向从室内穿过。在一层入口大厅处，利用片墙引导风向；在二层通过调节连接客厅和屋顶阳台的玻璃门的开口可以改变穿堂风的大小；室内客厅还设置通风竖井贯穿一层、二层、屋顶。这种开放式空间安排因势利导地利用当地的主导风向使空气流经房间的各个区域，带走室内热量的同时，为室内提供新鲜空气。建筑南面设置泳池，以此调节过往的室外空气温度。为了克服太阳辐射带来的不利影响，杨经文先生设计了一个带有百叶的伞状屋顶，屋顶的形状根据太阳运动轨迹设计，以调节清晨、正午、傍晚进入室内的阳光。

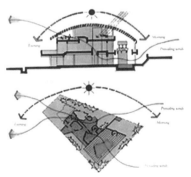

（a）实景外观　　　　　　（b）日照与通风分析

图2.8　ROOF-ROOF HOUSE

图片来源：吴向阳.杨经文[M].北京：中国建筑工业出版社，2007.

地域建筑在结合地方气候条件的设计中，建筑布局、朝向、空间形式、开窗大小等与日照、太阳辐射、风向、温湿度等气候条件相吻合；针对特定的气候条件，采取相应的构造技术和做法。上述设计，利于自然通风的组织、自然采光的引入，以被动手段调节环境舒适度，体现出与自然环境共生、节约能源等绿色思想。

2. 顺应地形地貌

地域建筑顺应地形地貌的典型代表是我国各地区的传统建筑。我国幅员辽阔，地形地貌复杂，山川河流众多，地区建筑通过顺应地形地貌的设计手段形成各具地域风格的建筑空间。从村落布局到单体建筑形态，或依山就势，或傍水而居，都充分表现出对自然环境的尊重和合理利用。这种地方建筑与地形的依存关系和对环境的适应性与亲和性，很好地体现了绿色建筑顺应自然的思想。

我国西南地区地形地貌复杂，当地传统建筑依山顺势，以"筑台、错层、掉层、跌落、错迭、悬挑、架空吊脚、附岩"[36] 等几种方式回应山地地形，形成高低错落、层次分明的人工与自然环境景观，同时带来建筑内部空间的丰富变化、体型跌宕起伏。

黄土高原上古老的窑洞民居也是因地制宜顺应地形的典范。窑洞是在黄土层内挖出的居住空间，它依山靠崖、深潜土层，取之自然、融于自然，是"天人合一"环境观的最佳典型。从窑洞建造方法的分类中就能看出窑洞建筑对地形地貌的利用：沿山坡向黄土层中开挖的靠崖式窑居（图 2.9a）；就地下挖方形地坑，再向四壁挖的下沉式窑居（图 2.9b）；修理平整坡地，利用砖石建造拱券模胎，拱顶再填土夯实的独立式窑居。窑洞建筑没有明显的外观体量，村落更是顺着沟坡层层展开，星罗棋布地潜隐在黄土高原下，最大限度地与大地融为一体，保持着原有自然环境的地形风貌，是完美的不破坏自然的绿色建筑。

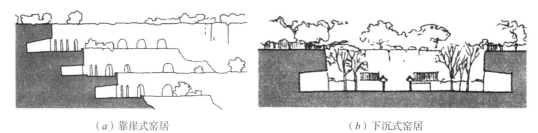

（a）靠崖式窑居　　　　　　　　　　（b）下沉式窑居

图 2.9　窑居

图片来源：陈晓扬，仲德崑 . 地方性建筑与适宜技术 [M]. 北京：中国建筑工业出版社，2007：41.

地域建筑在应对地形地貌的设计中，与地形的结合将建筑对环境的影响与破坏减到最小，体现了建筑与环境和谐共生的思想。建造依地形而建，体现了节约材料、减少资源消耗的思想。选址多结合坡地或沟壑，体现了少占耕地、节约土地的思想。布局结合地形，形成错落有致的大地景观，利于通风防止污浊空气滞留，体现了创造健康无害环境的思想。

3. 利用地方材料

材料是一个地区区别于其他地区的明显特征，选取与运用地方材料是标明地区身份、彰显地域特色最原始最简单的方式，甚至是表达民族习俗的方式。对绿色建筑而言，利用地方材料就是利用材料的物理力学性能，美化装饰功能，就地取材，节约由于长途运输带来的资源、能源消耗。

北欧斯堪的纳维亚地区，常以木材作为建筑建造和装饰的主要材料。阿尔瓦阿尔托的人性化设计正是基于对木材的使用。另外，英国有将半木屋架运用于乡村建筑的案例，德国、美国等国局部地区也有运用木材建造民居的例子。我国传统建筑普遍以木材为主，中国人自古认为林木是不断生长的植物，因此象征着阳刚之气。依据各地气候条件的差异，各地建筑只是形态有所差异，但材料大都以木材为主。由于长期砍伐，又由于中国森林面积仅为世界平均水平的1/9[37]，不得已以钢筋水泥替代。但是，现代园林景观小品对木材的使用体现了人们使用天然材料回归自然的美好愿望。

传统"竹楼"林立的傣族地域建筑是竹材应用的典型。云南西双版纳的"竹楼"（图2.10）是"干栏建筑"的一种，有上千年的历史。竹楼建筑以竹营造：竹构架、竹墙、竹地板、竹篱笆、茅草屋顶。底层架空，墙上不开窗。以竹材做的墙又有利于缝隙采光和自然通风，廊外平台也多用竹材，甚至室内的桌、椅、床、箱、笼、筐等都是用竹制成。基于当地竹林资源丰富、质量轻、弹性好、表面光滑、易于加工，竹编织物透气性好等特点，使得竹材成为当地建材的主要来源。与西双版纳类似的是，竹材也是东南亚国家建筑的特色所在，尤以泰国北部的清迈地区（图2.11）为典型代表。由于地处湿热地区，对通风要求较高，采取竹编墙使空气自然流通。除传统建筑外，现代建筑设计中对竹材的利用也不在少数。位于北京的长城脚下公社项目中就有一栋名为"竹墙住宅"（图2.12）的建筑阐释了竹材作为建材在现代建筑中的表现。与传统建筑相区别的是，一改竹材作为承重而采用钢筋混凝土结构形式，日本设计师隈研吾试图寻找契合于长城附近自然环境的建筑形式，用竹子组合成隔断划分室内空间，隐喻中国与日本内敛的文人气质。

图 2.10 西双版纳"竹楼"建筑

图片来源：荆其敏，张丽安．生态家屋 [M]．武汉：华中科技大学出版社，2010：169.

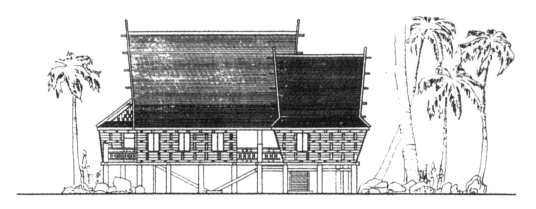

图 2.11　泰国清迈地区建筑立面

图片来源：荆其敏，张丽安.生态家屋 [M].武汉：华中科技大学出版社，2010：173.

（a）　　　　　　　　　　　　　　　　　　（b）

图 2.12　长城脚下"竹墙住宅"

图片来源：荆其敏，张丽安.生态家屋 [M].武汉：华中科技大学出版社，2010：174，121.

生土窑洞是人类原始的仿生穴居形式发展演变的居住方式，在我国分布在陇东、陕北、陕东、晋中、豫西、冀北以及内蒙古的察哈尔窑洞地区[38]。黄土窑洞因地制宜，分布在黄土高原的山脚下、山腰、冲沟两侧及黄土层上，构成形式多样、空间层次丰富、环境别具一格的大地景观（如图 2.13）。除了穴居外，地上空间也多用生土，如我国福建的土楼。土楼内部以木结构做廊，外部以一米多厚夯土做外围护结构，加强建筑内部与外部隔热并促进内天井通风。新疆的高台建筑也采取了黄土材质，以吐鲁番地区维吾尔族土筑住宅较为常见。上述地区特征鲜明的建筑形式，就是利用了生土材料可塑性强、就地取材、反复使用、保温隔热能力好等特性。生土是无污染建材，可以完全自我降解的材料，当今取之于自然日后还归于自然，符合可持续发展要求。土地是人类生产生活的场所，是地质、地貌、气候、植被、土壤、水文和人类活动相互作用下的生态环境。对这一材料的运用体现了古代"天人合一"的思想，隐含着顺应自然的生态观念。运用生土这一生态材料建造的房屋目前在世界各地仍被广泛使用。

图 2.13　寓于黄土高原大地中的生土窑洞

图片来源：荆其敏，张丽安．生态家屋 [M]．武汉：华中科技大学出版社，2010：239.

　　与中国传统建筑善用
木材相较而言，欧洲传统
建筑更善用石材。最明显
的典范是希腊和埃及。希
腊沿海与山区的石砌小屋
以白色粉墙饰面，在碎石
铺地的对比下显得纯粹而
干净。在我国贵州、山东、
福建沿海、四川和西藏等
多山石地区，石材也常应
用。在西藏的山区和川藏
的河谷地区居住的藏族人
民都熟练地掌握了砌石筑
墙的技术，其中，藏族碉
楼以石材作为主要的承重

图 2.14　藏族碉楼

图片来源：陈晓扬，仲德崑．地方性建筑与适宜技术 [M]．北京：中国建筑工业
出版社，2007：70.

和屋面材料（图 2.14），以木材和青稞草作为分隔材料。除了就地取材、融于山石环境、
彰显地区特质外，石材还具备天然的蓄热能力，是很好的天然绿色材料。

　　新疆、内蒙古等游牧地区建造的极具特色的圆形毡房，为了保暖防风且透气，利用畜
牧产品如牛、羊毛等当地富余材料自制而成，也是利用地方材料的经典。人是环境的产物，
建筑也是环境的产物。如上所述，从古至今、从国外到国内、从东到西的地区建筑无论使
用的是木、竹、土、石等还是其他都脱离不了人的生存环境，且与自然环境相融合，体现
出地区建筑在材料选择上有出自自然、回归自然的特征。

　　建筑中运用地方材料，适应地方气候，减少污染，保护环境，利于建筑融于自然环境，
体现了与环境共生的思想。节省运输与加工费用，可循环利用，降低建筑成本，减少浪费，
体现了节约用材的思想。地方材料直接来源于自然，利于身体健康，体现了健康无害的
思想。

2.1.3 地域建筑向绿色建筑的进化

1. 可持续发展理念及其在建筑领域的应用

1983 年联合国第三十八届大会成立世界环境与发展委员会，由当时挪威首相布伦特兰夫人领导，负责制定"全球的变更日程"。1987 年，在由她提交的《我们共同的未来》报告中，首次提出可持续发展的概念，该思想被阐述为："可持续发展就是既能满足当代人的需要，又不对后代人满足其需要的能力构成危害的发展。"[39] 该报告同时提出和阐述了"可持续发展"战略，得到了大会确认，为促进全球加强环境保护的国际合作起了重要的推动作用。也对世界各国要改变传统的资源型发展模式，走良性的生态发展模式起到了很好的推动作用。成为世界各国在环境保护和经济发展方面的纲领性文献。

1992 年世界环发大会有 103 位国家元首或政府首脑，以及 180 多个国家派的代表团出席，大会以可持续发展为指导方针制定并通过《里约热内卢环境与发展宣言》和《21世纪议程》等重要文件。正式确立了可持续发展思想是当今人类社会发展的主题，反映了环境与发展领域的全球所达成的共识与签署国最高级别的政治承诺，是指导各国制定与实施可持续发展战略目标的纲领性文献，标志着"可持续发展"思想的进一步升华。

可持续发展包含两个基本要素："需要"和对需要的"限制"。必须满足当代人的基本需求，尤其是世界上贫困人民的基本需求，应当将此放在特别优先的地位来考虑。对需要的限制主要是指不损害后代满足自己需求的能力，"技术状况和社会组织对环境满足眼前和将来需要的能力施加的限制"[40]。这种能力一旦被突破，必将危及支持地球生命的自然系统如大气、水体、土壤和生物。可持续发展的核心思想是强调在人与自然和人与人的关系不断优化的前提下，实现经济、社会和生态效益的最佳组合，从而保证人、社会与自然发展的可持续性。可持续发展强调的是经济、社会、环境的协调发展，但不是这三方面的简单叠加，它是从比经济发展与环境保护更高、更广的视角来解决环境与发展问题。

可持续发展含义广泛，涵盖了政治、经济、社会、文化、技术、美学等各方面。建筑领域的发展是综合利用多种要素以满足人类住区需要的完整现象，由于其与人们生活的紧密相关以及对自然资源的损耗程度，走可持续发展之路显得尤为重要。其中，发展中国家的人居环境问题尤为突出，主要在于：其一，发展中国家经济贫困与生态贫困的双重压力使得长期以来往往以牺牲自然环境作为暂时缓解经济压力的主要手段，无限制开采煤、石油、天然气等不可再生能源，无限制排放有害气体，无限制滥砍滥伐森林资源等，使得自然环境的持续发展流于空谈。其二，全球化背景在文化环境中的作用，使得弥足珍贵的传统文化与地域特色逐渐消失，建筑文化和城市文化出现趋同现象和特色危机。正如吴良镛先生在《北京宪章》里所说的："技术和生产方式的全球化带来了人与传统地域空间的分离，地域文化的多样性和特色逐渐衰微、消失；城市和建筑物的标准化和商品化致使建筑特色逐渐隐退。"[41] 文化环境的可持续发展问题也悬而未决。

20 世纪 50 年代初希腊著名规划学家道萨迪亚斯（C.A.Doxiadis）提出的人类聚居学思想，将所有人类住区作为一个整体进行广义研究。吴良镛先生在人居环境科学导论中将建筑、城市规划、园林作为主导学科进一步融合，指出人居环境科学的研究空间涉及文化、社区、经济、能源、资源、环境、生态、地理、水利、土木等学科。1996 年在土耳其伊斯坦布尔召开的以讨论"人人享有适当的住房"和"城市化进程中人类住区的可持续发展"为主题的第二届人类住区大会上，通过的《伊斯坦布尔宣言》和《人居议程》中提出要积极采取有效的措施，确保人人享有适当的住房权利，创造良好的人居环境氛围。

随着全球可持续发展大环境的形成，建筑界的有关研究也日趋深入。保加利亚国际建筑学院曾邀请一批国际建筑和规划界的代表人物对建筑的可持续发展问题发表了一些系统的见解，提出了《2000年的地平线》宪章[42]，激烈地抨击了工业革命之后建筑创作漠视环境和生态，浪费资源的"机械法则"，提出创作一种人类的聚居地，使所有社会功能在满足目前发展及将来之间取得平衡，建造节约能源和材料的建筑，设计与环境相协调并无损于人类身心健康的建筑与城市，并特别提出建筑师应着眼于材料的更新，根据环境条件，从原始材料到人工再生材料都应有所研究，以达到创造有高度人情味和文化品位的建筑环境。

2. 地域建筑的绿色进化

地域建筑本身探讨的就是基于不同自然条件，如地理、地貌、气候、水文、温湿度等，不同文化环境，如传统、宗教、习俗等条件下的建筑型制，使建筑符合当地人民的生活方式和审美观念，并将其建筑艺术中的精华部分一代代传承下去。建筑可持续发展的核心是实现"以人为本"、"人—建筑—环境"三者和谐统一，是建筑与环境高度协调的产物，要求建筑契合所在地的不同自然条件和人文条件，以达到自然环境与人文环境的可持续发展，其概念本就包含着重视地域特征与本土文化相融合的含义。所以本土化的思维与可持续设计思想在关于维护地域原真性上不谋而合。但二者的区别在于，可持续发展建筑中明确指出降低地球资源与环境负荷，创造健康、舒适的人类生活环境，与周围自然环境和谐共生这一理念，地域建筑未曾明确提出。对于地域建筑而言，需要可持续发展，其具体的实现形式是地域建筑的绿色演变与进化。

可持续发展思想要求做到"人—建筑—环境"的协调统一，落实到具体建筑形式上就是绿色建筑。绿色建筑是可持续发展建筑在当今阶段的具体实现形式。地域建筑向绿色建筑的演变与进化是其可持续发展的现阶段实现目标。地域建筑的绿色演变与进化首先应该克服功能 – 空间、环境舒适以及结构隐患等建筑自身缺陷；其次，在地域建筑的发展过程中，注重对生态学原理、绿色建筑原理的运用，在传承地域风貌的基础上根据当地经济水平，采取和改进技术措施，从建筑形态、适宜技术等角度应对当地的自然与人文环境，注重对资源能源的节约、对健康舒适环境的创造以利自然生态环境平衡发展。

2.2 "文明冲突下的建筑本土观"理论

2.2.1 文明的冲突

1. 普世文明

目前，当我们谈论"文明"一词时，不能够回避的一个概念是"普世文明"。这一概念源于西方，是"西方文明的独特产物"[43]。塞缪尔·亨廷顿[44]认为"人类正在经历文化上的趋同，全世界各民族正日益接受共同的价值观、信仰、方向、实践和体制。"[45]这一定义，十分准确地描述了当前世界的文明状态。生活在现代社会的我们，要参与国际交流，必须站在相同的平台运用国际语言与国际接轨；我们同外国民众一样享受并追逐好莱坞影视、津津乐道可口可乐的美味、穿着并追逐牛仔裤的时尚；走在中国的街道同样能够感受国外城市的林林总总……。所有这些都说明了世界各族人们的目标价值、生活方式、审美倾向等等正处于趋同状态。

在《文明的冲突与世界秩序的重建》一书中，亨廷顿认为"普世文明"可能存在四层含义[46]：第一，"人类都具有某些共同的基本价值观，也具有某些共同的体制"。这是普世文明最基本、深刻、广泛的含义，如社会当中大部分人对是非、黑白、曲直的基本判断的价值标准。第二，"文明化社会所共有的东西"。这一含义似乎抛开了"普适性"，使文明的概念具备了具体指代的功能，以区别于现代人类社会与原始社会，如文字的出现与使用、制度的建立等等。第三，"西方文明中的许多人和其他文明中的一些人目前所持有的假定、价值观和主张，也称之为达沃斯文化"。这一含义不具备普遍性，更倾向于精英阶层的文化范畴，不代表广大社会的群众文化。第四，"西方消费模式和大众文化在全世界的传播"。这一点易于理解，是普世文明在大众层面的最显著体现。例如，我们不仅接受西方的快餐模式，并且为了适应快节奏的生活方式，将传统中餐制造成快餐的消费模式比比皆是。

2. 文明的冲突

全球化时代，文化的交融与碰撞并存，两种趋势此消彼长。亨廷顿认为，冷战结束以后，全世界的人在更大程度上是依据文化的界限来区分自己，不同文明集团之间的冲突将成为未来世界冲突的主要根源与全球政治的中心。他说："在这个新的世界里，最普遍的、最重要的和最危险的冲突，不是社会阶级之间、富人与穷人之间或其他以经济来划分的集团之间的冲突，而是属于不同文化实体的人民之间的冲突。"[47]

"文明的冲突"可以理解为是强势文化与弱势文化的冲突，是占世界统治地位的发达国家文化与位于世界边缘地带的发展中国家文化的冲突，其内容具体表现在价值信仰、生活习惯、地域风俗、审美标准等方面。文化是一定生产方式的产物，只有依托于一定的生产方式才能存活。由此可以推断，文化冲突首先是不同类型制度下不同生产方式的冲突，进而会造成不同经济发展程度的冲突，长期作用下会形成不同历史形态的冲突。它在本质上更加表现为不同生产方式所要求的价值观念与行为准则的冲突。因此，"文明的冲突"可归总为是发达国家政治、经济、文化全球化与发展中国家本土化的冲突。

3. 非西方国家的现代化

所谓现代化[48]，包括工业化、城市化，以及识字率、教育水平、富裕程度、社会动员程度的提高和更复杂的、更多样化的职业结构。

西方，相对于东方而言。但如今人们谈起西方，往往"不是根据民族、宗教或地理区域的名称来确认，而是用来指以前被称为西方基督教世界的那一部分。"[49]具体而言，西方文明在现阶段被认为是"欧美文明或北大西洋文明"[50]。由于西方国家与地区在全球政治、经济、文化中的主导地位，往往成为非西方国家地区争相效仿的对象。

西方化，是由"西方"的名称引发的概念。由于在全球文化的融合与冲突中，西方文化一直处于焦点的位置，容易促使人们将西方化视为现代化，认为只要是西方化了就一定处于世界发展的前沿位置，就是现代化。因此，容易踏入"西方化就是现代化，现代化就是西方化"的误区。

那么，现代化与西方化到底存在怎样的关系？对于非西方国家与地区的现代化发展问题，是否一定存在非西方化不可的方法？在现代化发展过程中西方化发挥了什么重要作用？就上述问题，亨廷顿认为在非西方社会发展中，存在三种典型倾向[51]：

拒绝主义：完全拒绝现代化与西方化。除非极端情况，在全球一体化的当今社会，完全拒绝现代化和西方化几乎是不可能的。

接受主义：也称之为基马尔主义。完全拥护现代化和西方化。为了达到现代化目标，认为必须摒弃与现代化不相融洽的本土文化。为了实现现代化，社会必须实行西方的体制制度。这一观点将现代化与西方化紧密捆绑在一起，将西方化视为获得现代化的必不可少的条件。

改良主义：拒绝西方化，但却试图把现代化同社会本土文化的主要价值观、实践和体制结合起来。

非西方社会现代化过程中对待现代化与西方化关系的描述如图 2.15。拒绝主义将停滞不前，停留在 A 点；接受主义将以西方化的方式发展现代化，两者呈线性关系，由 A 点到达 B 点；改良主义则拒绝一味西方化，以本土文化的繁荣发展促进现代化，由 A 点移向 C 点。AD 直线则表明为了发展现代化，一味强调西方化的结果可能导致社会仅仅发展成了西方化，但却未引起和形成科学技术现代化。然而实际上社会可能完全没有沿着这三条预测的路线前进和发展，但却存在一条是从 A 点到 E 点的曲线发展路径。它表示起初西方化和现代化密切相连，非西方社会吸收了西方文化相当多的因素，并在走向现代化的过程中取得了缓慢进展；当现代化进程加快时，西方化比率下降，本土文化获得了复兴。这一曲线表明，在变化的早期阶段，西方化促进了现代化。一定阶段后，现代化促进了非西方化和本土文化的复兴。

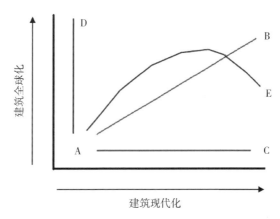

图 2.15　对待西方影响的不同回应

图片来源：[美] Samuel P. Huntington. The Clash of Civilization and The Remarking of world Order [M].New York：Simon & Schuster Inc, 1998：78.

2.2.2　建筑本土观

1. 建筑全球化

"普世主义是西方对付非西方社会的意识形态。"[52] 在当今全球一体化的过程中，对于非西方社会，为了谋求自身发展，不可能不参与国际合作与交流。因而，在这一过程中，文化发展必然受到来自西方文化的冲击与影响。

全球化是人类社会发展到一定历史阶段的产物。"全球化"作为当代文化的强势语境，已渗透到人类生活的各个层面。建筑技术的通用与全球共享、风格趋同与特色消失、设计思潮的世界同步等都是建筑全球化的典型特征。建筑领域的全球化给发展中国家与地区带来了最新的建筑技术和材料，同时也带来了先锋的设计理念和时下流行的风格样式。"从历史发展来看，现代建筑的诞生是建筑全球化现象的肇始，而'国际风格'的流行，则可以说是建筑全球化某一历史过程的一个特殊产物。"[53] 作为西方技术与文化产物的现代建筑，除了在恢复战后生产、适应当时社会需求方面具备优势外，就在当今建筑文化发展中仍然具备长足优势：它重视解决建筑的功能问题；推崇技术原则，新材料、新结构等以科学理论为依据的工业化生产；自由灵活地创造建筑造型，突破传统的构图样式；确认以三维空间感受为重点的建筑处理手法；节约经济意识的提高，将建筑的经济性提高到重要的高度；提倡建筑的工业化、标准化和机械化等。正是由于这些优势，现代建筑才能够长期留存，并被各地区的人们所接受和喜闻乐见，而非经济全球化或政治全球化的附庸。

建筑全球化带来的千城一面、资源浪费、环境破坏等劣势，实质上是现代建筑缺陷造成的。由于秉持"能源无限、环境容量无限"的理念，使得工业化生产方式大量介入，漠视自然环境的存在，破坏生态平衡；它坚定的反对历史和传统的态度，使得现代主义建筑割裂了建筑历史与文化的发展脉络；它忽视长期以来一直存在的人类社会多元化需求；它过于关注普适法则，忽略了文化多样性中的个性；更为重要的是，现代建筑体系高度的专业分工，分别独立地进行研究，无法解决建筑作为有机统一体的可持续发展问题。因此，在这样的建筑全球化进程下，高能耗、千城一面、万镇同貌成为必然结果。

2. 建筑本土化

面对上述困境，建筑本土化被提上议事日程，建筑地域性再一次被提到更高的高度，被认为是对抗全球化冲击最好的利器。在全球化面前，地域建筑一般有三种选择：其一，为了保有民族与自身文化地位，完全反对和抵制全球建筑文化的侵袭；其二，由于自身弱小，面对强势文化的侵袭，完全接受西方的文化观念；其三，拒绝全球化，以自身的力量即本土文化促进与发展本地区现代建筑文化。这三种倾向类似于前文所描述的非西方社会发展现代化的路径。在这里要申明的一点是建筑现代化不等同于建筑全球化，就相当于现代文明不等同于西方文明一样。图中 A 点表示完全拒绝与反对，AB 斜线代表了完全地妥协接受。水平直线 AC 则表明拒绝全球化以本土建筑发展建筑现代化。但实际上，对于发展建筑现代化而言，还存在另一种途径，即最初为了发展建筑现代化而接受全球化，在吸收了全球化带来的优势因素，建筑的现代化得到长足发展；然而，当建筑现代化发展进程加快时，虽然身处全球语境，但全球化比率下降了，本土建筑文化得到复兴，传统与民族精神得到长足发展，并以此促进建筑文化现代化的发展。因此，在建筑文化发展的早期阶段，全球化促进了建筑发展。在后期阶段，建筑现代化促进了本土建筑文化的复兴。

即便是对抗全球化的利器，"地域化与全球化"的关系仍然不能被二元对立的思维截然分开，更不能陷入"非此即彼"的二元谬论。全球化与地域化既是矛盾体，也是统一体。地域化只有在全球化大肆盛行之时才有"被需要"的可能，正如美国历史学家阿里夫·德里克（Arif Dirlik）所认为的那样，"地域性只有在全球化的历史之中才能获得普遍的意义，在这个意义上，'全球化既包括地域又把它边缘化'，地域可以'提供一个有利于发现全球化矛盾的批评角度'。"[54] 美国学者萨林斯（M·Sahlins）为上述理论描述了一幅图景，"从亚马逊河热带雨林到马来西亚诸岛的人们，在加强与外部世界的接触的同时，都在自觉地认真地展示着各自的文化特征，即他们不断地强化自身的文化认同和地域性特征。"[55] 可见，地域化是在全球化浪潮中得以生存并发展壮大，全球化在与地域化的斗争中得以长存。二者看似此消彼长，但也相辅相成。正由于它们的相互融合、相得益彰，才满足了人们多元的审美要求和多样化的功能需要。因此，完全的西方化与纯粹的本土化已不适应现实世界的需求，"多元互补"才是对待地域化与全球化的正确态度。在全球化进程中"正在形成一种大规模的结构转型：形成各种文化的世界文化体系，一种多元文化的文化，"[56] 这一复杂、多元的交流过程重构了地区建筑文化，使得地方精神重新焕发活力。

2.2.3　理论启示

从全球化开始以来，因为无法摆脱政治、经济、文化上的交流和往来，并且发展中国家和地区就做不到完全的拒绝主义，因此，它基本遵循着——从完全接受外来主义，到由于全球化淹没导致的自我身份缺失，再到寻求自我身份定位的本土化——的轨迹，但此刻的本土化一定是融合与夹杂了全球化的成分。

1. 发展建筑现代化

首先，发展建筑现代化是时代的要求。随着社会发展，时代变迁，人们对建筑的需求也从遮衣避体、安身立命的最基本需求到精神需要，如宗教空间、祭祀空间的出现等，再到体育竞技的需要、换乘交通的需要、科研教育的需要等。从群居到独居再到集中居住（由于人口激增用地紧张引发的）的需要，所有这些都需要建筑的现代化。这里的"现代化"更倾向于动态发展的意义，它不专指建筑发展的某一具体时期或某一具体样式或具备某些准则的建筑。因为人们对建筑需求的内容随时代发生了重大变化，需要建筑在空间上提供更多更灵活的变化、在功能上提供更多的便利，同时也要求新材料、新结构等新型技术的支持。因此，发展建筑的现代化是顺应时代的要求。

其次，现代化是任何地区建筑的发展目标，这一点毋庸置疑。对于当代人类而言，不可能生存在孤立的小岛而排除与外界的输入与输出，全球化进程已将各国家与地区的人们卷入高度相互依赖的世界里。由于现代性具备的压倒性优势，要求建筑的发展以现代化为目标。

2. 以本土化促进现代化

首先，接受全球化的建筑本土化。地区建筑的发展要以现代化为目标，而非固步自封地发展，面对全球化进程无法不被卷入的可能，它必定抱有兼容并蓄的态度接受外来事物，并吸收各家所长。

其次，以本土化促进现代化。通过文明现代化发展路径，我们不难看出，在可能经历过完全拒绝、全盘接受、部分改良等阶段后，本土文化而非全球化成为推动现代化发展的必然之举。我国建筑界也有过类似的经历：完全拒绝的阶段——20世纪50、60年代以前的闭关锁国，以固有的"民族形式"全盘抵制现代主义；完全接受阶段——20世纪80、90年代为了发展建筑的现代化向已过时的"国际风格"全盘投降。那么，在经历了完全的拒绝与接受后，我国建筑界是否也应该秉持发扬本土文化的精神，在明确和体现本土身份的同时参与国际化、全球化交流与碰撞，并在这一进程中贡献地区的、民族的与传统的文化精髓。

3. 小结

吴良镛先生在《北京宪章》中的一段话很好地体现了建筑全球化进程中，地区建筑应秉持的态度与对世界建筑的贡献——"现代建筑的地区化，乡土建筑的现代化，殊途同归，共同推进世界和地区的进步与丰富多彩。"[57]它可以被理解为：一方面，对于各国家和地区而言，建筑的发展必然以"现代化"为目标，这是时代和社会的要求。时代在发展，社会在发展，如果不以此为目标，建筑将无法满足由于时代变迁引起的人们对空间、功能、审美等一系列需求的变化。另一方面，建筑要发展现代化，必然以本土化作为出发点和动因。从地区角度而言，当全球化席卷建筑文化，为了表明地区身份得到文化认同必然以本土化彰显自我与他人、他地、他时的区别；对于世界建筑界这一整体而言，以各地区各民族各传统相异的地区文化来丰富、充实和推进世界建筑的现代化。

2.3 "批判性地域主义建筑"理论

长期以来，建筑领域关于地域性的探讨一直与建筑的发展为伴，从不曾停息。关于地域主义的讨论在历史上出现过乡土主义、现代地区主义、后现代地域主义、新地域主义等等。在全球化持续加温并对地域和民族构成极大威胁时，地域主义再一次被唤醒，出现了一种"最有活力和与时代相融合的"[58]原创性运动并在理论界引起极大轰动，这就是"批判性地域主义"。

2.3.1 社会背景

20世纪上半叶，世界建筑在现代主义建筑的垄断下发展，尤以50年代后的"国际式"风格在世界各地大行其道为明显标志。随着工业化的高度文明与信息化的快速发展，全球化和地方特性成为两大主要对抗力量。在建筑领域体现为城市化的快速发展，带来的城市与建筑空间趋同，逐渐淹没了丰富多彩的地区特性。基于此种情景，人们逐渐意识到自我对保护民族特性、发扬与继承优秀传统、丰富文化多样性需求的日渐强烈。正是在这种背景下，在20世纪五六十年代出现了以探索不同于传统地域主义、限制性地域主义而直面外来文化为标志的建筑实践活动，这些实践活动在20世纪80年代被西方建筑界归结为"批判性地域主义"理论。该理论采取"批判"的思维方式，对待现代建筑与地域建筑，探讨普世文明与地域文化的发展之路，旨在解决目前人们对建筑文化多元化的需求与长期以来形成的方盒子式现代建筑普遍存在的现象之间的矛盾。

2.3.2 理论内涵

1. 思想雏形

美国学者刘易斯·芒福德（Lewis mumford）[59]，掀起建筑史上对地域建筑的再一次争辩。他的贡献在于：影响了目前最具活力的"批判性地域主义"思想的形成与发展；引领"地域主义"第一次走上自我反省、自我批评的道路。这些先锋思想与理论贡献见诸于：《棍棒与石头：美国建筑和文明》（*Sticks and Stones*：*American Architecture and Civilization*）（1924）、《历史中的城市》（1961）、《城市前瞻》（1968），以及更早期的《技术与文明》（*Technics and Civilization*）（1934）、《南方建筑》（1941）和《夏威夷报告》（1945）。从这些著作里，不难发现芒福德的地域主义批判思想产生于20世纪20年代，30年代起逐渐走向成熟。它植根于美国文艺复兴的浪漫和民主的多元文化主义。他提出了对现代主义的功能至上的目的、自上而下的原则以及标准化、程式化的教条等的质疑，引起人们对建筑本质及其发展方向的深度思索，从历史和现实的两个层面对地域主义进行双向批判，全面地反思并重新定位，从而建构出了一套完整的地域主义思想。

（1）批判地继承历史

拒绝新建筑对老建筑进行完全的仿造。对于所有的艺术来说，过去不能复制，只能在精神上体现。同样，如果地方建筑材料不符合当今的建筑功能，同样应该被拒绝。

（2）建筑应当回归自然

地域主义不仅仅创造引起人们领域感和归属感的场所，更应当包含和注重"生态"和"可持续发展"的思想。

（3）接受现代工业文明的先进技术

在对现代文明带来的工业化、机械化高度赞赏的态度下，认为生态学观点并非是对一切机器文明下意识的反抗，当功能上需要且技术合理时，接受并赞成使用当时最先进的工业技术。

（4）多元文化促进地区发展

反对传统地域主义的单一文化，赞成多元文化并存。认为脱离开人种特征、土地、语言的联系将带来地域特征更大的进步，外界异质因素的介入能提供与本土特征更丰富的交流，杂交的结果可能积极推动本地文化发展。保持开放、包容、接纳外来文化的态度

（5）平衡全球与地域的关系

承认全球文明冲击的现实，接受普世化趋势。没有对立"当地－普遍"、"地域－全球"这两组观念，并且，没有把地域主义视为抵抗全球化的一种工具，而是将普世化标准与当地特征相结合，并且在它们之间建构一种微妙的平衡。

上述理念中体现了芒福德的地域主义思想的前瞻性，奠定了批判性地域主义理论的思想积淀。首先，与以往任何时期地域主义不同的是，它不仅批判对地域因素冲击的外来主义，更为重要的是，对地域主义自身也采取批评、审慎的态度。这与任何时期的地域主义不同，具有里程碑式的和划时代的意义。其次，对生态可持续发展思想的重视、对现代工业技术的接受、以外来文化促进本地区发展以及接受全球化、普世化观念等都说明了他的地域主义思想与保守性、限制性地域主义的差别。从而在全球化刚刚显现还未大规模形成

时就暗示了地域主义的生存环境，引领其发展方向，成为"批判性地域主义"的思想雏形。

2. 观念明晰

真正从字面上提出"'批判的'地域主义"这一概念的是当代荷兰建筑学者亚历山大·楚尼斯（Alexander Tzonis）和利亚纳·勒费夫尔（Liane Lefaivre）。他们在 1981 年发表的《网格和路径》（*The Grid and the Pathway*）[60] 一文中第一次给"地域主义"添加了"批判的"这一前缀，形成"批判的地域主义"的概念。之所以增加"批判性"，两位学者在《批判的地域主义之今夕》（1990）中阐述到"……我们现在指的更特殊意义上具有的批判性，也即，一种自检、自省、自我估价，不仅仅对立于世界，而且也对立于自身的地域性。"这一提法与芒福德对地域主义自我检验、自我反省的初衷不谋而合。他们所谓的地域主义建筑应有的本质在于，"从两种意义上是批判的。除了提供与世界上大批建造的那种颓废、过敏的建筑相对照的意象外，它们还对自身所属的地域传统的合法性在视者的脑中提出疑问。"

（1）与以往建筑流派的不同之处

借"地域"的概念对建筑进行反思，用"批判的地域主义"指代当今地方建筑发展的一种主要趋势。它完全不同于现代建筑的教条，后现代建筑的表面文章。

（2）与以往地域建筑的不同之处

他们提倡的地域主义，不同于以往以地点、传统、民族、习俗等因素作为限制本地文化与世界文化交流的保守地域主义，而是开放、包容的地域主义，提倡本地建筑与世界建筑的交流与共融。

（3）对待全球化的态度

这是二位学者关于"批判性地域主义"建筑理论讨论的核心问题。面对现代文明的全球化冲击时，采取友好而非对抗的态度，以自地方特征中衍生出来的元素调节来自全球性文明的冲击。他们认为现代建筑应寻求自我定位，即以本土化作为身份标识，以便在全球化、城市化浪潮中不被淹没和随波逐流，因此，提倡地域建筑的大力发展。

（4）地域建筑自身发展与全球化的关系

楚尼斯认为，应当鼓励创造本土文化、促进人类之间的纽带关系、尊重自然生态资源、加强多样性，使得全球化的进程在共享价值观和尖端技术的基础上形成一个开放的、高度互动的世界，由此这一进程不仅更加可行，而且能够真正受到欢迎。[61]

亚历山大·楚尼斯和利亚纳·勒费夫尔认同芒福德关于"地域主义"的思想，并以"批判的"前缀区别了此时的地域主义与以往任何时代的建筑流派、地域建筑的区别。由此引发了对"地域主义"理论的探索与阐述。由此进一步从观念上明确了地域建筑反省的两层含义以及面临全球化席卷地域建筑应采取的态度。

3. 理论洞察

美国建筑理论家肯尼斯·弗兰姆普顿（Kenneth Frampton）对"批判的地域主义"的提出要稍晚于楚氏，分别见诸于 1983 年发表的两篇文章 "Towards a Critical Regionalism—Six Points for an Architecture of Resistance" [62] 与"批判性地域主义面面观"。他赞同并沿用"批判性地域主义"的观点，深刻洞察了理论内涵，并对甄别地域建筑是否隶属于"批判的"

范畴提出了独到见解。

（1）批判性地域主义实践被边缘化

直至现今，现代建筑实践活动往往被认为是建筑实践活动的中心。相对而言，地域主义向来被认为是小众化、边缘化的尝试。批判性地域主义虽秉持地域的观点，但它以辩证的思想批判现代建筑的标准化工业生产与幼稚的乌托邦思想，赞成现代建筑中思想解放和进步的方面。

（2）突出"场所——形式"的关联作用

弗兰姆普顿深受海德格尔的影响，认为事物只有在其边界是明确的前提下才被认同是存在的。因此，他引用海德格尔关于"边界"的概念以显示地域建筑这一建筑类型的确是"存在"的，但并非强调建筑这一本体事物应当具备清晰的边界。他认为，建筑应当通过具备某种形式的构筑物建立起的领域感来表达建筑的场所精神。

（3）提倡运用与实现建构（Tectonic）要素

建构要素是指批判性地域主义强调设计与建设过程中对材料的选择和具体构造措施的采取，主张建筑应该是一种构筑的过程与结果，而这种构筑是基于对环境的深刻理解与设计，并非将环境视为布景和道具而机械式应对。

（4）强调特定场址要素的关键作用

批判性地域主义倾向于从地形、地貌、光线、气候等特殊因素上表达地区的独特气质。建筑物必将与地形地貌发生直接的契合关系，借助光线的变化和丰富的表现力，能够展现建筑的体量美和空间的丰富性。在对气候要素的应对中，批判性地域主义强调因势利导的利用当地气候条件，反对人为因素干预和调节室内环境。

（5）提高触觉判断事物的地位

从人的感官角度而言，造成人们对客观环境认知缺陷的原因在于，视觉优先发挥作用的经验阻碍了味、触、听、嗅等其他感官判断。为使建成环境更接近真实，批判性地域主义期望人们能够客观感知周围环境的冷暖、亮暗、干湿、大小、声音、气味等。因此，它强调真实感受在建成环境中的重要意义，强调触觉在人的感官判断中的重要作用，反对以电子信息替代。

（6）重新阐释地方和乡土要素

与传统地域主义对乡土要素煽情模仿不同的是，批判性地域主义主张将地方与乡土要素通过选择、抽取、提炼后作为片断植入建筑整体。它尝试引导一种当代既开放又符合地区精神的建筑文化，鼓励以悖论方式创造一种既传统又现代、既具地区性又具世界性的建筑文化。

2.3.3 哲学思想

1. 批判哲学思想

在对待地域建筑的问题上，从思维方式上映射出持有"批判性地域主义"观念的理论家们都运用了"批判哲学"的思想。这种方法来源于伊曼努尔·康德（Immanuel Kant）的"批判哲学"[63]的思想。康德所谓的"批判"[64][65]不是"否定"的意思，而更多的是"检验"

的内涵，其含义更接近于中国传统中的"论衡"。从"批判哲学"的分类认知[66]而言，康德的"批判"兼有大、小两个层次。小批判即狭义上的批判，专指康德对"纯粹理性进行批判性的判断"；大批判，即广义上的批判，是一种哲学思辨的倾向，即对人接受真理"先入为主"态度的质疑，对先前真理的质疑，并且不断反思与批评自我。从目标价值取向[67]上而言，康德的批判是建设性的批判，不是要取消、否定对手，而是要超越对手。由此，康德的"批判哲学"是积极的、大批判，它是"执两端"的、超越对手的，也是建设性的批判。鉴于该思想的引介，楚尼斯与勒费夫尔夫妇、芒福德等人对待地方风格、全球文明冲击的态度，体现了对真理"先入为主的接受"的传统思维方式的思辨。在面对全球化与地域性中两个极端问题时，没有急于完全否定任何一方，而是在自身认识的范围内，通过内省和自我批判，从而达到自我进步的目的，最后在二者之间寻求一个平衡状态。尽管芒福德没有明确提出过"批判的"一词，但他却是在这种意义上第一个对地域主义进行系统反思的思想家。尽管维护地方情绪，但是楚尼斯第一次在"地域主义"之前加上"批判的"定语，以示对"地域主义"本身的"批判的"态度，对现代建筑的当今发展的批判态度。具体而言，体现在对恪守传统地方文化的批判和对由全球化带来的普世文明和单一文化的批判。

2. 相对性概念

"批判性地域主义"理论内涵中体现了相对性的概念。对于地方与全球之间的矛盾与不均衡现象，"批判性地域主义"倡导者们提倡地域主义应与全球化、普适性相结合，应采取交流、沟通而非拒绝，参与而非抵制，融合而非隔离的地域主义态度。这与传统地域主义所采取的誓不两立的态度相区别。地域主义成了一种在地方与全球之间，在诸多构成地域主义概念的问题上，持续折中的过程。

3. 哲学现象学

地域建筑应当以形式树立场所精神的观点中，流露出弗兰姆普顿思想中隐含的哲学现象学观点。德国哲学家马丁·海德格尔运用现象学方法开展过两类研究[68]：其一，人类存在属性和真理。"人的存在"与"世界的存在"互相依托，"人的存在"就体现在人与世界其他事物发生关系的过程中。其二，世界、居住、建筑之间的关系。"居住"是人类在地球上存在状态的众多方式之一，也是本源方式。它表明人们归属于一定的环境。这一归属感来自建筑空间营造的"场所"。在海德格尔看来，建筑涵盖了知识和技术，并以具象化特征表明了人与世界的联系，为"人的存在"提供居所。因此，居住与场所是人与世界之间发生筑造活动的根本目的，建筑是实现这一目的的介质。

在上述哲学现象学影响下，诺伯格·舒尔茨开创的建筑现象学对弗兰姆普敦的影响具体而言有二。其一，"场所精神"的影响。在批判性地域主义对"场所–形式"的强调中，我们能够看到建筑现象学的"场所精神"理念对其的影响。其二，对环境经历的重视。环境经历这一内容在丹麦建筑学者斯汀·拉斯姆森的著作《建筑体验》[69]中有明确研究，其中就涉及诸如平面、空间、立体、尺度、比例、色彩、质感、光线、声音等建筑环境元素通过直接或间接的方式作用于人的五官从视、听、触等方面对人在环境中感受的影响。通过弗氏对触觉在客观事物的判断地位的强调中，清晰地流露出建筑现象学对其思想的影响。

2.3.4 实践策略

1. "陌生化"方法

对地域化与全球化的批判性认知是基于认识和美学上的"陌生化"方法。"陌生化"方法原本应用于文学创作领域，楚氏夫妇将其引入建筑学领域，在建筑创作中将原本熟悉的建筑语言进行陌生化甚至复杂化加工，以重新唤起人们对周围环境的兴趣，此即建筑作为艺术形式所应产生和具备的艺术感染力。清华大学单军博士在其论著《建筑与城市的地区性：一种人居环境理念的地区建筑学研究》中，对"陌生化"理论的来源与楚氏对该法的引入进行了深入的剖析。"陌生化"理论最早由俄国什克洛夫斯基提出，在俄文中译为"反常化"，与"自动化"、"机械化"成对立概念。陌生化或反常化就是一种不断更新人对世界感受的方法，它要求人们摆脱感受上的惯常化，以惊奇、诗意的眼光看待习以为常、司空见惯的事物，则会产生新鲜、惊奇、焕然一新的感觉。这种方法不同于传统地域主义运用熟悉的符号拼贴以唤起"乡愁"的怜悯情节，而是将熟悉的建筑语言陌生化以重新创造空间与细节，以引起人们对周围环境的兴趣。为了吸收传统文化的精髓，处理与自然环境、与传统建筑的关系，新建建筑可以采取抽象、解释以及悖论的方法达到用陌生熟悉事物以重新创造空间的目的。除此外，可采取认识论的批评法和泛文化的并置法[70]，凭借文化背景的差异，比较异地文化与本土文化，从而借鉴异文化的优势达到陌生和创新本土文化的目的。

2. "悖论式"策略

为了保存地域文化多样性的同时发展现代建筑，弗兰姆普顿认为，关键在于处理好世界文明与民族文化之间的平衡关系。面对上述矛盾，大部分人通常采取惯常的眼光、普遍的道理或平庸的法则来看待、思考和处理问题。这样做的结果是并未从根本上发现和解决问题。弗兰姆普顿则一反常态，运用"悖论式"方式看待和思考矛盾问题。"悖论"这一词汇源于逻辑学、数学、语义学等学科的概念，是指看似能自圆其说的道理实则推理出相互矛盾的结论。在面对现代文明和地域文化这一看似长久存在的矛盾体时，弗兰姆普顿正是运用了这一思维方式，才摆脱了非此即彼、非白即黑的观念，重新审视二者的关系。这一思维方式体现在弗氏引用哲学家保罗·里柯（Paul Ricoeur）在《普世文明与民族文化》中的一段话[71]。这段话表明了以下几层含义：其一，面对现代建筑的冲击，地域主义应坚持民族精神；其二，随着社会发展，地域主义不可能不参加现代文明的交流与融合，它应当接受现代文明、现代技术中科学、正确、先进、理性的方法，这必然带来对传统与过去的否定与抛弃。相悖之处在于：坚守过去、传统、民族的阵地即意味着抵触现代文明；接受现代文明即意味着排斥过去与传统。批判性地域主义的出现是在上述二者之间寻求一个平衡，既传承民族与地区精髓又成为现代经典，既复兴传统文化又参与普世文明。基于悖论式思考，弗兰姆普顿才清醒地意识到地域建筑要想长久存在，必须是在与世界现代文明的交流与碰撞中得以发展。这一思维方式体现在实践中，虽然弗氏不反对使用地方和乡土要素，但却提倡另辟蹊径看待和提炼地方要素中的精髓，而非照抄照搬。这样做的结果是，不仅延续和保留了地区风格，而且增加了建筑的新鲜和活力。

楚尼斯与勒费夫尔提出的"陌生化"方法，是有意将原来熟悉的事物以新鲜的方式呈现，达到陌生的效果，以换取人们的注意。弗兰姆普顿倡导的"悖论式"方式是在摆脱常理的基础上以对立的观点提出见解。即便两者采取的具体方法和经历的过程稍有差异，但实际的目的是基本一致的，即唤醒人们对周围环境的重新关注与体验而不仅仅局限于常理和司空见惯，因此二者有异曲同工之妙。同时，"悖论式"是囊括在"陌生化"策略之内的，与"抽象"、"解释"等方法并列为是为达到"陌生化"效果可采取的手段之一。单军博士认为可以采取抽象、解释、悖论等方法陌生众所周知的建筑语汇达到重新创造空间的目的。

2.3.5 理论启示

1. 双向批判与检验

目前，对当代建筑发展持有的两种典型倾向，即是：接受现代化意味着全盘接受全球化的"国际式"；提倡本土化意味着全盘否决现代化，拒绝全球化。从"批判性地域主义"理论中，我们看到，运用批判哲学的思维对当代建筑的发展进行反思。既检验全球化带来的优势与劣势，也反省地区建筑的保守与刻板。

建筑全球化过程导致了千城一面、万镇同貌的格局，导致了自然资源的浪费、生态与自然环境的破坏，等。但在全球化过程中，先进的科学技术得以在全世界范围内推广，先进的设计思潮得到广泛传播，先进的设计手段与工具得到广泛应用。虽然这一过程被部分学者认为是西方文化与价值观在非西方国家与地区的文化侵略，但不得不承认的是，这一过程的确有正反两方面的意义。

地区建筑，相较于现代建筑的方盒子式千篇一律，在发扬民族精神、彰显传统文化、代表地区特质等方面确实发挥了无可替代的作用。但是，当地区建筑圈囿于自身，缺乏与外界沟通与交流时，就成了"落后"、"保守"、"传统"的代名词。

任何事物都有正反两面，都有各自优势与劣势。因此，看待事物应该秉持双向批判的眼光，检验事物的正反两面，分清各自优势与劣势，从而避免对事物的武断、狭隘地认识。对待建筑这一动态发展中的事物更应秉持双向批判的眼光，不畏惧强势文化的侵袭，不扰乱于纷繁复杂、光怪陆离的建筑思潮，坚持地区文化优势，借鉴现代先进技术，促进建筑长久持续发展。

2. 批判性接受现代化

所谓"批判性地域主义建筑"，即是在地区与全球之间不断平衡的现代地区建筑。这一观点表明了地区建筑的发展是以"现代化"为目标的。当地域文化遭遇现代建筑的先进技术与普遍意义时，是无法抵挡和难以存在的。因此，应当承认并且接受全球文明冲击的现实，而非回避与对抗。

以"现代化"为目标，正视全球化，并不意味着接受和引进全球化的所有信息，应当采取"批判的"眼光甄别，秉持"取其精华、弃其糟粕"的态度，接受、继承并发扬现代科学技术中优秀的部分，摒弃全球化带来的负面影响。例如，在发扬地域特色、适应当地气候与自然环境的基础上，运用现代科学技术手段，尽量满足人们的现代生产生活对建筑空间及其室内的需求。

3. 批判性发扬本土化

地域性是任一事物与生俱来的突出特征。一切建筑都可以被认为是地域性建筑，或者说一切建筑文化都标志着地区文化。"因为世界上没有抽象的建筑，只有与地域不可分离的具体的建筑"[72]。因此，坚持本土化思想，通过建筑手段表达地域特色、民族特征、传统文化无可厚非，况且"地域和民族文化在今天比往常更必须最终成为'世界文化'的地方性折射"[73]，因此应当大力提倡与继续发扬。但是，当我们运用批判哲学的思维审视地域主义时就会发现，地域建筑发展过程中也存在一定弊端。例如，脱离不开历史，引用历史元素作为地域特征的标志；将地域与"土地"、"家园"、"种族"等因素相联系，仅仅承认本地区或本民族的单一文化；限于一定范围内自身发展与繁荣，拒绝与外界交流等等。上述特征如实表达出地域观念中的限制、刻板与保守。因此，本土观念也应当随时代和社会发展而变迁：承认地区建筑的现代化发展需求，摒弃历史元素的直接复制与拷贝，接纳外来文化，理性思考与借鉴工业技术，以自身的生态优势修正全球化带来的生态危机。上述种种，才能够使地域文化在自身繁荣发展的基础上丰富和充实世界文化。

2.4 "人的需求层级"理论

"建筑文化的焦点是人，一切以人为中心。随着人类自我意识的觉醒和社会价值观的变化，人们不仅要求今天的建筑应能够不断更好地满足人的各种基本的生理、物理、心理的需要，更强调建筑文化要进一步重视从人类的风俗习惯、文化传统、价值观念、行为模式、社会交往等出发，考虑多方面的人文因素。这样，建筑中所考虑的人就不再是一个物理的人、生理的人，而是社会的人、有情感的人，是需要层次丰富的'多元'的人。"[74]

2.4.1 动机理论

美国人本主义心理学家亚伯拉罕·马斯洛认为，人是一种不断需求的动物，除短暂的时间外，极少达到完全满足的状态。一个欲望满足后，另一个迅速出现并取代它的位置，当这个被满足了，又会有一个站到突出的位置上来。人总是在希望着什么，这是贯穿人的整个一生的特点。这就是动机理论[75]。该理论研究的基础是以人为中心，而非以动物为中心。

我们似乎感觉到人对建筑的需要也存在着类似的状态。当基本属性之一满足人对建筑的需求后，另一个属性就成为人们渴望的对象。而当这个属性被满足后，人的需求又转向另外的属性。并且，马斯洛发现：第一，人类只能以相对或者递进（one-step-along-the-path-fashion）的方式得到满足；第二，需求似乎按照某种优势等级、层次，自动排序。

2.4.2 需求层级理论

关于马斯洛的"需求层级理论"[76]目前存在两种说法：其一，他把需求分成生理需求、安全需求、社交需求、尊重需求、和自我实现需求五类，这五类需求依次由较低层次到较高层次排列（图2.16）；其二，在这前五类的基础上增加了自我超越和大我实现两类需求层次，仍然按照由低到高的层级递进。后一种提法是后人根据马斯洛生前对"认知需要"

图 2.16 马斯洛的需要层次论

图片来源：根据"马斯洛需求层次论"绘制.

和"审美需要"的理解和发展，是对基本需要的补充与完善。两种说法并不矛盾，而且遵循同一层级关系。同时，本文将要学习和借鉴的是搭建层级关系的原理与过程，并非结果，因此选取何种说法对建筑基本属性结构关系的建立并无直接影响。笔者在本节行文中暂且按照传统的第一种说法来阐释各层次需要的基本含义及其层级关系。

生理需要。这是人类维持自身生存的最基本要求，包括对以下事物的需求：呼吸、水、食物、睡眠、生理平衡、分泌、性。如果这些需要（除性以外）任何一项得不到满足，人类个人的生理机能就无法正常运转。换而言之，人类的生命就会因此受到威胁。在这个意义上说，生理需要是推动人们行动最首要的动力，在所有需要中占绝对优势。马斯洛认为，只有这些最基本的需要满足到维持生存所必需的程度后，其他的需要才能成为新的激励因素，而到了此时，这些已相对满足的需要也就不再成为激励因素了。

安全需要。如果生理需要相对充分地得到满足，接着就会出现一整套新的需要，大致可归纳为安全类型的需要，其中包括：安全、稳定、依赖、保护、免受恐吓、焦躁和混乱的折磨、对体制的需要、对秩序的需要、对法律的需要、对界限的需要以及对保护者实力的要求等。马斯洛认为，整个有机体是一个追求安全的机制，人的感受器官、效应器官、智能和其他能量主要是寻求安全的工具，甚至可以把科学和人生观都看成是满足安全需要的一部分。当然，当这种需要一旦相对满足后，也就不再成为激励因素了。

情感和归属的需要。如果生理需要和安全需要都得到很好的满足，爱、感情和归属的需要就会产生，并且以此为中心。这一层次包括对以下事物的需求：友情、爱情、性亲密。人人都希望得到相互的关系和照顾。感情上的需要比生理上的需要来的细致，它和一个人的生理特性、经历、教育、宗教信仰都有关系。

尊重的需要。除了少数病态的人之外，社会上所有的人都有一种获得对自己的稳定的、牢固不变的、通常较高的评价的需要或欲望，即一种对于自尊、自重和来自他人的尊重的需要或欲望。这种需要可以分为两类：第一，对实力、成就、权能、优势、胜任以及面对世界时的自信、独立和自由等的欲望。第二，对名誉或威信（来自他人对自己的尊敬或尊重）的欲望，对地位、声望、荣誉、支配、公认、注意、重要性、高贵或赞赏等的欲望。马斯洛认为，尊重需要得到满足，能使人对自己充满信心，对社会满腔热情，体验到自己活着的用处和价值。

自我实现的需要。即使以上这些需要都得到满足，仍然会有新的不满足和不安往往又将迅速地发展起来，除非个人正在从事着自己所适合干的事情。该层次包括对以下事物的需求：道德、创造力、自觉性、问题解决能力、公正度、接受现实能力。这是最高层次的需要，它是指实现个人理想、抱负，发挥个人的能力到最大程度，达到自我实现境界的人，接受自己也接受他人，解决问题能力增强，自觉性提高，善于独立处事，要求不受打扰地独处，完成与自己的能力相称的一切事情的需要。也就是说，人必须干称职的工作，这样才会使他们感到最大的快乐。马斯洛提出，为满足自我实现需要所采取的途径是因人而异的。自我实现的需要是在努力实现自己的潜力，使自己越来越成为自己所期望的人物。

一个人生理上迫切的需要得到满足之后，才能专心去确保他的安全；只有在基本的安全感得到之后，跟别人的相属关系和爱才能得到其充分的发展；一个人对爱的需要的适度满足，追求被尊重和自尊才能充分施展。在所有前四级水平的需要相继达到了，自我实现的倾向才能达到其顶点。

一般来说，某一层次的需要相对满足了，就会向高一层次发展，追求更高一层次的需要就成为驱使行为的动力。相应的，获得基本满足的需要就不再是一股激励力量。任何一种需要都不会因为更高层次需要的发展而消失。各层次的需要相互依赖和重叠，高层次的需要发展后，低层次的需要仍然存在，只是对行为影响的程度大大减小。

2.5　绿色建筑层级原理

绿色建筑，是现代建筑，也是地区建筑。面对长久以来的自然环境破坏、自然资源与能源浪费的现状，绿色建筑实质上就是增加了生态绿色属性的现代地区建筑。地区建筑在迈向现代化进程中不可避免地遇到各种各样问题，其中，能源与环境危机是最大最棘手的问题，也是影响后代持续发展的问题。绿色建筑就是现代地区建筑在遭遇能源与环境危机时应运而生的产物。

本节以现代建筑的普世属性为切入点，以面对、接受和参与全球文化、普世文明的开放态度为原则，重新构建绿色建筑的认识体系。

现代建筑以功能满足为起点和目标，以节约经济为原则，依赖科学技术发展推动建筑结构、材料、设备等的发明与应用，利用设备手段改善由创作阶段带来的室内环境缺陷。因此，功能、经济、结构、环境等成为现代建筑关注的普适性问题。地区建筑的发展仍然脱离不了建筑的普适性问题，本质差异在于，由于不同的自然、人文、经济技术条件，人们对建筑需求存在巨大差异。这一差异作用于建筑的普世属性，导致建筑在满足人的需求时其属性呈现不同的先后关系，且这一先后顺序造成的同类型建筑在功能、空间、形式等方面呈现出千差万别。

2.5.1　建筑基本属性

属性[77]，是事物本身固有的特征、特性，是事物质的表现，是一事物与他事物发生联系时表现出来的质。任何事物都有自己的属性，如金属具有导电导热的属性等。属性只有在事物相互联系、相互作用中方能表现出来。属性可分为本质属性与非本质属性，其中，本质属性表现事物本质的质，非本质属性表现事物非本质的质，在一定限度内不会引起事物质的变化。只有认识本质属性，才能认识事物的质。

建筑属性，顾名思义就是建筑本身所具有的、必不可少的性质。建筑是实体艺术，不同于需要抽象思维的文学作品，因此具备直接观赏性；建筑为人提供活动空间，不同于以形式评判的雕塑、绘画等艺术作品，因此具备使用功能；建筑落成后留存时间较长，不同于短期展览，因此具备相当的社会影响力。凡此种种，都是建筑区别于其他事物的本质属性。根据属性的定义，只有在深刻认识建筑物本质属性的基础上，才能真正认识建筑的本质。

1. 历史探讨

维特鲁威（Vitruvii）在他的《建筑十书》第一书的第三章中说到："建筑还应当造成能够保持坚固、实用、美观的原则。"[78] 我们可以将这三个特点认为是建筑的三个范畴。

15 世纪意大利文艺复兴时期，L·B·阿尔伯蒂（Leon Battista Alberti）在他的《建筑论》的十本书的第一书中，引入了维特鲁威的三个范畴。但是，他调换了前两个术语的位置，表述为"实用、坚固、美观"。

英国驻威尼斯大使亨利·沃顿（Henry Wotton），曾著有《建筑学原理》（The Elements of Architecture）一书，在阿尔伯蒂和维特鲁威的基础上，在书中曾概括了所有好的建筑都必须遵守的三个条件，"像在所有其他实用艺术中一样，在建筑中，其目的必须是指向实用的。其目标是建造的好。好的建筑物有三个条件：适宜、坚固和愉悦。"

伊佐（Izzo）在 18 世纪提出"坚固、舒适、美观"，其中舒适不仅包括卫生方面的，也包括心理上的因素。

19 世纪初，让·尼古拉·路易·迪朗（J·N·L·Durand）只提倡两个基本概念"适当"和"经济"。他认为，建筑的唯一目标就是"最适用与最经济的布置"。[79]

1999 年，戴维·史密斯·卡彭在《建筑理论》一书中提出了"形式、功能、意义"三个基本理念和"结构、文脉、意志"三个派生理念。与之前各位建筑师不同的是，卡彭从哲学的角度全面考量了与建筑相关的各个因素与条件，并通过语言、视觉、联想等方式将建筑属性扩展至历史与文化、心理与道德、社会与政治等领域。

上述建筑理论家对建筑的认识的共性在于都有对建筑牢固程度的重视；对功能设置和使用便利程度的重视，以及从审美角度对建筑外观形式美与不美的评判。"坚固"范畴，涉及结构问题和材料问题，都在考虑和解决建筑的耐久性，亦即我们今天所谓的稳定性或安全性问题。"实用"是一座建筑好或不好的重要评判标准，都在讨论建筑功能设置的便利程度，针对用途的不同、人群的差异、公共与私密的区分等合理地安排建筑空间，创造适宜于人们生活的场所。阿尔伯蒂在实用的范畴下，提出了经济性与建筑功能之间应该存在着某种平衡关系，经济问题虽然制约了建筑向放纵和奢侈发展，但始终是以功能的合理为前提。沃顿的"适宜"原则除了涵盖使用功能的便利性外，还重点指出由建筑及其服务系统导致的人体直接感受，即舒适程度，被伊佐直接表述为"舒适"。几位评论家一致认为"美观"、"愉悦"成为建筑基本原则的问题，其中囊括了建筑作为客观事物的比例尺度的协调问题，人们作为主观意识的审美品位问题，以及由此带给人的知识的获得。

2. 理论启示

纵观前文，"文明的冲突"、"批判性地域主义"、"人的需求"等理论分别从社会学意义、地域建筑学角度、人的需求等为出发点探讨了现代地区建筑的生存与发展问题，那么对于建筑基本属性的研究也将从上述三个方面展开。

（1）社会需求

以可持续发展作为最终目标，生态绿色属性是建筑应当具备的属性之一。鉴于人类自工业革命以来长期对自然环境漠视造成的环境污染问题，当今建筑研究创作不得不正视这一严峻问题。无论类型、规模、性质如何差异，为了达到可持续发展的目标，生态、绿色成为衡量建筑优劣的基本标准。社会性是人的根本属性，而为人服务的建筑自然具备了伦理道德、历史传承等社会责任。目前对于自然环境的可持续发展问题，建筑依然脱离不了它的社会责任，因此"绿色"成了标志建筑持久存在的重要属性。

（2）建筑学科范畴

就建筑学科而言，论及建筑本身，必然涉及功能空间、建筑造型、经济适宜、环境舒适等问题。建筑的坚固耐久问题是一个绝对概念，无论何时何地何种类型的建筑首先都以存在为前提，存在的先决条件就是建筑的安全耐久。相比较而言，"实用"是一个相对概念，在时代背景、地域、生存质量、宗教信仰各异的条件下，人们对建筑功能的需求存在较大差别。空间的实用与否，不是一个绝对概念，是随时代变迁、社会发展导致的人们对建筑需求的改变而变化。至于形态的美与丑，是一个艺术价值问题。作为人为艺术品的建筑而言，同样面临从艺术角度被审视的现实。经济因素是任何类型的建筑也无法逃避的话题，大部分情况下公共建筑，例如博物馆、图书馆、展览馆、飞机场、火车站等的经济问题由当权者承担，因此造价受约束较少。相反，私人居所，尤其是贫困地区为典型代表，经济就成为制约因素。环境舒适度是建筑质量在物理性能方面的具体体现，由主、客观两方面指标衡量，通过人体感官、数据测试显示，强调了以适应人的感受为主导的客观物理条件。

（3）人的需求

参照马斯洛的需求层次论，人对建筑的需求大致可划归为生理需求，即物质阶段的满足；心理需求，即精神层面的满足；以及社会满足。人对建筑的生理需求包涵了建筑是否坚固耐用，空间是否利于生产生活。建筑成本因素成为实现生理需求的物质基础。室内空间大小、形状、尺度、装饰等是否合宜，既是人体生理的直观感受，又从视、知、嗅、味、触等五官影响人的心理变化，因此兼顾生理、心理需求。造型美是时代和社会发展的要求，但实质上是人对建筑审美的需求，折射了人对建筑的心理期望。

3. 西部研究与调查

（1）前期研究

西安建筑科技大学绿色建筑研究中心曾对黄土高原地区，长江上游地区，西北荒漠地区，陕西关中地区，四川地震灾区以及青海玉树地震灾区等地的环境因素、文化因素、经济技术条件等进行深入的调查与研究，并在当地开展绿色建筑创作与示范工程建设工作。从部分前期研究成果中，对建筑属性的涉猎也可窥见一斑。

《藏族民居建筑文化研究》[80] 洞悉了与建筑文化相关的自然、宇宙、洁净等观念影响下的藏族居住建筑总体布局、单体营建以及空间模式等内容。聚落选址与物质实体的构筑涉及建造安全性问题；传统藏族民居营建涉及与生活方式相关的空间问题，与气候差异相关的造型问题，以及与自然环境因素、宗教文化因素相关的生态建造问题。因此，安全、空间、形式、生态在藏族建筑的发展过程中成为不得不涉猎的领域。

在对长江上游地区绿色生土建筑的研究中,《西部乡村生土民居再生设计研究》[81]针对云南永仁易地扶贫搬迁项目,研究中心对传统与新建建筑进行了主观调查与客观测试,内容涉及平面功能、空间形式、外观造型、通风状况、温湿度、室内光环境、建房经济情况等,实质上是考虑了建筑的功能、形式、物理环境以及经济承担问题。

《陕西关中农村新民居模式研究》[82]一文,以研究关中民居的建筑空间模式、生态属性、文化传承等主要内容,落实在民居创作过程中关于空间模式、适宜性技术、文化脉络等方面的具体措施。

《西北乡村民居被动式太阳能设计实践与实测分析》[83]一文针对西北荒漠区冬季气候严寒干旱的状况,利用太阳能改善冬季室内热环境方面做了大量调查研究与测试,并提出具体的构造措施。《西北农村地区的生态建筑适宜技术——以银川市碱富桥村设计为例》[84]建议使用太阳能、生物质能等可再生能源以及生态建材等措施改善乡村民居的平面布局、围护结构措施等。为保护自然环境不受破坏、节约资源与能源,关注建筑的生态属性成为必备之举。

通过对上述西藏、云南、宁夏、陕西、四川等地地域建筑研究内容的梳理,发现这些地区建筑的更新与发展问题都涉及建筑属性的研究与探讨。其中,主要涉及功能与空间、结构与构造、室内外物理环境、经济投入、地域风格等。这些内容的涉猎,无疑显示了安全、便利、舒适、经济、美观等性能特征在建筑创作中的主导地位。结构安全问题实际是建筑顺应地形、地貌,根据不同自然地理条件采取的抵抗和防御措施;功能问题在满足日常需求这一共性的基础上实则满足了当地人的生活习俗、宗教信仰、传统习惯等个性特征;环境问题是人工环境带给人体最直观的感受,它的优劣与否直接关乎人体健康,也会导致资源、能源利用的差异;经济问题是人们建房考虑的因素之一,也是选取材料和技术的衡量标准,在经济欠发达地区,这一制约因素发挥着决定性作用。建筑外观是在顺应气候、地形、地貌等自然条件,按照当地人的传统、文化、习俗和审美等的要求,作用于建筑,是建筑给外界的最直观的表达方式。除此外,与自然环境的协调发展是目前以及很长一段时期内任何建筑必须面对和解决的难题之一,因此,汲取生态智慧,使人工微环境融入自然大环境是当务之急。因此,生态化成为建筑设计追逐并将达成的最终目标。

(2)西部调查

在对建筑史学家提出的建筑基本属性进行理论分析,对前期研究内容进行梳理归纳后,为验证建筑的普世属性,有必要实际调查人们对建筑的本质要求。笔者将与建筑相关的所有属性进行总结、梳理与归纳,拟写调研问卷,在我国西部地区开展了大规模访问与调查。调查研究表明(图2.17),有21.9%的人认为文脉是建筑必备属性,100%的人选择结构,说明所有人都认为安全性对一座建筑至关重要。87.7%的人认为功能是建筑必备属性。仅有5.5%人选择了意义,所占比例微乎其微。分别有80.8%人选择环境的舒适度和建筑的经济性,说明这些人认为舒适性标志着建筑的优劣程度。调查过程中,部分被访者表达了对拥有舒适环境的期望。同时,同等比例的人认为经济成为制约他们盖房子的主要因素。关于建筑的形式美问题被45.2%的人看重;仅6.8%的人认为意志是建筑的必备属性;

最后，还有 65.8% 的人认为生态环保也是建筑的必备属性之一。

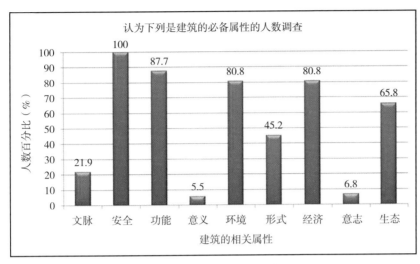

图 2.17 建筑相关属性调查统计结果

图片来源：西安建筑科技大学绿色建筑研究中心.

从统计的数据和图表中可以明显看出，结构、功能、环境、经济这四项因素占据绝对优势，毋庸置疑，在建筑满足人类需求中成为必备属性。关于建筑形式，虽然在柱状图中没有占据绝对人数，但是当问及对建筑造型与色彩的看法时，村民们都纷纷发表各自的意见。尽管这些意见不尽相同，但都反映出形式美也是村民对建筑的需求之一。对于生态环境保护问题，通过走访发现，村民依靠电视、广播等传媒获得关于环境保护、节约资源与能源等相关信息，但其环保意识仅局限于不乱丢垃圾、不砍伐森林、不排放废水废气等。其实，在西部乡村地区建房不仅要解决村民的现代化生活、生产问题，更要着眼于生存环境的持久发展问题。因此，人工环境与自然环境的协调发展问题就成为解决生存环境可持续发展问题的关键。而这一理念的具体实现目标就是建筑的生态化。

4. 属性归纳

1999 年查尔斯柯里亚在就任清华大学客座教授的讲演上，他首先开门见山地说明两个基本观点，其中之一就是建筑的发展不能脱离基本原则，它的实用功能、技术经济以及建立在上述前提下的艺术创造，脱离了前提，生活的要求，社会经济条件，就会步入歧途。[85] 尽管这一观点重在说明建筑的基本前提是生活的要求和社会经济条件，但是从他的论述中，我们不难发现柯氏对建筑基本属性的认识涵盖了实用、技术、艺术、经济、社会等范畴。

综观前人对建筑基本范畴的认识，我们在大量的调查研究与实践工作中整理与归纳，大致提出以下几项建筑基本属性：结构安全性、功能便利性、经济有效性、环境舒适性、形式美观性、节约生态性等。

2.5.2　绿色建筑层级原理

上述属性涵盖了一般意义上建筑所应具备的普世性质，也着重指出了绿色属性对社会持久发展的重要作用。那么，现代建筑、地区建筑与绿色属性之间到底存在怎样的关系？他们如何才能具备绿色属性成为绿色建筑？因此，厘清各属性间的内在逻辑关系成为帮助建筑实现绿色属性的必然途径，也成为建筑创作在遇到纷繁复杂矛盾与冲突时可参照的原理与方法。

1. 建筑基本属性关系分析

从马斯洛"人的需求层级理论"中，我们知道生理需要是推动人们行动最首要的动力，在所有需要中占绝对优势。那么，在建筑性能所能满足的人类需求中，相比较而言，安全稳定性正是建筑所能满足人们的生理要求的具体体现之一。因为一座建筑的坚固程度表明了它存在与否，能否作为一个实体发挥其应有的作用。正如生理需要是维持人类自身生存的最基本要求一样，建筑的安全属性是人类建造建筑首要满足的条件。没有安全的结构支撑，就不可能在更高的层面上谈及空间、功能、形式等其他性能。在这里借用马斯洛的观点，只有这一最基本的需要得到满足后，其他的需要才能成为新的激励因素。

当安全需要相对充分地满足后，就会出现基于安全之上的需求。这一需求仍然停留在建筑对人的生理需求的满足上，不过是比安全这一需求更高一层级而已。此时，人们就会想着如何利用建筑空间服务于人类的生产生活，标志着这个服务程度好坏与否的就是有关建筑功能的便利程度。从生理角度而言，它会使人们对建筑空间的利用更加便捷或更受阻碍。建筑功能的合理与否是基于建筑安全稳定存在的前提下的第二位要求。诚然，建筑的出现确实源于人类对某种空间需求的渴望，但是安身立命之根本是对人身安全性的要求。

当建筑建立在结构安全、功能便利的基础上，这两种属性就不再成为人们对建筑需求的激励因素了。于是，建筑成本的高昂与低廉这一实际客观因素就有可能出现，成为人们建房规模大小、选用设施优劣、装修档次高低等等的影响因素。同时，还可能出现另一种需求，即对室内环境舒适度的要求。这种需求的出现，是从人体的舒适、健康甚至节约经济和能源的角度出发。之所以在该层级出现这种分歧，很大程度上是由于个人意识、经济收入等因素在影响人的决策。我国东、中、西部地区经济水平差异较大、受教育水平参差不齐、个体文化水平相较甚远，因此两种属性的出现都有其充分理由。建造成本的经济性是任何建筑不得不考虑的指标因素之一，但是我们不可能在以安全和方便为代价，一味要求造价的低廉；如无特殊情况，也不可能在不计造价的前提下一味要求建筑的个性和奢靡。如果在经济不合理的情况下，一味追求建筑的其他性能，从人的需求角度而言是不合理也是不现实的。因此，只有当经济的合理性被满足时，才会出现更高的需求。同样，室内环境舒适与否是基于房屋坚固，空间符合使用习惯之上的又一层级需要，从它包括的物理环境要素与室内空间大小、形状、尺度、装饰等内涵中我们不难看出，它兼顾了生理、心理需求的满足，是基本属性从生理需求向心理需求过渡的阶层。因此，在此满足环境舒适性也毋庸置疑。

当结构安全、功能便利、成本经济、环境舒适的建筑出现在眼前时，人们还会对建筑的什么性能进行创造性发挥和想象。如果说上述属性中的前两项是建筑满足的人的生理要求，而成本经济是为满足生理要求提供的物质基础的话，这三项指标就成为建筑能否建成的标志，那么舒适程度、美观与否则成为建筑设计优劣的标志。与环境舒适这一既满足生理需要又满足心理需要的建筑属性相比，建筑的形式美问题更倾向于对个人心理需求的满足和作为人工艺术品长期留存的社会效应的反应。"建筑的根本目的是在物质的基础上运用艺术的手段，构筑理想的生存空间，使人类的生活更美好"[86]这一观点就很好地印证了人们对建筑基本属性的追求永远不会停留在生理需要的满足上。正如马克思的"物质 – 精神"理论，只有在物质条件极大丰富的前提下，精神智慧才能发挥出相应的作用。此时，以实体艺术为特征的建筑的形式美问题成为人们对建筑需求的新方向。新的审美情趣的出现，标志着建筑基本的安全、便利、经济、舒适性能已相对满足，并且已不再成为激励因素。而此时的造型构思、材质选择、色彩搭配、细部处理等无疑不被设计师所重视，逐一满足人应时代趋势对建筑审美要求的变化。

　　正如马斯洛所认为的那样，即使生理、安全、情感和归属、尊重等这些需要都得到满足，仍然会有新的不满足和不安又迅速地发展起来一样，建筑需求也呈现出在满足安全、便利、经济、舒适、美观等个人需要后，还应考虑时代发展所带来的社会需求，这才是符合人的发展规律的真正意义上的人与社会协调发展。针对当前环境日益恶化的现状，使建筑朝绿色化发展成为因时之举。绿色建筑成为社会发展的必然需要，是建筑满足社会需求的表现形式，它贯穿于设计的各个阶段，也是现阶段设计的最终目标，更是社会需求与个体责任的共同载体。因此，节约生态性成为目前更高的追求目标。当然这一目标并非需求的终点，随时代和社会发展，还可能产生新的属性和新的目标。

　　从上述对建筑属性的分析中，我们对各属性与人的需求进行了对位，如结构安全、功能便利是为满足人的生理需求，经济有效是满足生理需求的物质基础，环境舒适兼顾了生理、心理双重内涵，形式美观涉及个人与社会两个层面，节约生态自不用说隶属于社会需求的范畴。参照马斯洛的需求层次论，根据人的发展规律，这三种需求按照由低到高的顺序依次排列，即生理需求→心理需求→社会需求（图2.18）。

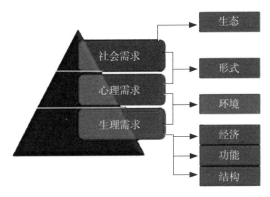

图2.18　人对建筑各项需求的层级关系以及需求对应的建筑基本属性

图片来源：西安建筑科技大学绿色建筑研究中心.

2.西部调查

在对建筑基本属性关系分析的基础上，以我国西部地区为例，探讨绿色建筑基本属性关系问题。笔者与课题组成员对我国西部地区进行走访，就新建建筑满足人们使用需求的先后顺序进行调查统计，时间范围从 2008 年 8 月持续至 2011 年 5 月。共计发放问卷 75 份，收回问卷 73 份，有效问卷 73 份。

统计数据显示（图 2.19，图 2.20），70% 的人认为结构安全性在建筑基本属性中排位第一（图 2.20a），这个比例占据绝对优势。41% 的人认为功能便利性排位第二（图 2.20b），与 21% 的经济有效性、15% 的环境舒适性和 14% 的结构安全性相比，远远超出，因此第二位非"功能"莫属。排位第三的有几组比较接近的数据（图 2.20c），29% 的人应该满足经济有效性，27% 的人认为是环境舒适性，22% 的人认为是功能便利性。这里首先排除功能问题，因其已占据第二层级。在这一层级中，说明大部分人在环境与经济之间徘徊，这主要取决于地区和个人的经济水平。2% 的差别说明经济因素在西部建筑创作与建造中起着关键的决定性作用。在第四位属性中 36% 的人选择了环境舒适性（图 2.20d），说明在这一层级中，舒适性的满足程度成了人们关注的焦点。这也说明经济问题在之前的第三层级被满足过了。在第五层级中有 24 人选择了形式美观性（图 2.20e），占到总人数的 33%。在其他大部分属性满足的前提下，此时出现的属性还有节约生态性，占到总人数的 24%，以 9% 的比例略逊于形式属性。最后一位满足的属性被公认为是节约生态性，有 51% 的人在第六层级选择了生态环保属性。从图 2.21f 可知，尽管在这一层级属性的满足中，也有 34% 的人认为应该是建筑的形式美问题，与第五层级的 33% 比例相比还高出一个百分点，这说明人们对建筑的形式问题、生态问题的考虑都集中在第五、第六层级。但是在第六层级有超过半数的人对生态性的关注，可见生态属性成为人们最后才注重的问题。

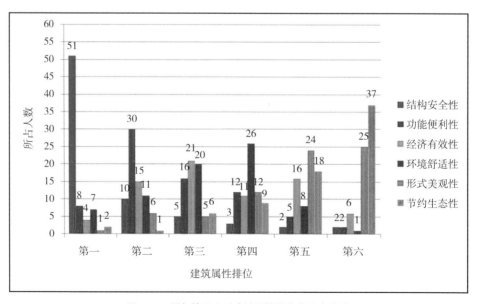

图 2.19　西部地区人对建筑属性需求的调查统计

图片来源：西安建筑科技大学绿色建筑研究中心.

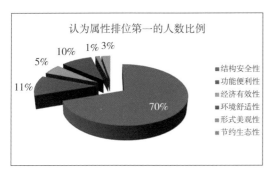

（a）

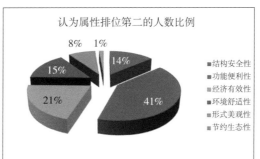

（b）

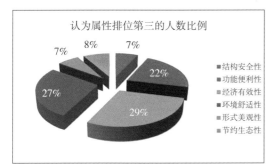

（c）

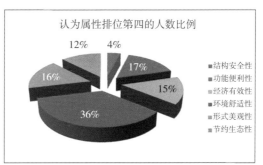

（d）

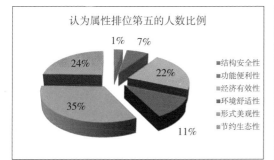

（e）

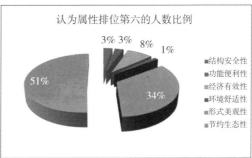

（f）

图 2.20　西部人群对建筑属性排位的分布比例

图片来源：西安建筑科技大学绿色建筑研究中心.

3. 西部绿色建筑层级原理

根据前文分析与大量走访调查，我们明确了建筑使用者对基本属性的需求遵从结构安全→功能便利→经济有效→环境舒适→形式美观→节约生态的顺序。综合前文对几项基本属性排序的理论分析，得到图 2.21 的绿色建筑基本属性层级关系。

通过理论分析，不难看出人对建筑属性的需求遵从生理、心理、社会这一层级关系。其中，结构安全、功能便利是建筑满足人的生理需求；

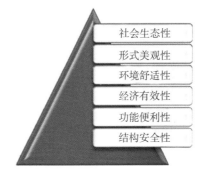

图 2.21　西部绿色建筑基本属性层级原理

图片来源：西安建筑科技大学绿色建筑研究中心.

经济有效是生理需求实现的物质基础；环境舒适兼顾了生理与心理双重因素，是从生理需求向心理需求的过渡阶层；形式美观是从心理需求向社会需求的过渡；社会生态成为最终的实现目标。通过建筑属性与人对建筑需求两者的对位关系（图 2.22），在大量的走访调查的基础上明确了建筑属性的先后次序，尤其是经济有效性与环境舒适性在第三层级中孰轻孰重的问题。于是得到适合于西部地区实际需求的绿色建筑属性层级关系（图 2.23）。

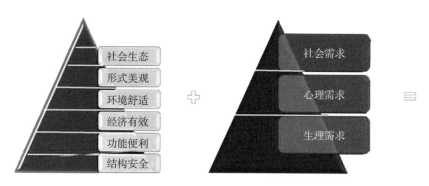

图 2.22　建筑属性与人的需求对位叠合过程

图片来源：西安建筑科技大学绿色建筑研究中心．

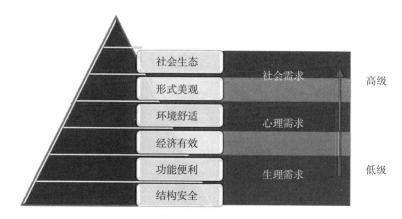

图 2.23　西部绿色建筑属性层级关系

图片来源：西安建筑科技大学绿色建筑研究中心．

4. 绿色建筑属性实现的状态

通过借助马斯洛"需求层级理论"，上文对建筑基本属性进行类似的层级建构与描述。大部分人会不假思索地认为一个需要必须 100% 地得到满足，之后的需要才会出现。即人对建筑属性的要求是在 100% 地满足结构安全后才会出现对功能的要求，在功能 100% 达到要求后才会出现经济的要求，以此类推，直至实现最后的要求。事实上，并非如此。人们在考虑建房因素时，首先考虑的是结构安全问题，但并不代表完全忽略建筑其他属性，只是那些属性此时并没有成为决定性因素，暗藏在安全属性之下。当安全属性已被满足到一定程度（这里无法准确度量满足的百分数）后，人们对功能的要求逐渐加剧，直至到达第二层级的顶点。当功能已经满足人们对生活便利要求的某一程度时，经济有效性开始攀登并达到顶峰。同样的过程将在环境舒适、形式美观以及社会生态等属性中逐级实现。

上述建筑属性的满足状态，在马斯洛的需要层次论中被佐证。对于社会中的大多数正常人来说，其全部基本需要都部分地得到了满足，同时又都在某种程度上未得到满足。每一低级的需要不一定要完全满足之后，较高级的需要才会出现，而是波浪式演进的状态，不同需要之中的优势是由一级渐进到另一级的。当一个新的需要在优势需要（prepotent need）[87]满足后出现，这并不是一种突然的、跳跃的现象，而是缓慢地从无到有的过程。

正如"马斯洛的五种需要渐进曲线"（图2.24），在第一层级，当结构要求被满足后，在后续几个层级中完全处于下降趋势。此时，功能需要处于攀爬趋势。在第二层级，功能到达顶点，之后就开始下降。经济性在第一、二层级中始终处于上升状态。在第三层级，经济性到达顶点，后开始下降。在前三层级属性实现的过程中，舒适性一直处于爬升状态，在第四层级到达顶峰，随后改为下降。建筑造型在前四层级中一直未能直接影响人的判断，到第五层级时成为左右人们的决定性因素。社会生态性在前五级中，一直处于低迷状态，虽有上升趋势，但不强劲，直至第六层级冲到顶点，见图2.25。

5. 绿色建筑层级原理的地区差异与方法借鉴

在对我国西部地区建筑属性的层级关系进行深入研究与阐述的基础上，研究者认为仅就西部地区而言，上述层级关系也不是一成不变的，可能还存在层级次序的变更。更何况与其他地区，可能还存在更大的差别。例如，就建筑属性关系调查表在其他地区进行的调查结果显示（图2.26）：第一、二层级仍维持了结构安全和功能便利的顺序。第三层级由环境舒适替代了原来的经济有效，说明人们对生存质量的要求提前了，这应该是在相对较高经济基础上实现的。在第四层级，更是以原来排位第六的生态属性取代了其他属性的出现，优先考虑了社会需求。这是由地区人群的收入水平与受教育水平综合作用的结果，说明目前人们已将自身与环境关系视为重中之重。第五层级出现了经济性与美观性并列的局势，最后一位才论及建筑的形式美属性。从这一对比中，可以看出地区之间属性需求的差异。这一属性层级中的例外在马斯洛的需要层次论中也得到了印证。尽管马斯洛认为人的五种需要像阶梯一样从低到高，按层次逐级递升，但还有例外情况，即这样的次序不是完

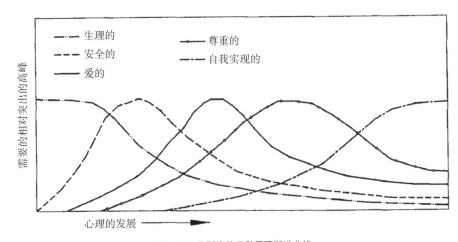

图2.24 马斯洛的五种需要渐进曲线

图片来源：李道增. 环境行为学概论 [M]. 北京：清华大学出版社，1999.

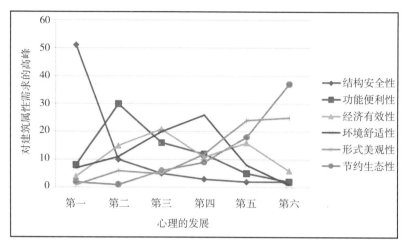

图 2.25　西部地区人对建筑属性需求的趋势变化

图片来源：西安建筑科技大学绿色建筑研究中心.

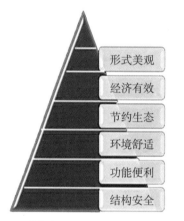

图 2.26　其他地区人群对建筑属性的需求层级

图片来源：西安建筑科技大学绿色建筑研究中心.

全固定的，可以变化，正如有些人认为自尊似乎就比爱更重要。

　　在确立西部绿色建筑属性层级关系的基础上，研究者认为根据地区差异可能存在层级上的变更。因此，上述建筑基本属性层级关系，不一定适用于其他地区，不能作为万能公式直接套用。但是，形成上述结果的过程和方法可以在其他地区运用，通过大量的调查研究，根据当地实际情况，建立适宜的建筑属性层级原理，成为绿色建筑创作的原理与准则。之所以研究建筑属性及其关系，而不是地区形态或符号的差异，本书意在从本质上说明建筑的发展确实是由其内在属性的先后层级关系所左右。之所以各地区建筑呈现出纷繁复杂的形态，正是由于建筑属性层级关系的差异所造成。这才是研究建筑基本属性的真正意义所在。

　　实质上，建筑是人类生产、生活的载体，它承载着人们对物质环境、精神寄托的需求。探讨建筑基本属性间的层级关系，目的就是开辟一种重新认识的角度，建构一种重新认识建筑的方法体系，而并非仅探讨建筑符号、形态组织、功能设置、空间组成等具体的设计手法。因为那些都不是建筑本质上的逻辑内涵，也不是成为绿色建筑的必备条件。能够使其长久存在和发展。绿色建筑的长久持续发展，应回归到建筑最本质的要以，即满足人和社会的需求。在尊重人的发展规律，遵循人与社会和谐相处原则的基础上，从人的生理、心理需求出发，长远考虑社会需求，从本质上把握和引导建筑的现代化发展之路，使其在满足功能、形态、美学等要求的基础上走得更长远，这才是建筑存在并长久发展的必然之路，也是建筑之所谓"绿色"的必由之路！

中篇
西部地域性传统民居绿色营造智慧

第 3 章　怒江多民族混居区民居建筑

3.1　研究背景

3.1.1　研究背景

云南省作为我国民族种类最为丰富的地区之一，聚集了除汉族之外的 25 个少数民族。这些少数民族遍布绝大多数的州县乃至乡镇地方，在民族分布形态上呈现出大杂居、小聚居的特点（图 3.1）。

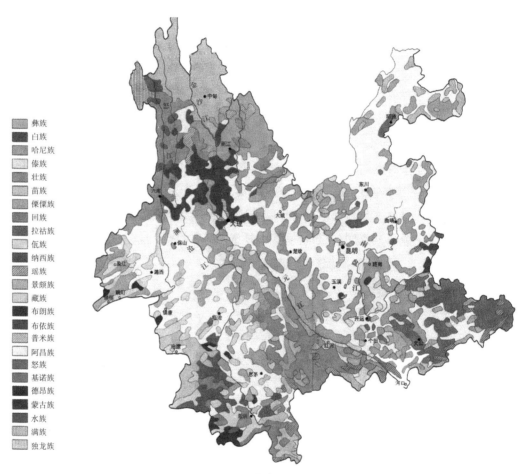

彝族
白族
哈尼族
傣族
壮族
苗族
傈僳族
回族
拉祜族
佤族
纳西族
瑶族
景颇族
藏族
布朗族
布依族
普米族
阿昌族
怒族
基诺族
德昂族
蒙古族
水族
满族
独龙族

图 3.1　云南省民族组成

图片来源：杨大禹，朱良文 . 云南民居 [M]. 北京：中国建筑工业出版社，2009.12.

具体地说，云南省中部地区形成了"较为强势的民族间杂其他小民族"为主的多民族混居区，主要以彝族、白族为主。云南省西部、南部边缘山区主要形成了多个和谐相处的小民族混居区域。本文研究对象为后者，即混居区内的各民族各方面发展状况是彼此均衡的，而不是指"主体民族附加小民族"的混居模式。这里最具代表性的区域为地处怒江中游流域高山峡谷区域的多民族混居区，行政区划指怒江州管辖下的贡山县、福贡县，是本篇具体的研究对象。位于怒江大峡谷南端"V"字形开口之处的怒江州泸水县不在本篇调研范围之内，这是因为该县受外来文化，如白族、汉族文化影响较深，境内的传统民居原真性较弱。同时，本篇调研区域也不包括贡山县的独龙江流域。因独龙江流域主要居住着独龙族，民族成分单一。选取怒江流域高山峡谷区域民居作为研究对象主要是基于以下几点原因：①地理位置上，位于横断山脉纵谷区，属边疆、高山峡谷、偏远的与外界隔绝地带。地理区划较为完整、独立，受汉族及其他民族的影响相对较少。②新中国成立前，怒江峡谷地区还处于原始社会末期、奴隶社会早期，如今最为原生的民族文化仍有迹可循。在人类社会早期文化影响下的传统民居，被誉为"人类社会的活化石"。民居的更新面临跨越式的发展，因此更具研究意义。③民族构成主要以傈僳族、独龙族、怒族为主。其中，傈僳族是我国民族大家庭中的重要一员，也是当代国际性的民族，40%的民族总人口分布在缅甸、泰国等周边国家的边缘。研究边疆傈僳族民居，对于改善民生，维持边疆稳定具有重要意义。怒族、独龙族是怒江州独有的民族，也是我国人口较少的少数民族，其中2005全国人口普查，独龙族仅有人口5330人。混居区各民族整体都属于弱势、人口较少的民族。各民族的经济发展、社会生产力水平均滞后于我国其他地区，严峻的生存环境、贫困的居住状况亟待解决。④该地区位于世界遗产"三江并流"的核心区，是国家级风景名胜区。通过对该地区传统民居绿色营建智慧的研究，除了保护当地地域文化有积极的意义外，对地域性民居可持续更新也具有重要的启示意义。

3.1.2　自然环境概况

1. 地形地势

怒江东岸是平均海拔为4000m以上的碧罗雪山，西岸是平均海拔为5000m以上的高黎贡山，两山的平均坡度都在40°以上。两侧巨大的山脉夹峙着怒江，江面与山巅的最大高差达4408m（即峡谷的深度）[88]，形成地球上第一大峡谷—怒江大峡谷（图3.2）。峡谷两侧的怒江流域地势北高南低，由北向南渐次倾斜，纵贯怒江傈僳族自治州的贡山县、福贡县、泸水县。由于泸水县位于怒江中下游河流开阔地带，

图3.2　怒江大峡谷

图片来源：西安建筑科技大学绿色建筑研究中心.

居民以白族、汉族为主，社会各方面的汉化现象较严重，已经不是典型的以少数民族为主

的混居区，故本篇主要以峡谷两侧的福贡县、贡山县为研究区域（图3.3）。

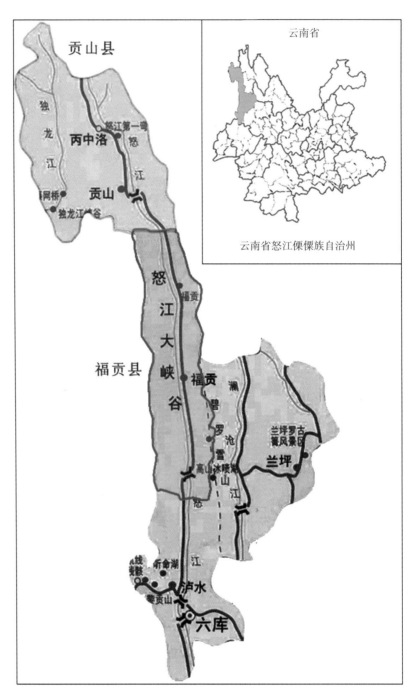

图 3.3　本文研究区域

图片来源：西安建筑科技大学绿色建筑研究中心．

　　福贡县处于怒江峡谷中段，东经 98° 41′ ~ 99° 02′、北纬 26° 28′ ~ 27° 32′ 之间，县域东西最大横距 23km，南北最大纵距 112km，90% 以上的土地面积坡度在 25° 以上[89]。

全县地势北高南低，整个地形由巍峨高耸的山脉和深邃湍流的江河构成，东为碧罗雪山、西为高黎贡山，境内有怒江及流注怒江的48条天然河流，怒江由北向南贯穿全境。散布在全县的傈僳族、怒族村寨逶迤于溪沟，与群山绿林掩映，与弯弯山道相连，形成富有地域特色的山地民居。

贡山县地处怒江峡谷北端，位于东经98°08′～98°56′、北纬27°29′～28°23′之间，东西横距78km，南北纵距98km。县内地势北高南低，从东到西有碧罗雪山、高黎贡山、担当力卡山等三大山脉和怒江、独龙江贯穿全境，呈三山夹两江的高山峡谷地貌。县境内地形地势复杂多样，既有视野开阔的缓坡地带（坡度约为15°），又有危岩高耸、直入云霄的陡坡地带（坡度约为25°～45°）。贡山县内主要的自然灾害多发生在雨季，尤其是暴雨季节，易形成洪涝、泥石流。

2. 垂直立体气候

怒江中游处于从印度洋北上的暖湿气流和从青藏高原南下的干冷气流汇合部，故属于亚热带山地季风气候，同时由于该地区位于横断山脉纵谷区，海拔的巨大差值形成了显著的垂直立体气候[90]。由河谷到山巅，气温随海拔增加而递减，平均海拔每升高100m，气温下降0.59℃。怒江中游所在的怒江傈僳族自治州主要因海拔不同形成4个垂直方向的气候区域（图3.4）：

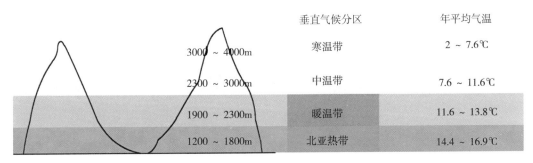

垂直气候分区	年平均气温
寒温带	2～7.6℃
中温带	7.6～11.6℃
暖温带	11.6～13.8℃
北亚热带	14.4～16.9℃

（3000～4000m；2300～3000m；1900～2300m；1200～1800m）

图3.4 怒江流域垂直气候分区示意图

图片来源：西安建筑科技大学绿色建筑研究中心.

1）海拔800～1200m的河谷和半山区属于亚热带和南中亚热带气候，年平均气温16.9～21℃。海拔1200～1800m为北亚热带气候，年平均气温14.4～16.9℃，无严寒酷暑，雨热同季；

2）海拔1900～2300m为南亚温带气候，年平均气温11.6～13.8℃，冬春干冷，夏秋多雨，热量不足；

3）海拔2300～3000m属中温带气候，年平均气温7.6～11.6℃，冬春严寒干冷，夏秋湿大温凉，霜期175天以上，积雪90天以上，热量明显不足；

4）海拔3000～4000m为北温带气候，年均气温2～7.6℃。

3. 南北水平气候

怒江峡谷呈南北狭长走势，南北纬度差异2°01′。由南向北，气温随纬度的增加而递减，纬度每偏北一度，气温下降1.2～1.7℃，使得怒江峡谷的气候不仅具有垂直立体气候特征，而且具有南北地区水平气候差异。具体地说，位于峡谷南部的福贡县域与位于怒江地区北部的贡山县域呈现明显的气候差异，见表3.1。

怒江峡谷南北地区气候参数　　　　　　　　　　　　表3.1

气候参数 地区	日照时长 （h/a）	年平均室外温度	年平均室外 相对湿度 %	降雨量 （mm/a）	四季时长（d）
贡山县域	1322.7	最冷月：1月，7.6℃ 最热月：7月，21.3℃ 年平均温度14.7℃ 江边、河谷无霜期274d	80%[91]	2017.2 （雨季：2～ 10月）	冬季：84d 夏季：无 春季、秋季共 281d
福贡县域	1399[92]	年平均温度16.9℃[93] 无霜期315d	80%	1443.3 雨季：2～3 月及6～10月	冬季：57d； 夏季：146d； 春季：87d； 秋季：75d

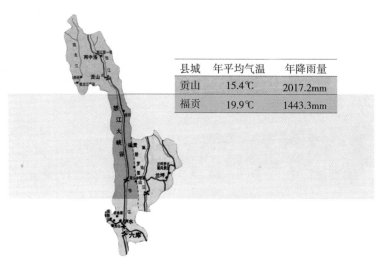

县城	年平均气温	年降雨量
贡山	15.4℃	2017.2mm
福贡	19.9℃	1443.3mm

图 3.5　怒江流域水平气候分区示意图

图片来源：西安建筑科技大学绿色建筑研究中心.

经以上分析，怒江中上游地区地理气候分布特征为：（1）北部贡山地区居住海拔平均高度大于南部福贡地区。（2）福贡地区较贡山地区年平均温度高约2.3℃。两个地区年均相对湿度均约80%。（3）福贡地区春夏两季长，秋冬两季短；贡山地区无夏天，春秋两季长，冬天时间短。（4）福贡地区存在两个雨季，2～3月份；6～10月份。贡山地区每年2月中旬～10月份，长达9个月的雨季，年均降雨量多于福贡574mm。（5）贡山地区遇雨则是冬；福贡地区则雨热同期。总之，贡山地区为典型的湿冷气候；福贡地区为典型的湿热气候（图3.5）。

3.1.3 住区环境类型分区

按照国家对自然保护区的政策，海拔 2300m 以上的区域，目前已无人居住。怒江流域村落集中分布于河谷地区以及海拔 2300m 以下的半山区。在实地调研的基础上，根据垂直气候以及水平气候的差异，发现研究区域存在四种典型的住区环境，其气候、地形地势条件如下：

（1）峡谷南部亚热带河谷区

该区域位于北纬 27° 04′ 和海拔 1190m 以下的区域，属福贡县境。该区域的年平均气温为 16.9℃，地理学上又称之为中亚热带[94]。该区域冬季无严寒，夏季高温多雨，每年的 12 月至次年的 1 月为冬季，最冷时结霜，不下雪。冬天，日照时天气炎热，无日照时，天气凉爽。因此冬日里人们的衣着是多样的：同一时间有些人着单衣、短裤；有些人着棉衣、长裤。3 月以后气候变暖，4、5 月份为最舒适的季节，6 月至 10 月气候炎热潮湿，雨热同期。

怒江河谷边分布着面积不等的冲击堆，基本上没有较大的平坝，地势平缓，地形坡度在 25° 以下。河谷区域南北空间狭长，东西空间狭窄。地势崎岖不平，向山麓处抬升。河谷区域沿怒江两岸为道路，交通联系方便，为县、乡政府所在地，是峡谷中最理想的居住用地。居住人群以傈僳族为主。冲击堆的土层稀薄，植被以灌木丛、野生花卉为主，风化的岩石裸露于地表。

（2）峡谷南部暖温带半山区

该区域位于北纬 26° 32′ 和海拔 1928m 以下的区域，属福贡县境。该区域的年平均气温为 13.8℃，极端最高气温曾达 33.2℃，极端最低气温为 –1℃，年平均有霜期 116 天，四季如春。据当地人口述，每年的 12 月至次年 1 月为冬季最冷时段，偶有下雪，人们的衣着情况普遍为上身毛衣或者棉服；下身着单裤或者两条裤子；7 月份为最热月份，人们衣着情况普遍为上身着两件衣服，外衣为夹克，下身长裤一条。

半山区域地形坡度大，几乎都在 25° 以上，定居于此的村寨多以怒族、傈僳族为主。当地民谚曰："耕地挂在山坡上"，可见耕种环境艰难。该区域地表土层厚，植被以阔叶林、灌木丛及野生花卉为主。

（3）峡谷北部暖温带坝子区

贡山县没有明显的干湿季节，雨季漫长，长达 10 个月，常年温凉湿润。贡山县丙中洛乡海拔约 1500 ~ 1600m，年平均温度 13.1℃ ~ 15.4℃。阳光照射相对充足，于 1992 年测得年平均日照时数 1504.6 小时，是县内日照时数最多的地区[95]。由于河流的切割剥蚀，整体地貌呈现与河流方向一致的窄条状冲洪积台地，地势整体缓和，坡度约在 15° 以下，是怒江峡谷内唯一具有开阔坝区的地方，四周被高山环抱，是难得的理想居住用地。居住的人群以怒族为主。

（4）峡谷北部暖温带半山区

怒江峡谷北端的一些村落散落于山腰台地之上，位于海拔 2000m 之下，属于暖温带气候区，气候较河谷地区寒冷。据笔者 2010 年 6 月 2 日在丙中洛双拉村（海拔 1800m）测试，户外温度 19.9℃。半山地区坡度陡峭，坡度约 30 ~ 45℃之间。距离所属乡镇较远，对外交通极为不便，散居于此的村落以独龙族、藏族、怒族为主。山腰区域植被以阔叶林、混交林为主，林木丰富。

3.2 怒江流域多民族混居区民居建筑特征

云南省境内怒江中上游地区主要分布着傈僳族、怒族、独龙族等少数民族，受立体垂直气候的影响，在不同的居住环境下，各民族形成了种类丰富的传统民居建筑类型，出现了同一民族不同建筑类型以及不同民族同一建筑类型的现象。总的来说，怒江中上游地区的民居以井干房、夯土房为代表，居住于此的怒族建筑类型较独龙族丰富；怒江中游地区的民居以"千脚落地"房为原型，居住于此的傈僳族、怒族形成了各自习惯的建筑材料用法以及空间处理方式。

3.2.1 峡谷南部亚热带河谷区传统民居

1. 概况

位于河谷区域的村落，对外交通联系方便，平均生活水平优于半山区。由于河谷区域空间局促，村落呈带状分布，人口众多，居住密度大，房屋大体与阶梯式等高线平行分布（图3.6）。

怒江河谷区土层稀薄，植被以灌木丛、野生花卉为主，风化的岩石裸露于地表，由于这种材料易于加工，于是人们将之砌筑成为房屋的基础、墙体，由此发展成为干垒石墙承重的地方民居，与"千脚落地"房并存。如今这里主要分布着两种类型的传统民居：由多种地方材料混合构成的、干栏结构的传统民居；跌落式干垒石砌房，这种类型的房屋，连同竹篾房、木板房（常作为厨房使用），形成院落空间（图3.7）。

2. 民居类型一——干栏式民居，混合地方材料

1）空间构成（图3.8）

传统傈僳族民居为一独立的、受支撑的长屋，供一个家庭居住，一般是一至两间，一间者全家同居于其中；两间者外间用于煮饭、待客和兼子女卧室，内间是父母卧室和储存粮食。长屋不设长向的走廊，而在山墙处设入口平台。两间者屋前屋后都设有进出入口，房屋后面的入口处常设转角平台，为房屋的活动平台。

（a）竹篾房 　　（b）石砌房

图3.6　福贡县河谷区域住区环境 　　图3.7　福贡县河谷区域建筑类型

图片来源：西安建筑科技大学绿色建筑研究中心.

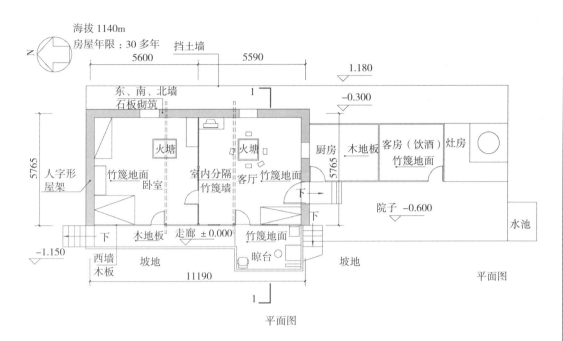

火塘上空的棚架

室外敞廊

睡觉用草席，围绕火塘

走廊

山墙处入口

图3.8 干栏结构民居空间构成（一）

图片来源：西安建筑科技大学绿色建筑研究中心.

实景图　　　　　　　　　　　剖面图

图 3.8　干栏结构民居空间构成（二）

图片来源：西安建筑科技大学绿色建筑研究中心.

　　火塘是房屋的特色，各间均有火塘。煮食饭菜和聚众都在火塘边举行。老年人一般习惯在火塘边铺草席过夜。火塘通常设在房内中央靠近房后或偏于房屋背面的位置上，一般为方形，面积约 $1.2m^2$（1000mm×1200mm），中央摆设三脚架或者立三块有棱角的石头作锅架，煮食时用。直至今日，材薪仍旧是傈僳族人的主要生活能源，这也与火塘的存在相适应。使用火塘燃烧材薪，使傈僳族的饮食以煮食、烧烤为主。

　　2）结构形式、构造做法（图 3.9）

　　（1）结构形式：混合承重结构，采用 500mm 厚干垒石墙作外围护墙体，承接屋面荷载；底层架空的木框架结构承受地面荷载。

　　（2）构造做法

　　①地面

　　竹篾地板的做法为：底层架空，采用木桩架立在斜坡地面上，木桩较千脚落地的支柱粗大，柱距排布规整，采用榫卯连接的方式。木桩纵向布置连接梁，梁上铺设密肋平梁，即竿径细小（直径 5cm）的竹子，上铺设竹篾片。地板透气性好，且日常生活中的灰尘、杂质可直接从空隙中落下至外面坡地。

　　②干垒石墙做法

　　采用河谷区域天然的毛石垒筑，不使用黏结材料，利用毛石自身的平面上下衔接，日久风化，自成一体。

　　③屋面做法

　　人字形屋架，架设于自地面而立的木柱之上，斜梁及三角形山墙上架设檩条，上覆木板（10mm 厚），之上铺石棉瓦（5mm 厚）。

　　3.民居类型二——跌落式石砌房

　　1）空间构成（图 3.10）

　　该民居建于 10 年之前，供二代小家庭居住。由于采用了石墙承重结构，因此，空间模式也较传统的竹篾房发生了变化。受汉族乡村地区的民居影响，采用三开间的房屋布局，中间为客厅，两侧为卧室，供父母及子女居住。院中保留了一间传统的竹篾房，内设火塘。

供日常炊事、熬煮猪食、烤火、就餐、会客之用。

2）构造做法（图3.11）

（1）墙体全部采用500mm厚的干垒毛石砌筑。居住层墙体内外表面抹灰，局部下跌空间墙体则不作任何装饰。

（2）房屋檐墙未砌至屋面处，而是留出一定距离，因此各房间上空为非封闭空间。此做法在怒江地区较为常见，用来排除屋内湿气。

（3）下跌空间与上层居住空间之间的地板，采用密肋梁之上铺设竹篾的做法，利于防潮、通风。

（4）屋面采用石棉瓦覆盖。

3）围护结构

采用跌落式建筑形式，下跌的空间用于杂物堆放。山墙及室内隔墙顶部砌成三角形，其上直接架设屋面檩条。由于采用横墙承受屋面荷载，屋顶结构未能形成整体屋架，不利于抗震。

屋面

地面

木板墙

干垒石墙

图 3.9　干栏结构民居构造做法

图片来源：西安建筑科技大学绿色建筑研究中心 .

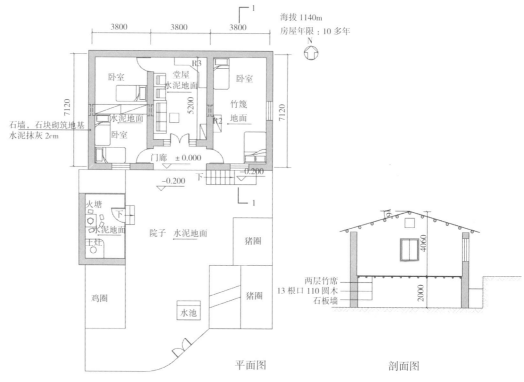

图 3.10 石砌房平、剖面图

图片来源：西安建筑科技大学绿色建筑研究中心．

图 3.11 石砌房围护结构及构造做法

图片来源：西安建筑科技大学绿色建筑研究中心．

3.2.2 峡谷南部暖温带半山区传统民居

1. 概况

半山区的乡村聚落呈点状分布。对外交通联系不便，人均收入低于县城平均水平。如今村村开通了水泥路，方便人们出行。但由于地理位置及人口规模的局限，使得该地区的教育设施不完善、缺乏经济活动。传统民居以干栏式或"千脚落地"式结构为主，木材、竹材是主要的建筑材料。篇中调研的地点为福贡匹河乡老姆登村民居（图3.12、图3.13）。

图3.12 福贡县半山区住区环境 　　　　图3.13 福贡县半山区传统竹篾房、木板房

（摄于老姆登村，海拔约1800m）

图片来源：西安建筑科技大学绿色建筑研究中心.

2. 民居类型—千脚落地式/干栏式竹篾房

1）空间构成（图3.14）

调研对象由新旧民居围合，形成U形的院落空间（见图3.27）。该院落由三部分围合而成，分别为新建民居以及两栋呈"L形"围合的竹篾房。位于南侧的新民居于2000年建设，而竹篾房建成已达80多年之久。北侧竹篾房（房屋纵轴呈东西向布置）主要用来旅游接待，中间的竹篾房（房屋纵轴呈南北向布置）仍旧是房屋主人日常主要使用房间。

该类型房屋呈一字型布置，三开间。中间为火塘间，室内布置一火塘，燃烧材薪。火塘间供老人睡觉，兼炊事、聚会、庆典、取暖等功能。火塘间上方设棚架，不封闭，用于悬挂烘干的肉类、玉米等食物（食品的主要储存方式），同时解决室内排烟问题。由火塘间进入，两侧分别为储藏间及厨房，该厨房为后来加建，设置电饭煲、电磁炉、土灶等炊事工具。与火塘间并列的两侧房屋为卧室，供子女居住，用外廊将各个房间串联起来。家中年轻夫妇已搬离旧居，居住于旁边新建的砖砌体房屋。怒族乡土民居具有如下特征：①火塘间为日常生活的主要房间，设有专门的厨房、卫生间等房间。②房屋数量少，通常为1～2间，夜间全家围火塘席地而睡。卧室私密性差，且光线昏暗。③底层架空的结构形式适应陡坡地形，且防潮防虫害。

2）结构形式、构造做法

由于地形陡峭，传统民居多采用架空的结构形式，主要有千脚落地式及干栏两种结构类型。

（1）千脚落地式结构（图3.15）

①结构特征

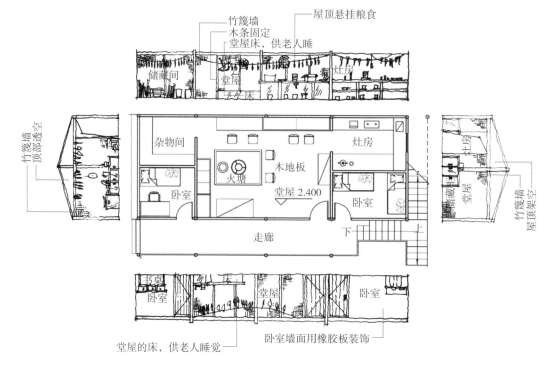

怒族空间模式分析

图 3.14 怒族民居空间构成

图片来源：西安建筑科技大学绿色建筑研究中心.

图 3.15 千脚落地式房屋构造做法（一）

图 3.15 千脚落地式房屋构造做法（二）

图片来源：西安建筑科技大学绿色建筑研究中心.

千脚落地式为早期的结构形式，根据史料以及《云南民居.续编》记载，这类民居为怒江流域最古老的居住建筑类型，主要的使用对象为傈僳族、怒族、独龙族。如今，该类传统民居数量越来越少，主要存在于独龙江流域南部以及怒江峡谷南部高海拔山区。

千脚落地房屋的墙体、屋盖结构体系均为片状网式承重骨架，起房用料必须是不易腐烂、较牢固的栗木之类的木材。其特点为：a. 没有横向屋架或类似构件，由墙体和屋盖的网式轻型骨架组成纵向承重体系；b. 构件之间协同受力，尚无承重或者非承重的区别[96]。这种密栽排柱承重骨架，构件连接用绑扎的方式如同西安半坡出土的木骨泥墙的做法，所不同的是墙用竹席围护，而不用泥抹。千脚落地的结构形式较之木骨泥墙有明显的进步：壁体、屋盖分工，双坡屋面形成的三角形空间也较成熟。可见，千脚落地式的结构体系尚处于木构件结构体系不够完善的萌芽时期。这种结构形式与现今成熟的傣族、侗族等地区的干栏式结构有很大的区别，尚不能笼统归结为一类。千脚落地房屋使用期限多则 7 ～ 8 年，少则 4 ～ 5 年后需拆换添置新料重盖，是古代迁徙不定的游牧生活方式的产物。

②建造方式

千脚落地房建造方式为，先立房屋外围的墙体木柱，柱深 30 ～ 50cm，间距较密，柱径一般为 15 ～ 20cm，柱长至檐口；然后在墙柱围成的区域里密集栽立供支撑楼楞的长短木支柱（由于地基不平整，故柱子长短不一），这些木柱与墙柱之间没有严格的纵横排列规律，柱头之处绑扎楼楞，上铺竹席楼板。作为地板用途的竹席取自竹子的外表皮（青篾），这样的竹席无论厚度还是强度都较为结实。柱子间距密，数量多，据说过去多达二三百根，一般也有八九十根。

③壁体

在上述密栽的墙柱楼面高度之上，外加三四道横向联系杆件，用竹或者藤条将墙柱绑扎固定，增加整体性，构成片形网式墙体承重骨架[97]。四方墙体骨架捆绑相连，围合成房屋的空间。柱间插入单张或者两张竹篾（厚度约 2mm）作为壁体，内墙构造相同。单张竹篾长约 6 ~ 8m，宽为 2.5m，视房屋大小及间数拼块围合。

④屋架

屋盖构筑时先在两端山墙正中立木柱，上架脊桁，然后在两纵墙的横向联系杆上，架圆竹或者木杆相交于脊桁上，作为椽子。椽间距较密，再用较密排布的纵向连系杆绑成整体，构成双坡屋盖的网式承重屋架，上覆茅草或者木板，压石块或用竹条绑扎，以防下滑。

（2）干栏式结构（图 3.16）

当人们由半游牧的生活逐渐转向以定居为主的生活方式以后，逐渐产生了新型的架空建筑类型——干栏结构房屋。干栏式民居的结构特点为梁柱承重结构，按照每间房间的开间柱、进深前后柱及中柱的位置布置垫基石，之上立柱，梁与柱通过榫卯的方式联结，上铺木板，获得平整的居住层。由于承重柱不被居住层打断，完整地伸向坡屋架之下，这样结构的整体性增强。屋架为人字形屋架，架设于房屋横向连接梁之上，犹如现代建筑中的桁架。墙体材料可用木板或者竹篾，只起围护作用。国内其他地区的木构建筑，由于构件之间采用榫卯连接的方式，可以营造严密的室内空间，相比之下，由于竹篾房只在主要的承重部位采用榫卯连接方式，其余墙体、吊顶、屋面构件的固定大多数仍然使用捆绑、搭接的方式，导致围护结构不严密。纵然如此，干栏式房屋较"千脚落地"已是一个很大的进步，使房屋有明确的受力关系，且结构耐久性增强。

图 3.16　干栏式房屋构造做法

图片来源：西安建筑科技大学绿色建筑研究中心．

（3）千脚落地式、干栏式房屋特色建筑构件（图 3.17）

①具有导风功能的墙体

传统民居为适应夏季的热湿气候，墙体采用多孔隙的竹篾墙，营造开放型的导风系统，形成了多孔隙导风建筑文化。缺点是竹篾墙体硬度不够，与木肋结构的交接方式不牢靠，常常出现变形、破损。

②透气性良好的吊顶空间

吊顶的做法为沿着房屋纵向方向搭接密肋木梁，密肋梁上铺设一层细竹竿，形成网状结构，之上铺 1 ~ 2 层竹篾片。房屋中部吊顶上开设一洞口，可上人。火塘正上方设置一吊棚，阻挡了烟气对吊顶的熏烤。竹篾房屋的山墙及吊棚均用竹篾围合，年久失修，易变形，因此吊顶上部的空间不严密，并着实具有如下功能：a. 排出火塘的烟雾；b. 山地环境的空气湿度大，水蒸气总是向上运动，因此半围合的上部吊顶空间能充分排除房间内的湿气。

墙体

吊顶

伞状柱

闪片屋面

图 3.17　怒族民居房屋特色建筑构件

图片来源：西安建筑科技大学绿色建筑研究中心.

③伞状承重柱

房屋承重柱 1/2 往上的部分，与横梁及纵梁分别固定三根斜向的木撑，形如伞状，这
样增加梁柱的整体性，弥补因跨度原因导致的梁的弯曲变形，增加屋顶吊棚的荷载。同时
伞状木柱可用来悬挂衣物、挂包、晾粮食等，作为室内家具的补充。

④"闪片"屋面

屋面的做法最早期的为茅草屋面，后来多采用劈削过的、形状规则的长方形木板相互
搭接，用捆绑方式固定，并上压石块，称之为"闪片"屋面。屋面木板的纹理与排水的方
向一致，这样可减轻雨水对木板的冲刷；同时，木板每年都要正反翻转一次，延长屋面的
使用寿命。如今绝大部分屋面已被石棉瓦屋面代替。

3.2.3 峡谷北部暖温带坝子区传统民居

1. 概况

丙中洛坝区由河流堆积形成，土层厚，定居以后的人们充分利用当地的生土作为建筑材料，发展了一种新的地域民居，即夯土房，与干栏式井干房并存，成为这一海拔区域的典型民居形式。与怒江峡谷南部不同的是，该地区的民居围护结构的厚度及空间的严密性皆优于竹篾房，以适应温凉、潮湿的北亚热带气候（图 3.18）。本文调研的地点为贡山县丙中洛重丁村民居。怒江峡谷北端，由于气候偏冷，民居的围护结构多采用木楞、生土、板筑，由此产生了多样化的民居类型。典型的民居类型分为平座式井干（或板筑）房、生土（或毛石）—井干房（图 3.19）。

图 3.18　贡山坝区住区环境

（摄于重丁村，海拔约 1580m）
图片来源：西安建筑科技大学绿色建筑研究中心.

平座板筑房 –1　　　　　　　　平座板筑房 –2　　　　　　　　井干—生土房
图 3.19　贡山丙中洛民居类型

图片来源：西安建筑科技大学绿色建筑研究中心.

2. 民居类型—生土 \ 毛石 – 井干民居、平座式井干民居

1）空间构成（图 3.20）

（1）居住层空间组合

生土 \ 毛石 – 井干民居、平座式井干民居的空间构成具有相似性。常见的空间布局有

单间布局、双间布局及多间布局。单间布局的房屋通常供一代居住及年幼的子女共居。房间的形状通常为 6m×6m 的正方形，离门斜对面的内侧布置火塘，房屋中间布置一中柱。围绕着火塘，与房屋的角落席地布置两张垂直的木板作为父母的睡铺。如果家中有儿女，则沿着其他角落布置睡席。

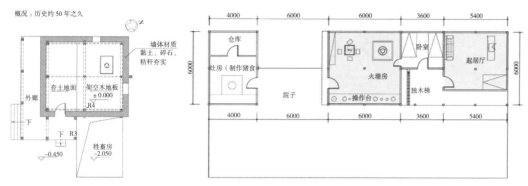

单间式生土—井干房平面　　　　　　　双间式毛石—井干房平面

掉层式空间　　　　　　　跌落式空间　　　　　　　垂直空间划分

图 3.20　怒族生土\毛石—井干民居、平座式井干民居空间构成

图片来源：西安建筑科技大学绿色建筑研究中心.

　　双间布局具有如下特点：①两间房间相向布置，中间留出一公共过道空间。过道空间或前后通透，或加以井干壁体围合形成内凹的房间，用于子女卧室或储藏间。左右两间房间其井干壁体相互独立，室内均布置火塘，一间室内布置中柱，既作客厅、炊事、餐饮之用，也兼作老人的卧室，另一间作为年轻夫妇的卧室。两间房屋大小相等，边长通常为6m×6m，走廊的宽度约为 3m，故中间内凹的房间面宽、进深都比较窄。双间布局的民居通常在中间内凹的空间布置独木木梯，供顶层储藏空间之用。②两间房间者，也有将一间进深缩小，前面形成约 1m 宽外廊，或将两间房间的正面均向内缩进，形成通长外廊。外廊作为怒族人平时生活的室外空间。③另一种双间布置的方式为一间为储藏间，一间为火塘房，彼此靠近，但不共用山墙，两墙之间留有一缝隙。储藏间面宽、进深较火塘房小，且向后缩一个柱距，形成有屋顶的外廊。此外，贡山地区的怒族民居还具有如下特点：①怒族传统民居的主入口一般位于山墙处，门洞口低矮，高不过 2m，宽不过 1m。②怒族一般较重视仓库，将仓库单独设置，且与房间的主入口相对。仓库一般紧锁，忌讳外人进入。

　　近十几年来，人们对居住空间的私密性要求增加，导致新建的传统民居的房间间数增加，出现了三间或四五间的多间房间并列布置的房屋。三间居室的民居一般保留端头的一间房间结构独立设置，保留传统的方形平面，并保留中柱及火塘，作为日常家庭饮食、娱乐的中心。其余的房间进深向后缩进形成一带屋顶的外廊。立面柱廊的民居风格越来越被新建民居采用。四间房间的民居形式由双间布局的民居演变而来，即增加中间内凹的房间间数，反映了人们对居住空间的自然探索。

（2）掉层式空间

一般生土–井干、毛石–井干房屋采用掉层式空间，即房屋纵轴平行于场地等高线，下跌部分的空间用于牲畜用房，与居住层分处于不同标高。

（3）跌落式空间

一般平座式井干房采用跌落式空间，即房屋纵轴垂直于场地等高线。下跌的空间同样用于圈养牲畜。

（4）垂直空间划分

贡山地区的怒族民居以垂直分层的空间组合方式，将房屋分为三层，从下到上依次安排牲畜、人、农作物的空间。与中甸藏族"土墙板屋"民居不同的是，入户层位于中间的住人层，室外一般都留有一块较为平整的场地作为院落空间。底层的牲畜层位于地势较低的一面，牲畜入口设于山墙处。室外院落与房屋前沿之间留有宽约 0.5～1m 的进料口，还可作为底层牲畜用房的采光口。顶层供堆放苞谷、核桃、"琵琶肉"等粮食之用，四周没有围合。与火塘正对的吊顶之上开设一洞口，供排烟。屋顶堆放的农作物在烟熏的作用了得以长期存放。住人层及牲畜空间室内的净高通常为 2～2.2m，屋顶的储存空间从吊顶到屋脊的高度可达 1.7～2m，与居住层高度相差无几，硕大的屋顶空间构成怒族民居显著的地域特色。

2）结构形式、构造做法（图 3.21、图 3.22）

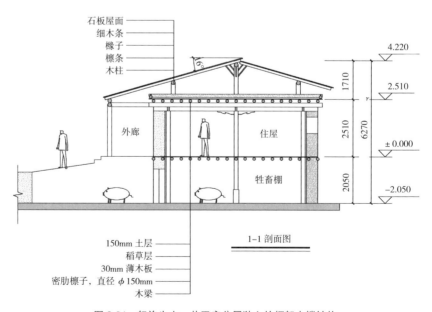

图 3.21　怒族生土—井干房分层独立的框架支撑结构

图片来源：西安建筑科技大学绿色建筑研究中心．

（1）结构形式

①分层独立的框架支撑结构

生土－井干房采用墙柱混合承重，且上下层承重结构彼此分离。该类民居采用下跌的建筑形式处理建筑与坡地的关系。建房前依照地势高低将场地平整成为梯形场地，于地势较低的一侧打桩立木柱，比竹篾房不同的是，所用柱子较粗，直径约20cm，间距较大，一般纵横方向各三根柱子，除了中柱伸至屋顶，其余柱子端部开叉形成卯口，纵向架设木梁，之上搭接横向木梁，柱端与梁交接处用竹篾捆牢，梁上置木板，平接，不用企口，作为居住层的楼面，至此，底层的结构形成。

生土墙　　　　　　　　板筑墙　　　　　　　　木楞墙

双坡面　　　　　　　　壁体标记

图3.22　怒族生土\毛石－井干民居、平座式井干民居构造做法

图片来源：西安建筑科技大学绿色建筑研究中心.

楼板之上再立圆形木柱，一般纵横方向各三根，直径约18～20cm。沿着房屋的纵向布置主梁，梁的截面尺寸为18cm（高）×9cm（宽），同时于横向布置次梁。主次梁及立柱共同形成完整的梁柱支架，以承托双层屋面的荷载。次梁之上为竿径细小的密肋梁。

顶部的屋架及支撑屋架的脊柱结构为又一个独立的结构体系，且支撑柱与脊柱相互独立，亦没有严格的竖向对应关系。为了使屋架结构更加稳固，有时在山墙外侧立一根木柱支撑脊桁。

井干房屋与夯土房屋的结构原理一致。通过对其结构原理的分析，可知传统民居的竖向承重构件分层设置相互独立，故房屋结构的整体性较差。

②围护结构

在主体梁柱结构外围，分别砌筑夯土墙及井干壁体。一般生土—井干房屋的底层，即牲畜层外围采用生土墙体；居住层采用井干壁体。平座—井干房屋底层牲畜空间不加以围合，利用地形以及栅栏做天然屏障；居住层采用井干壁体，各房屋壁体相互独立。

（2）构造做法

①夯土墙

墙体厚达 0.5m，由泥土、碎石、秸秆夯实形成。

②井干墙

传统的井干墙体将圆木的上下两端削平，重重叠垛而成。每根圆木都在墙角搭接的地方上下各坎出 1/4 圆木高度的矩形坎口，作为搭接垂直方向的圆木的卯口，这样交叉扣接的两外墙中，一墙的圆木总是高于或低于另一墙 1/2 的高度。两头还留出 20cm 左右的出头，增加墙体的稳定性。竖向叠垛的木楞越往上越不稳固，为此在墙体中部或交角处往上 1/3 ~ 1/2 的地方，用一根短柱从上往下与木楞垂直相交固定，或者利用屋顶的脊柱向下延伸与木楞墙相交，以此固定墙体。

井干房、板筑房墙体本身既是围护构件，又是承重结构。这种结构形式的房屋方便快速拆迁、重组。人们常在墙体表面标注"方向 + 数字"作为重新组合的依据。

③双层屋面

怒江峡谷北端的怒族民居屋面采用坡屋面与平屋面结合的双层屋面做法。平屋面亦为室内空间的吊顶，其做法是在密肋梁之上铺设 3cm 的薄木板，木板之上铺一层风干的稻草，稻草之上铺一层厚度约 15cm 的泥土层。为了保护泥土层不被雨水冲刷，在出挑的密肋梁四周，外墙端部之上，前后顺着密肋梁的方向压柱子，再与柱子的两端砍凹口搭接垂直方向的柱子。这样不仅对密肋梁形成压实作用，而且保护泥土层。平屋顶上的泥土层相当于保温层，体现了民居应对湿冷气候的生态智慧。

坡屋面做法是在平屋面上架设短木柱，中柱之上架设脊桁，边柱之上架设檩条，屋脊与檩条之间捆绑斜梁，斜梁之上搭接纵向细木条，之上再布置一层横向细木条，形成网状屋架，承受屋面重量。构件之间用捆绑的方式固定，形成一个三角形的、不加围合的屋顶空间。屋盖覆以形状不规矩、面积相差不大的薄石板，厚度约 5mm，覆盖时用上位板压下位板相互错叠以利走水。薄石板也称"滑石板"或者"闪片"。

3.2.4 峡谷北部暖温带半山区传统民居

1. 概况

山区林木丰富，人口稀少，粗大的木材成为建筑的主要材料。由于海拔高、地势陡，建筑类型单一，主要以平座式木楞房、板筑房为主。本篇调研的地点为丙中洛乡双拉村所辖双拉村小组民居（图 3.23）。

2. 民居类型——平座式井干 / 板筑房（图 3.24）

1）空间构成

该地区民居以典型的双间式布局为主，与怒族的双间民居平面布局大同小异，经调研发现，大部分民居中间的走廊不围合，作为眺望远方及室外活动的平台。两间房屋，顺应等高线布置，①一间为火塘间，面宽 5.1m，进深 5.4m，基本为方形。入口设置在中间凹廊一侧，室内中间布置中柱，中柱由三部分组成，为横梁、中柱、雀替组成，并插松枝装饰。

图 3.23 贡山高海拔山区住区环境

图片来源:西安建筑科技大学绿色建筑研究中心.

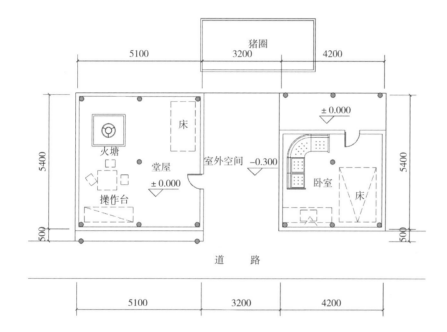

居住层平面图

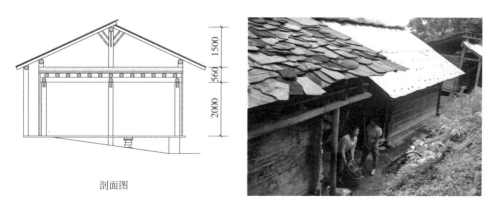

剖面图

图 3.24 丙中洛独龙族平座式井干/板筑房民居空间构成

图片来源:西安建筑科技大学绿色建筑研究中心.

与入口斜对的房屋内侧设火塘，上支三脚架。火塘之上设一吊棚，放置竹笼及烘干的食物。室内有吊顶，火塘对应的吊顶上方开设洞口，供火塘排烟。房屋的其他角落分别布置物架，及木床。如今该房间夜间已不住人。②另一间为年轻夫妇及子女居住的小卧室，面宽4.2m，进深3.9m，无中柱。房屋前面向后缩进形成一联系两间房屋的外廊。房间内布置床、沙发、电视等必要的家具。室内没有砌筑火塘，有一个火盆，供夜间烤火用。两间房屋居住层之上分别架设一坡屋面，之下为屋顶空间，形同该地区怒族民居，但是屋顶空间较矮，测试的该户脊檩至平屋面的高度约为1.3m，檐口檩条搁置在一短木之上。平座层之下为三角形空间，不作他用。如今，独龙族与过去的生活方式有了很大变化，几乎家家都圈养猪、牛等牲畜，猪、牛圈一般位于房屋周围地势较低的一侧，单独设置。

2）结构体系、构造做法

（1）结构体系（图3.25）

平座层：居住的平层由长短不一的木桩或者石块立在石基上或直接立在地面上，上铺地平梁，梁上顺着等高线架设木板，形成半整的居住层，并在房屋前面形成一檐廊。

居住层：平座之上设置井干壁体的房间，结构彼此独立：①火塘房中部横向布置三根柱子，上固定横向梁，形成室内重点装饰部位，房屋四角的木柱设置随意，形成由柱梁及井干墙体混合承重的结构体系；②卧室内不布置角柱，由墙体承重。

屋顶层：屋顶结构与房屋主体结构有两种连接方式：①山墙中部的木柱，向下与井干墙穿插至2/3深的位置，向上伸出平屋面约1～1.3m，这样一方面固定层层扣接的木楞，一方面架设脊檩；②在平屋面上单独架设脊瓜柱，两侧山墙处立短木或垫石块，上固定檩条，向上倾斜约24°角捆绑木椽（圆木）相交于脊檩上，之上再捆绑一层细木条形成网状屋架。

图3.25　独龙族平座 – 板筑房平座层结构

图片来源：西安建筑科技大学绿色建筑研究中心．

总的来说，该地区的独龙族民居受力关系不清晰，结构不稳定，因此房屋的使用年限不长，即使没有山体灾害，时隔几年至十几年也需重新修缮。

（2）构造做法

①屋面、墙体构造做法同该地区怒族民居。

②构件连接方式——捆绑、搭接、扣接与穿插并用

一方面，构件连接不牢固，容易变形，因此结构不稳定；另一方面，采用简易的连接方式，便于房屋拆卸、重新组装。这既是古老的迁徙生活方式的写照，也是对于不稳定的山地环境的适应。

3.2.5 怒江民居的地域性解读

1）居住空间的地域性

峡谷北部的独龙族、怒族传统房屋以独立的间（开间、进深约为 5.5 ~ 6m）为基本单位，房间的组合常见有两种形式，一种由两个房间组成，结构彼此独立，居中进出，中间留出一缓冲空间。两个房间中的一间作为火塘兼老人居住，一间供年轻人居住。另一种为独立的单间房屋，旁边不远处布置一粮仓。怒族民居中亦有依次布置 2 ~ 4 间的形式，用连廊连接各房屋，其中带火塘的房间置于端部，从侧面进出，是家庭集聚、就餐的核心，其结构独立于其他房间。空间的竖向经过周全的整理，从下至上分为牲畜（饲养牛、猪）棚、居住层、硕大厚重的坡屋顶夹层空间（储藏粮食、肉类）。在地势陡峭的高海拔地区，也有牲畜圈独立布置的形式。

峡谷南部的傈僳族、怒族传统房屋以单一的长屋为居住单位，室内布置火塘，集炊事、居住、会客等所有日常需求。规模大的长屋内侧用竹篾墙分隔出居住兼储藏的小房间。室内有吊棚，坡屋面下的夹层空间作储藏粮食之用，吊棚之下亦悬挂食物。由于这一地区建筑采用"千脚落地"的形式，架空的底层木桩林立，仅作为存放杂物之用。

2）结构体系的地域性

峡谷北部的独龙族由于居住在海拔 1700m 以上的山区，地势陡峭，民居多为井干—平座结构。怒族村落由于居住在地势较缓的山坡台地上，故房屋有两种形式：井干—干栏式及井干—土墙式。井干墙体和夯土墙体只起到围护作用，承重结构则为独立的梁柱体系。室内空间为覆土平顶屋面，而平屋面之上则单独架设不加以围合的坡屋面，形成坡屋顶夹层空间。房间四角及中央共布置 5 个承重柱，其中中柱伸出平屋面支撑坡屋面，由此体现出室内空间对中柱的重视。

峡谷南部由于纬度、地势平均海拔均较北部低，气候较峡谷北部温热，潮湿，故这一地区的传统少数民族住屋多采用千脚落地结构房屋。这种结构形式采用打桩固定法。将数十根直径 10cm 的细木桩钉入坡地上，之上架设木板，取得平整的居住层。千脚落地住屋的屋面皆采用"人"字形屋架，椽数一方面由长屋的宽度决定，一方面由所用木材的粗细决定。

3）构造、材料体系的地域性

怒江中游一带少数民族住屋构件之间的连接方式主要采用捆绑节点、周边支撑的形式。作为主要承重的梁柱构件采用简单的人工砍槽或天然的树杈搭接。受周边白族、纳西族、藏族等民族住屋建造的影响，也出现了主要构件采用榫卯的形式。

材料的使用也具有地域性：（1）墙体：贡山地区气候较寒冷，维护墙体采用生土夹杂碎石、稻草的墙体，以及井干壁体。福贡的低热河谷区围护结构采用片石砌墙、竹篾墙、

木板墙，高海拔的山腰多采用竹篾墙。（2）屋面：贡山地区的传统坡屋面采用当地山区的一种质地较软的页岩，经人工劈削成为规则的方形或者长方形的薄片，也称滑板或者闪片。福贡地区的屋面多采用薄木片前后搭接，茅草顶在这些地区的高海拔山区上仍依稀可见。

3.3 怒江流域多民族混居区民居的地域气候适应性分析

由于怒江地区全年平均气温较低，湿度较大，而冬季尤为明显，故传统民居重在解决冬季的保暖与除湿问题。因此，本研究选取冬季较为寒冷时期不同类型的民居建筑为研究对象，进行室内热环境测试，分析传统民居的气候适状况。

3.3.1 怒江峡谷南部河谷区民居冬季室内热环境评价与分析

1. 研究对象

1）气候特征

研究对象位于江边低海拔河谷地带，北纬27°04′和海拔1190m以下的区域，属中亚热带区。该区年平均气温16.9℃，年平均降水量1443.3mm，降雨集中在2~3月和6~10月，年均日照1447.9h，无霜期267天，该海拔区域终年无雪。

2）测试对象

干栏式竹篾房为怒江中游地区较早出现的民居形式，至今在高海拔山区仍依稀可见。在民居的自然更新中，逐渐出现了保留干栏式结构的以木材、石板或竹篾做围护墙体的房屋，还有由厚重墙体承重的石板房。调研的地点为福贡县上帕镇上帕村，位于北纬26°54′18″，东经98°51′60″，平均海拔1200m。调研选取普遍存在的两类民居作为调研、测试对象（图3.26）。房屋的使用者皆为傈僳族村民，两栋房屋的直线距离不到500m，所处室外环境接近，可忽略其差异。

民居一坐东朝西，已使用了30年以上。房屋由2间组成。房屋采用干栏式结构，外围护墙体分别为430mm石板墙（东、南、北向）及50mm木板墙（西向）；室内隔墙及房屋地面均为手工编织的竹篾；屋面为双层屋面，内侧为50mm木板，外侧覆盖5mm石棉瓦。

民居二为墙体直接承重结构，没有构造柱。墙体用当地的石片砌筑，厚度为420mm（包括内外两侧抹灰各10mm）。房屋的屋面由直接插入山墙的檩条承重，檩条之上覆盖石棉瓦，厚度为5mm。地面有两种做法，客厅及子女卧室的地面采用水泥地面；主人卧室的地面采用透气性较好的竹篾地板，地板之下则为下跌空间–储藏间，层高约2m，采用480mm厚的石板墙围合。

2. 测试结果

通过对峡谷南部河谷区民居的室内热环境测试研究发现：

（1）怒江中游河谷地区的民居在夜间以及早晨热感觉差，白天热感觉舒适。因此，晚上人们可以通过增加被褥以及室内增加热源的方式提高热舒适。

（2）新建民居房屋上部不封闭，不但不会影响室内温度，反而有利于除湿。而窗户的气密性差则会增加房间的相对湿度，并降低室内温度。

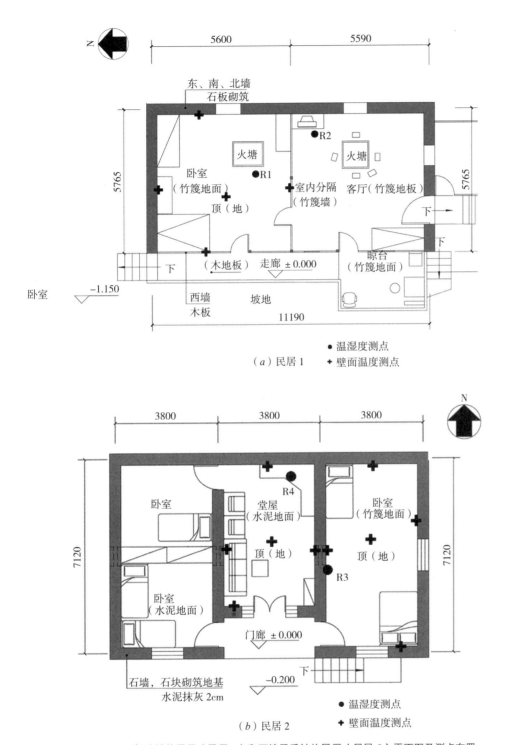

（a）民居1 ● 温湿度测点 + 壁面温度测点

（b）民居2 ● 温湿度测点 + 壁面温度测点

图3.26 干栏式结构民居（民居1）和石墙承重结构民居（居民2）平面图及测点布置

图片来源：西安建筑科技大学绿色建筑研究中心．

（3）传统的干栏式房间的空间是封闭的，但气密性差，同时中间布置火塘，通过烧火
可以除湿。然而现今由于少数民族民居被褥和衣着的增厚，夜间不需要热源，但却由于竹

篾的多孔隙增加了房屋的相对湿度。对于用石墙作围护结构的房屋，房间的湿度相对较低。

（4）石棉瓦的热惰性较差，白天作为房间的热辐射源，晚上则释放冷辐射。420mm厚的石块墙体表面温度虽然呈现波动的状态，但基本维持恒温，具有良好的保温隔热性能。

3.3.2 怒江峡谷南部暖温带半山区民居冬季室内热环境评价与分析

1. 研究对象

1）气候特征

调研与测试的地方为福贡县匹河乡老姆登村，位于北纬26°32′21″，东经98°54′48″，平均海拔1850m，年降雨量1163mm[98]。该区域属暖温带区，年平均气温为13.8℃，极端最高气温曾达33.2℃，极端最低气温为-1℃，年平均有霜期116天，是一个四季如春的地区。

2）测试对象

老姆登村解放之初的民居以"千脚落地"的竹篾房为主，随着怒江地区的开放以及经济的发展，新建砖混房屋、砖木结构房屋逐渐增多。至今，该村的全部民居已经经历更新。纵然如此，几乎每户都或多或少地保留着传统的竹篾房或者木板房，作为厨房使用；有的老房屋保留的规模较大，仍旧作为长辈饮食、起居之所。因此，本文分别选取传统的竹篾房、砖混房屋为测试对象，两房屋垂直布置，图3.27为平面图及测点位置，测试的房间及编号分别为：砖混房客厅（R1）、卧室（R2、R3）、竹篾房火塘间（R4）及卧室（R5）。图3.28为砖混房实景照片。

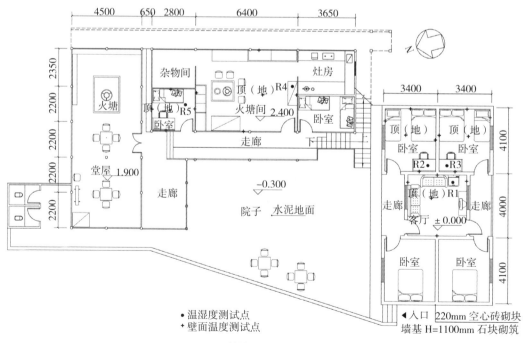

图3.27 竹篾房、砖混房 平面图及测点布置

图片来源：西安建筑科技大学绿色建筑研究中心.

北立面

客厅1

客厅2

南立面

卧室

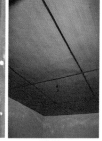
吊顶

图 3.28　砖混房实景照片

图片来源：西安建筑科技大学绿色建筑研究中心．

2. 测试结果

通过对怒江峡谷南部暖温带半山区民居的室内热环境测试研究发现：

（1）竹篾房的墙体材料本身既作围合使用，又是一种通风材料，可以降低室内湿度，却不利于保持室内温度，因此传统竹篾房需要通过热源维持室内温度。同时被测的各砖混房间人体热感觉微冷，亦需通过增加被褥、衣物、热源达到人体热舒适。

（2）对于传统房屋，火塘的使用可提高室内温度，对室内湿度影响不大，火塘使用期间，湿度呈现波动变化趋势。

（3）冬季，竹篾房、砖混房的热舒适性能都很差。相比之下，砖混房优于竹篾房。

（4）怒江地区面临保护生态环境的重任，木、竹材使用受到限制；同时空心砖的蓄热性能较好，可以采用，就目前阶段而言，砖混房仍具有存在的意义。砖混房的设计需解决朝向、自然通风等问题。

3.3.3　怒江峡谷北部暖温带坝子区民居冬季室内热环境评价与分析

1. 研究对象

1）气候特征

本文以丙中洛乡为研究对象，丙中洛位于高海拔缓坡（坝子）区，北纬 28° 23′ 以下以及海拔 1500 ～ 1900m 之间，属于暖温带气候区[99]。年平均气温 13.1 ～ 15.4℃，最冷月平均气温 5.9℃，最热月平均气温 20℃以上，是怒江流域理想的居住地区。贡山地区降雨极为丰富，其中丙中洛地区年平均降雨量 1657.3mm。调研地点位于丙中洛乡重丁村，位于北纬 28° 01′ 38″，东经 98° 37′ 31″，海拔 1580m。

2）测试对象

丙中洛当地传统民居形式主要有两大类，一类井干房，一类土墙房，分平座式、楼房两类。新建的民居主要有砖混房、带地方特色的混合型井干房。因此，本文调研分别选取传统的土墙房、混合型井干房、砖混房屋为测试对象，房屋的使用者为怒族人，见图 3.29 ~ 图 3.31 为被测房屋——混合型井干房及砖混房的实景照片。

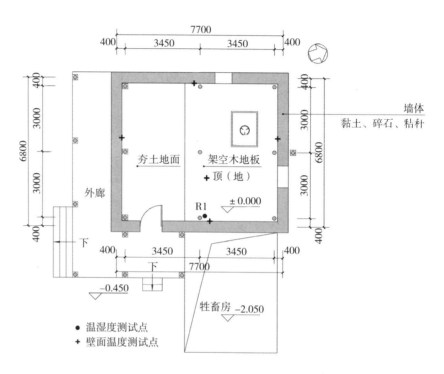

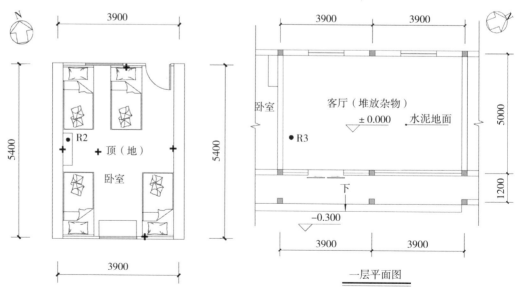

图 3.29　土墙房 R1、井干房 R2、砖混房 R3 平面图及测点布置

图片来源：西安建筑科技大学绿色建筑研究中心.

北面　　　　　　　　　南面　　　　　　　　　测试房间

地面　　　　　　　　　吊顶　　　　　　　　　屋面

图 3.30　混合型井干房实景

图片来源：西安建筑科技大学绿色建筑研究中心．

东立面　　　　　　　　西立面　　　　　　　　客厅

图 3.31　砖混房实景

图片来源：西安建筑科技大学绿色建筑研究中心．

2. 测试结果

通过对怒江峡谷北部暖温带坝子区民居的室内热环境测试研究发现：

（1）通过 Fanger 的 PMV–PPD 指标，可知怒江中上游地区的民居全天热感觉偏冷。调研发现，人们在夜间通过增加被褥厚度、火盆或者电热毯取暖。

（2）火塘燃烧可以提高温度并降低湿度。然距离火塘远的地方则影响不明显，故传统的生活习惯中人们夜间围火塘而睡。

（3）贡山地区目前以生土房、井干房、砖混房为主要的建筑类型。研究发现传统民居的围合材料的热工性能不及空心砖；生土房在湿冷气候区未能发挥保温隔热的良好性能。

（4）福贡地区民居空间不完全围合，是为了除湿。贡山地区年平均温度低于福贡，无论是传统民居还是新建民居，室内设置吊顶，空间完全围合，起到保温的作用。这样，室内的湿度因此增加，人体热感觉差。

（5）贡山地区新民居的建设应该同时解决保温与除湿的双重目的。

3.3.4 怒江传统民居的气候适应性解读

民居的生态经验指古人在实践中应对自然和社会因素，营建舒适生活环境和空间的设计方法和思想，并作为约定俗成的观念而逐渐在实践中自发或自觉地执行[100]。这里所说的生态经验是一个宽泛的概念，包括民居选址、群体营建、民居庭院、单体空间、建筑形态、材料利用、细部营建等方面，将气候因素、环境因素、文化因素综合体现在建筑及群体聚落中。本文研究的生态经验主要涉及建筑单体应对自然因素的营建经验。生态经验受到社会生产力的制约，以辩证的眼光看，生态经验兼具局限性以及现实意义。因此，需要理性辨认传统经验及其盲点，为当今民居发展有所借鉴。

1. 传统建筑材料的气候适应性

纬度导致的气候差异决定了民居建筑材料的分布规律，不同的建筑材料决定了结构体系的差异，并构成了本篇中民居类型的分类依据。为了适应气候，贡山地区的民居以生土房、井干房为主，以达到保温的目的；福贡地区以石墙房、竹篾房为主，以达到隔热、通风的目的。

然而面对海拔高度导致的气候差异，同一地区民居呈现相反的分布规律；抑或没有遵循常规合理的生态经验。事实情况为：海拔越高，温度越低，而民居建筑材料的保温隔热性能越差。高海拔山区民居趋向于采用轻型材料及结构类型的民居样式，诸如贡山地区海拔2000m的小查腊村的民居采用井干房，木楞墙体；低海拔的坝子区除了采用井干房，也出现大量的土墙房。福贡地区高海拔山区多采用干栏式竹篾房及版筑房；低海拔河谷区民居多采用厚重的石墙房。这是因为海拔越高，地形坡度越陡，此种情况下，居住的安全因素较舒适因素更为重要，故高海拔山区的传统民居普遍采用较为轻型的结构形式。可见，人们在自然气候与地形地势面前，做出了选择，即结构安全因素大于居住舒适因素。

2. 传统空间类型的气候适应性

通过调研与测试，空间类型与当地温湿度相关。北部贡山地区传统居住空间呈围合状态，即坡屋面之下再设平屋面，该平屋面即是第二层屋面，又是居住空间的室内吊顶，由结构层及保温层组成，结构层由密排木肋梁组成，上覆厚度约15cm的泥土作保温层，有的还在上面再铺稻草保温。

福贡地区传统居住空间呈不围合状态，以促进热压通风达到除湿之目的。同时，民居的内横墙之上部墙体中间留出洞口，不设窗户。这种不加以围合的上部空间，恰恰是顺应空气中的水蒸气向上运动的规律，以达到除湿的目的。竹篾房的居住空间上方围合而不严密：房屋的山墙、吊棚正对火塘的上方皆开设洞口，同时由于竹篾墙体及吊棚的空隙，组成一个通风效果良好的"竹笼"，以达到除湿之目的。

由此可见，贡山地区严密的居住空间重在保温；而福贡地区非严密的居住空间重在除湿，然而该类空间处理的经验并不能有效解决室内热舒适的问题，白天人们大多数时间都围着火塘而坐，夜间靠火盆以及厚褥子、电热毯取暖。

3.4　怒江流域多民族混居区民居建设面临的问题与可持续发展策略

3.4.1　传统民居发展过程中面临的问题

1. 人口增加，生活水平提高

以怒江傈僳族自治州的傈僳族为例，1953 年全国人口普查，傈僳族人口 110661 人；1990 年 222037 人；1995 年 231601 人，占全州总人口的 51.04%；2010 年 257620 人，占全州总人口的 48.21%，与 1995 年相比，虽比重下降，然人口基数仍旧增长。在近 50 年时间内，傈僳族人增加了 146956 人。其他少数民族，诸如怒族、独龙族等，同样面临着人口的不断增长。从生态学角度看，人口问题归根到底是人口与资源、环境的关系问题[101]。对于怒江地区来说，居住条件尚好的土地弥足珍贵，不断增长的人口容量超出了自然环境的承载力，由此产生了民族内部求新求变的动力。

2. 生态环境恶化

导致生态环境恶化的方面主要来自于农业种植、森林开采、矿产开发。（1）新中国成立后，怒江中游地区各族人民过上安定的生活，人口进入快速增长阶段。人口的快速增长，使人均耕地面积逐年减少。由于历史存留下来的"刀耕火种"以及人地矛盾的加重，怒江流域陡坡垦殖很普遍[102]。截至 2004 年，全州共有耕地 71.87 万亩，河谷台地占 8.76%，半山耕地占 64.68%，高寒山地占 26.61%。大量的陡坡垦殖导致严重的水土流失、地质灾害，并使农业生态系统呈非良性循环模式。据统计，全州耕地中，坡度在 25° 以上，需要退耕还林的耕地占 42.19%。（2）由于人口增加，毁林种粮成为解决吃饭问题的主要途径。目前，怒江州海拔 2800m 以下的人类频繁活动区域，地面上主要以旱地和灌草丛为主，森林覆盖率仅 10% ~ 20%。2000m 以下的区域，森林已基本砍伐殆尽。由于薪材为怒江各族人民的主要生活燃料，加之砍伐通过手工砍伐，出柴率低，薪柴年均消耗占总消耗的 56.3%。另外，怒江山区天然林多，人工林少，森林更新仍然以自然更新为主，难度大，周期长，有些地方已丧失了自主更新的可能。目前，2800m 以下的地区多已开垦为农田，或者乔木层砍伐后沦为了次生林，这种状况已由来已久。总之森林面积的减少，使山区雨季出现泥石流，旱季出现干沙流。（3）人类对自然的大肆掠夺之始，往往缺乏对资源利用的全局规划。怒江州境内拥有铅锌矿、羊脂玉、钨、锡等丰富的矿产资源。一项资源的利用往往造成其他资源或者环境的破坏，如开了矿就丢了农、林，矿产资源的开发导致资源浪费严重、植被破坏，生命财产以及生态环境遭受极大威胁。总之，怒江州地区由于人口快速增长、唯经济发展至上，加之该地区人口素质普遍低下、经济基础薄弱，造成了自然资源的盲目掠夺，其结果只追求一时之快，忽视了子孙后代的长远利益。

3. 移民搬迁

生态贫困是指由生态环境恶化而导致的贫困[103]。怒江州属于典型的生态贫困区，据统计特困人口主要分布于海拔 1500 ~ 2000m、平均坡度大于 25° 的山区，全州共有 260 个贫困村，人均收入低于 625 元的特困人口 13.75 万，占农业总人口的 34.2%，基本丧失农业生存条件的特困人口 12.5 万，占农业总人口的 31.09%[104]。由怒江州特困人口的生存条件，就地扶贫是难以做到的，必须实行移民扶贫。移民扶贫并不仅是居住点的简单改变，涉及土地、房屋、居住习惯、民俗文化、宗教信仰、就业、环保、公共福利等诸多文化适应融合、社会管理内容[105]。移民新居的建设是关乎移民者安居乐业的重要保障。自 1996 年怒江州易地开发扶贫搬迁进入实质性启动阶段以来，因水电建设移民、生态扶贫移民安置 36833 人，极大地促进了新民居建设（图 3.32）。

图 3.32　怒江东面沿线福贡县小沙坝底移民扶贫项目

图片来源：西安建筑科技大学绿色建筑研究中心．

3.4.2　怒江民居的可持续发展策略

1. 自然环境的适应策略

1）房屋寿命与环境保护的辩证关系

（1）就地取材与"不求恒久"的环境策略

怒江地区传统民居受过去半定居生活的影响，使用年限很短，一般 3 ～ 7 年。所用建筑材料大都来源于场地周边，可随手砍伐的林木、竹、石等。当人们搬迁时，竹篾房大都遗弃，不对环境产生负担；井干房所用材料可以拆卸下来，随身携带，至新场地后按照标记好的顺序重新建设。可以回归自然界的竹篾材料，由于手工编织，成本廉价，废弃也不会对家庭经济造成影响；而井干房，与装配式房屋类似，可重复建造。这两种建造方式遵循了"房屋较短的寿命＋实现自然界物质循环"的发展模式，为当今建筑的可持续发展提供了可借鉴的地方。

（2）新材料与"长的房屋寿命"的环境策略

研究传统民居，不难发现任何一个古村落，不论历史是否辉煌，遗存至今的传统民居大多呈衰败现象，往日繁复生机不再；纵然如此，前来参观的人们还是能够轻易辨别出至今尚好的古民居。这些古民居，不外乎出自当时的乡绅名家之手，房屋无论在选材、做工均为上等。百年沧桑之后，历久弥新，就在当今，仍然堪称传统民居之典范。虽然那些规模宏大的高质量的民居，建造当初，耗工耗材，然而从长的房屋寿命的角度来看，无异于节省了建筑材料。因其一旦建成，在未来相当长的历史时期内，几乎不会给环境带来任何干扰，从长远的角度来看，与保护环境的目的一致。

我们当前的建设量呈现快速增长。其中拆旧新建活动
频繁发生，一方面是由于政策等人为原因造成，另一方
面临拆除的旧建筑不乏存在空间布局、结构安全、施工质
量等问题，导致建筑的发展跟不上时代诉求。新建民居，
若能汲取传统建筑之经验，采用新材料的同时，追求房屋
的功能实用、结构坚固、工艺精湛，以建筑精品意识建造之，
势必可以延续房屋的寿命，兼顾长远发展的利益。

2）中多层高密度台阶式山地聚落

若能实现民居建筑空间规模在一定程度的拓展，满足
家庭代际增长的需求，减少民居拆除新建的概率，也不失
为一种保护环境的策略。实现住宅空间的扩展，不外乎两
种途径：一预留足够的场地，水平向增加房屋规模；二竖向
扩展空间。由于怒江地区人地矛盾凸出，宅基地水平向几
乎没有可扩展的空间，因此民居由单层向中、多层发展是
未来的趋势。结合怒江流域居住环境的实际情况，灵活的
分组群布局或顺应等高线建设高密度的台阶式山地聚落，
充分利用山地建筑掉层、跌落等空间处理方式，减少有效
单体宅基地面积，提高聚落的容积率（图 3.33）。

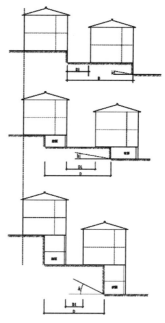

图 3.33　中多层高密度台阶式民
居山地聚落模式

图片来源：西安建筑科技大学绿色
建筑研究中心.

3）人工生态系统

怒江山区人口激增、林木相关经济产业振兴，造成森林系统耗竭。为了防止继续恶化，
可从以下两个方面维护生态系统平衡：

（1）建设高山峡谷地区生态住宅

生态住宅是一种系统工程的综合概念。它要求运用生态学原理和遵循生态平衡的原
则，使物质、能源在建筑系统内有秩序地循环转换，获得一种高效、低耗、无废弃物、无
污染、生态平衡的建筑环境[106]。结合实际用地环境，怒江流域乡村地区的生态住宅建设
包括以下几个方面的要求：①合理规划。怒江流域水资源丰富，应对天然水网进行整治，
建立起从上而下自流式的灌溉系统。土地的划分、功能类型由水系骨架来限定，使农户自
然而然按照土地的权属毗邻原则，按照一定规模聚集起来。②围护结构节能。围护结构应
选用低碳排放的建筑材料，包括就地取材、传统建材商品化、围护构件良好的隔热保温性
能、门窗密封性能。③利用可再生资源。尽可能使用天然能源，例如太阳能、风能、水能
发电、沼气等绿色能源；增大向阳窗户的面积，充分吸收太阳能；采用太阳能热水器；节
能建筑形体、构造设计。④节约水资源。要争取做到就近处理污水，采用污水循环利用系
统以及垃圾再生利用装置，对废水和垃圾等进行再利用，减少对环境的污染[107]。

（2）高密度山区聚落可扩大生态系统的规模

小规模聚集的、高密度的高山峡谷区聚落有助于实现居住环境的资源循环，维护生
态系统平衡。高密度的聚落具有如下优势：①集中收集、处理环境废弃物和垃圾、家庭难
以降解的垃圾，防止污水、废弃物排入河流中。②集约化利用能源。可集中建立"生态单

元[108]",例如地上食品、蔬菜风干储藏间以及地下低温储藏间;③集中节水方案。规划用水方案、给排水方案、污水系统(包括环境污水、家庭未处理污水)、雨水系统。最大限度地有效利用水资源,将污水变成中水,用于公益服务,例如洗车、种地等。

2. 技术的传承与融合策略

1)传统生态经验的继承

民居的节能设计一方面要提取传统生态经验及技术模式语言,包括各种适应气候、环境的空间形式、构造处理手法。另一方面强调设计者及使用者针对新材料、新技术以及气候原理进行创新设计。基于传统,优于传统,不能用传统建筑的功能形式决定新建筑的发展方向,应该着重从时代背景出发,研究符合当代人类生活需求、低能耗发展目标的建筑构造、空间模式、建筑朝向,使得地域建筑不依靠机械设备而达到通风、防晒、保温、除湿等目的。基于此,怒江民居的建筑设计应着重解决如下问题:①自然通风与采光;②怒江北部地区民居的保温与防潮;③怒江南部地区民居的隔热与防潮问题。

2)新技术的地方化策略

(1)材料的应用策略(新型生态建筑材料)

①适度使用原则(见图3.34)

传统材料受封山育林政策影响,每户建房建材用量控制在一定范围内。由于新材料具有便于加工制作、运输、廉价等优势,快速取代传统材料成为新民居的主要建材。即便如此,该地区特殊的生境为传统建材提供了生存空间。ⓐ封山育林的环保政策保护了海拔2000m以上的山区森林地带。然而对于较高海拔的山区,考虑到生计问题,政策上为住户划分一定的材薪林,供日常烧材使用。同时,身处林木丰富的山区,林木材料始终是第一位获取的资源。因此,政府对于新民居建设不应该一味地强调使用砌块材料,可提出传统材料与混凝土材料配合使用的原则。ⓑ不同功能要求的房间可以使用不同的材料。对于私密性、安全性要求高的卧室、厨房,墙体可用混凝土空心砌块,对于客厅、储藏空间的前后外墙可以使用性能改良后的传统材料。ⓒ局部使用传统材料。怒江地区传统民居的墙体及地板有着气候调节的功能,以怒江中游河谷地区的民居为例,墙体的上部留排气口,

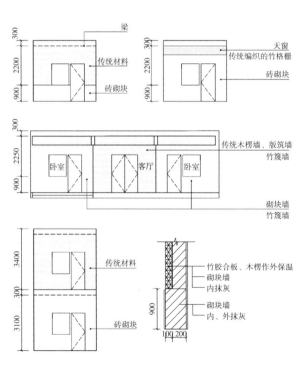

图 3.34　材料的适度使用原则

图片来源:西安建筑科技大学绿色建筑研究中心.

楼板采用竹席地面，皆有利用通风除湿。新民居应该借鉴传统经验，例如，砖墙的上部可采用木质百叶，增加房屋的私密性；架空的楼板或者多层楼板可以沿袭传统做法，采用密肋梁支撑木板或者竹席地面。

②传统材料新利用

怒江地区的民居之传统建材普遍存在如下缺点：ⓐ木楞墙体耗材量大；ⓑ木材未经防腐处理；竹篾墙体耐久性差；ⓒ房屋建设没有经过社会分工。所需材料由使用者自行准备，建造过程由全村人参与，没有专门的工匠、技师。这些特点决定了在人类漫长的发展历史中，当地民居发展无论是施工工艺抑或人文精神内涵都滞后于时代平均诉求。

事实上，传统材料只要经过科学加工，是可以解决上述问题的：

ⓐ传统材料的工厂化加工。充分利用木材、竹材的碎料，进行工厂化加工，防止木材的浪费，提高材料利用率。例如市场上常用的竹/木胶合板、颗粒板、桑拿板材等，这些新型建材不仅广泛应用于住宅装修，而且在我国南方乡村地区的住宅建设中也起到了良好的社会效益。四川省大坪村灾后民居快速建设中，就大量使用了竹胶合板及桑拿板。另外，云南民族文化村中的傈僳族、怒族、独龙族新建的仿传统民居中，就使用了一种新型的竹篾表皮与木颗粒粘接的竹木颗粒板，体现了这些民族传统的建筑表皮特色（图3.35）。

图 3.35　新型竹材——云南民族文化村，傈僳族民居

图片来源：西安建筑科技大学绿色建筑研究中心.

ⓑ竹材杆件的应用。竹材具有很多优点，譬如生长周期短、强度大、韧性好、使用寿命长、价廉等。当前我国实行天然林保护政策，以竹代木，竹产业具有广阔的市场前景，尤其适用于自然保护区。然而，竹材也具有不可避免的缺点：首先竹子断面呈圆形，而且竹径中空，使得构件之间的连接产生困难；其次，纹理通直易开裂，很难胜任十字交叉节点的荷载要求。鉴于此，传统竹构做法大多使用捆绑的方式连接杆件，因此制约了竹材作为现代建材的开发与利用。针对竹材存在的种种问题，国内外建筑师依托现代技术将竹材进行了改善。例如，哥伦比亚建筑师西蒙.华勒兹发明的穿竿与砂浆注入技术，不仅改善了竹节中部空腔承力效果差的问题，而且通过垂直与平行穿竿的方式，实现三维空间内多竹竿间的相互连接[109]（图3.36）。国内昆明理工大学柏文峰教授亦对竹材的应用提出了相关的技术策略[110]。

1）基于穿竿和混凝土注入技术的竹构节点
2）垂直竹竿穿竿
3）华勒兹的竹构实验——杆件的三维空间连接

图 3.36　新型竹构杆件的连接实验

图片来源：惠逸帆.西蒙.华勒兹的现代竹构实践 [J]. 住区，2009，（6）：78-83.

（2）结构的"可拆迁"策略

处于可持续发展的考虑，受传统民居结构重复组装的启示，国内针对现代装配式结构的研究由来已久。昆明理工大学柏文峰教授针对傣族新建民居采用的架空式混凝土框架结构以及砖柱承重结构存在的多方缺点，提出采用整体预应力装配式板柱结构（IMS 体系），用于民居结构更新，提高结构更新质量[111]。并对该结构体系进行了预制构件小型化和预应力施工技术本土化的研究，形成了新型小构件整体预应力预制装配式结构体系，以延续保持干栏式建筑通透的特点。该结构的优点为：①在安全拆除的前提下，实现预制构件的无损拆卸和回收利用；②具有良好的抗震能力，适应变形的能力强；③自重轻、材料省；④无梁、无柱帽，属板柱结构，层高可降低，平面可根据用户自己的要求自由隔断；⑤耐火性好，耐久性好，防腐、防潮能力强；⑥截面尺寸为 250mm×250mm（传统木柱为 220mm×220mm）；⑦施工速度快，现场用工少，水电用量少[112]，降低对环境的污染（图3.37）。怒江峡谷位于高海拔山区，人居聚落呈分散布置，少有平整的场地，这给房屋建设带来了不便；再者，山区交通通达不便、生态环境脆弱，这些因素使得建筑拆除后的垃圾无处安顿，当然也难以自我消化与消解，这一定程度上制约了房屋的持续更新。因此，研究适于山区的、可拆卸的装配式结构将会为保护自然环境作出巨大的贡献。

（3）生态节能技术的应用策略

可再生能源包括太阳能、风能、水能、生物质能、地热能、海洋能等多种形式。开发利用可再生能源，是可持续发展战略的重要组成部分，也与地域性建筑的发展目标相一致。我国可再生能源的发展目标为：在农村地区（特别是中西部和边远地区）以农村电气化、用能方式现代化为重点目标，推广各种可再生能源的利用。研究可再生能源技术的应用，再辅助以节能建筑构造设计，已经构成农村地区节能的主要途径。

怒江地区具有开发前景的可再生能源有如下：

①水电为清洁能源，具有广阔的应用前景。怒江流域的水电开发已拉开帷幕，正在建设 13 级梯形水电站，部分建好的水电站已经开始运营。另外，怒江以及河流分支上，布满各种小型水电站。除了照明，水电可作为重要的生活用能，广泛应用于炊事、生活热水、

取暖等方面。目前，水电主要用于简单家庭照明、电视机。部分经济条件好的家庭，偶尔使用电磁炉做饭。对于洗衣机、电冰箱等家用电器，尚未普及。在不久的将来，可以预见水电将会大规模的投入群众日常生活方方面面中。水电的大规模使用，必将改变以柴薪为主的能源结构，保护森林资源。政府应该在怒江水电开发、相关的利益分配上帮助当地群众争取相应利益，真正解决用电的家庭开支问题，使水电不再因为费用问题成为当地家庭经济负担。

②生物质能，包括农作物秸秆、材薪、禽畜粪便等。随着常规能源的短缺，利用现代技术开发生物质能，改善能源利用结构，顺应能源发展的趋势。我国政府已将大力发展生物质能列入国家"十二五"规划。生物质能在建筑领域主要用于沼气应用、生物质能发电。在怒江中上游山区，日常生活用能以材薪为主，以明火方式取暖、做饭、煮猪食等。木材消耗量大，同时沼气还未大面积普及，即使有的地区住户已经建立了沼气池，使用率也不高，仍旧以火塘为主，体现了习俗演变的历史惰性。为此，国家应该有计划的种植柴薪林，并配合沼气炉的使用，使材薪林的"种植－消耗"达到平衡。

③太阳能的开发与利用。怒江流域太阳能资源分布不均匀，受地形、气候的影响，由南至北，太阳能资源逐渐减少。怒江中上游的贡山大部分地区，太阳日照时间少，散射辐射低，造成当地昼夜温差大，太阳辐射得热量不足。因此，太阳能的主要利用方式之一——太阳能热水器的

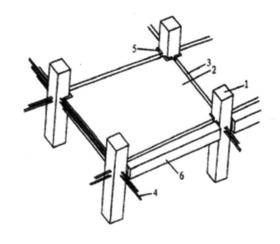

1. 柱；2. 楼板；3. 明槽；4. 力筋；5. 接缝砂浆；6. 边梁
IMS 结构体系的基本原理

IMS 结构拆除——预制板拆除

IMS 结构拆除——混凝土柱与基础的分离

图 3.37 小构件整体预应力预制装配式结构预制构件无损拆卸过程

图片来源：柏文峰. 云南民居结构更新与天然建材可持续利用 [D]. 北京：清华大学 .2009.

使用时间受到限制。解决方法可配合水电，混合使用。

第4章 藏式民居建筑

4.1 研究背景

4.1.1 地理与气候

1. 地理条件

西藏位于我国西南边陲的青藏高原。西藏自治区南北方向在北纬 26°52'与 36°32' 之间，东西方向在西经 78°24'与东经 99°06'之间。南北最长约 1000km，东西最宽达 2000km。全区面积约 120 万 km²，约占全国面积 12.8%。西藏自治区南边与印度、尼泊尔、锡金、不丹、缅甸等国家以喜马拉雅山为界接壤。东部北部与新疆、青海、四川等省接壤。整个西藏的地势复杂多变，整体上由西北向东南倾斜。西藏自治区拥有超过 4000km 的边境线，长度属于国内第二。[113]

西藏自治区的平均海拔为 4800m，是地球上海拔最高的地区，被越来越多的描述为"世界屋脊"与"除了南北极以外的第三极"。

图 4.1 为整个青藏高原的鸟瞰图。图中很明显可以看出青藏高原的海拔要高于周边地区，同时整个西藏自治区的地势复杂多变。图 4.2 为顺沿北纬 30°，我国部分地区的剖面图。图中显示部分从海拔上大体可以分为 3 个台阶，西藏位于最高阶梯。如图所示，拉萨市以 3658m 的海拔高度成为中国最高的省会城市。拉萨市独特的地理特征导致了其独特的气候条件。

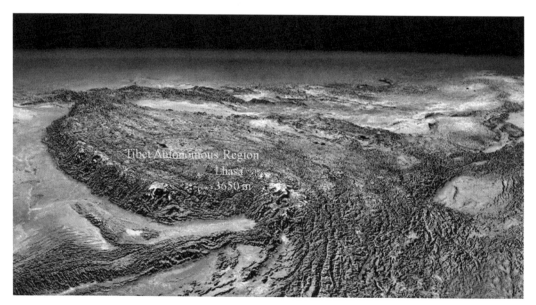

图 4.1 西藏自治区的鸟瞰图

图片来源：中国青藏高原研究会[114].

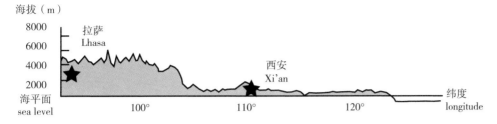

图 4.2　沿北纬 32° 我国剖面示意图

图片来源: 西安建筑科技大学绿色建筑研究中心.

2. 气候条件

由于西藏自治区不同寻常的多样化地形地貌，西藏自治区的气候特征也呈现非常复杂和多变的特点。总体上，西藏的气候整体上呈现西北部严寒，东南部相对潮湿温暖的特征。西藏自治区的太阳能资源非常丰富，太阳辐射强烈，昼夜温差大，由于海拔原因，气压较低，大气含氧量较低，一年中干湿季节区分明显，多风，夜间降雨概率大于白天。同时由于强烈的太阳辐射，以拉萨为例，即使在寒冷的冬季，设计良好的建筑室内基本不需要采暖设备，但是夜间就会变得非常寒冷[115]。

除了上述整体特征以外，西藏的各个城市因为地理位置不同，还有一些单独特征。但是总的来说，作为高原城市，西藏各个城市都会呈现明显的高海拔特征。本节主要以拉萨为例介绍当地的气候特征。

（1）低纬度，高海拔，大气稀薄且洁净

在建筑气候分区上，按照冬季对室内采暖的需求度，我国可以分为两个区域——集中供暖区与非集中供暖区。与集中供暖的其他地区相比较，西藏采暖区的纬度明显偏低，意味着与西藏同纬度的我国多数地区，并没有冬季采暖需求。

拉萨市的海拔高度导致了当地干净稀薄的空气。图 4.3 展示了包括拉萨市在内的几个地点的大气透明度系数对比。如图所示，拉萨市的大气透明度系数已经比较接近南极洲，属于地球上大气最为洁净的地区之一。这同样也是拉萨为何拥有如此丰富的太阳能资源的原因。

（2）低气压，低氧气含量

由于海拔原因西藏大部分地区的空气密度相对平原地区较低。根据资料[117]显示，气温为 0℃时，拉萨市空气密度为 810g/m³。拉萨的年均大气压为 652hPa[118]，是我国平原地区大气压的约 65%。大气稀薄会导致各种燃料的不完全燃烧，造成空气污染以及燃料浪费。

（3）太阳能资源丰富

拉萨市的高海拔和洁净空气造就了当地丰富的太阳能资源，拉萨市是我国所有省会城市中太阳能资源最为丰富的地区。图 4.4 展示了我国各地区的年太阳总辐射量的分布图。

根据统计资料，拉萨市的年平均日照时间大约为 3600h，年总太阳辐照量约为 8160 MJ/m²[119]。数据表明拉萨市的太阳直射辐射明显大于其他对比城市。通过对气象数据的分析可知，拉萨市的太阳辐射非常丰富，这也是利用太阳能资源对当地居住建筑进行被动式设计的基础条件。

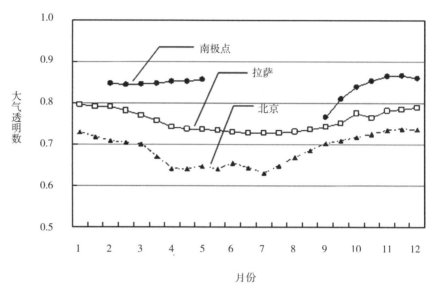

图 4.3　三地区大气透明度对比图 [116]

图片来源: 刘树华等 . 南极瑞穗站太阳分光辐射及大气透明状况 [J]. 北京大学学报: 自然科学版，1994.1.92–97.

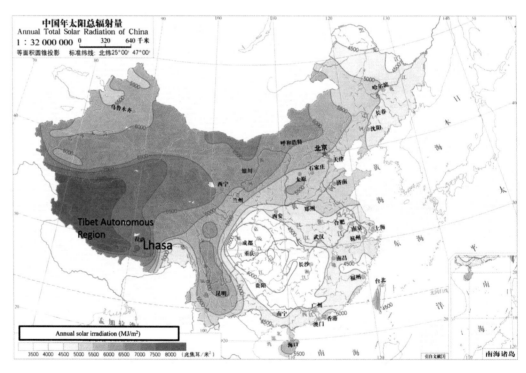

图 4.4　我国太阳能资源分布图

图片来源: 中国气象局风能太阳能资源中心 [120].

（4）夏季凉爽，冬季寒冷

众所周知，空气温度与海拔之间有线性关系，空气温度会随着海拔高度的增加而减小。

对于拉萨市来说，由于海拔的缘故，当地夏季的平均温度要小于同纬度的平原城市；拉萨夏季凉爽。然而，对于冬季来说，拉萨的气温要低于同纬度的平原城市，其冬季气候寒冷且漫长。

总的来说，拉萨的地理和气候特征如下：低纬度，高海拔，稀薄和洁净的空气，低气压，低氧气含量，太阳辐射强烈，夏季凉爽，冬季寒冷。这些气候特征表明利用太阳能资源来部分解决当地冬季寒冷的室内热环境是可行的。典型的地理与气候特征影响了当地的建筑营造模式。在当地传统建筑的营造手法上，藏式建筑呈现出明显的被动式太阳能设计的一些特征。在实际的民居实地调研中也反映出了这一现象。

4.1.2 社会与文化

传统民居建筑的现有营造模式是在长期的历史进程中，受到自然环境、人文背景、社会经济条件、营造技术条件等因素共同作用下形成的。在传统藏式民居中，宗教文化对建筑的影响非常深远。课题组对西藏地区的社会文化进行了梳理、总结，有以下特点：

1. 多元文化

西藏自治区有超过 4000km 的边境线。如前文所述，西藏自治区南边与印度、尼泊尔、锡金等国家以喜马拉雅山为界接壤。东部北部与新疆、青海、四川等省接壤。在历史发展中，当地的地理条件的多边缘性为当地多元文化的交流、融合提供了条件。

自古以来，长江、黄河、印度河、湄公河、恒河等域内的众多河流，以及人工开拓出的通往南亚的"汉藏走廊"、"吐蕃走廊"、"茶马古道"等等，打通了一条条与东西方的文明古国进行物质和文化交流的通道。特别是松赞干布在 7 世纪初建立吐蕃国后，藏民族迎接南亚天竺（印度）、泥婆罗（尼泊尔）以及伊朗、克什米尔等文化，学习和翻译他们的宗教经典、医学、历算、建筑艺术、绘画艺术和服饰文化等知识。

西藏文化以拉萨为中心的藏南谷地的土著文化为基础，融合北方草原原始游牧和狩猎文化，表现出以毡幕为主要形式的住屋形态；同时，它还吸收了秦岭——淮河以北、秦长城以南的黄河流域旱地农业文化，在建筑上深受汉室合院建筑的影响。

2. 佛教影响

藏族基本上是一个全民信教的民族。公元 7 世纪初，佛教先后从印度、尼泊尔以及我国内地传入吐蕃，与本土宗教从相互对立走向相互影响和交融，并日趋接近。在经历漫长的发展后，最终实现了佛教与藏区本土文化融为一体。除了宗教文化以外，藏传佛教典籍中包含了哲学、逻辑学、伦理学、天文学、医学等世俗学科的内容，因而从佛教中派生出来一些世俗化功能，如医学、历法、艺术、文学等。可以看出，藏传佛教对藏区具有极大影响。对藏区历史上的社会、经济和文化的发展起到了推动作用，在不断地发展与影响中，成就了其在藏地文化中的精髓与核心的作用。

宗教的影响在民居建筑聚落选址、聚落空间形态、建筑单体功能布局、立面设计、色彩运用等方面表现出了巨大的影响力。

4.1.3 西藏传统民居形态的历史演进

西藏民居的演进过程反映了其独特的自然条件与文化基础。西藏高原地域广袤，气候复杂。气候条件造成了生活方式的不同，由此产生了与之相适应的不同的民居形态。藏北部的那曲和阿里的部分地区属于寒冷半潮湿型气候，阿里大部所处的藏西地区属于寒冷干旱型气候，拉萨所在的藏中地区属于温暖半干旱型气候，藏东、藏东南、藏南则属于明显的温暖潮湿型气候。不同的气候特征条件下，民居建筑表现出了不同的历史演进过程。

课题组通过实地访谈、记录、测绘，整理出了西藏高原传统民居建筑形态和构造的类型和历史演变过程：

西藏高原早期民居建筑为半地穴、窝棚式，下部空间挖土，上部空间构筑而成，单式建筑，木构架，坡屋顶。

中期建筑为半地穴、棚屋式，居住面逐渐上升到地面，建筑空间增加，个别出现隔墙，包括单室、双室建筑，梁、柱木构架，木骨泥墙为主，坡屋顶。

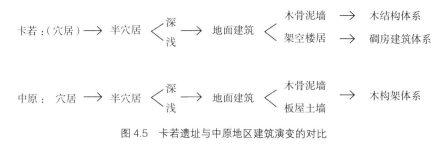

图 4.5 卡若遗址与中原地区建筑演变的对比

图片来源：格勒．格勒人类学、藏学论文集 [M]．北京：中国藏学出版社，2006：32．

晚期建筑以地面建筑为主，出现干栏式楼居，建筑平面和居住空间逐渐扩大，有分室现象，石墙为主，梁（柱）墙承重，平屋顶。

图 4.5 为藏区民居建筑典型代表之一的卡若遗址与中原地区建筑演变的对比。图 4.6 为卡若文化遗址居住建筑发展图示。

4.2 传统藏式民居建筑的营造特征及其绿色属性

藏区地域广袤，气候复杂多样，当地的民居形态与气候特征息息相关。例如藏北和藏西游牧区的帐房，藏东南地区的碉房，以及藏南地区的康巴民居。本节就传统藏式民居的形式进行介绍。同时针对传统藏式民居的典型代表进行建筑形式解析并归纳传统藏式民居的绿色属性。

4.2.1 西藏高原传统民居建筑形态

通过调查整理课题组的研究资料，西藏高原传统民居建筑形态主要包括以下几种：

（1）帐房

在牧区，为了适应"逐水草而居"的游牧生活，藏族主要的住居形式是方便迁徙的帐房，一般都大多成片地聚集在背风向阳、水草近便的山洼地带。帐门通常朝东。帐房外面四周通常用干牛粪、草坯、土块、石块或牛羊等畜骨垒成半人高的矮墙，以避风寒及防范兽害。帐房的平面有方形和多角形，一般用木棍支撑框架。帐房顶部留出天窗，用以通风、透气、采光、出烟。图4.7为藏族帐房示意图。

时期	遗址平面图	复原想象	剖面图	房屋特点
早期时期	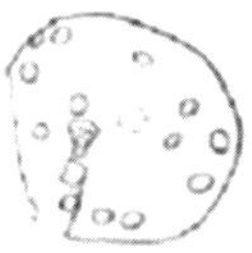			平面近圆形或长方形、立面伞状，沿房四周立明柱，柱础为扁平卵石、门口筑挡水土埂
	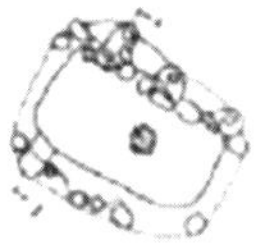			平面近长方形，立面伞状，以木骨做墙的围护结构，墙柱下垫卵石基础
中期时期	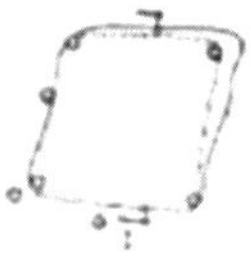			平面近正方形，木柱构架，穴壁四周为木板墙，出现擎檐柱
	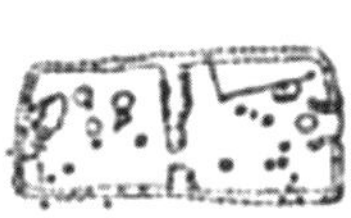			平面呈字形，四周圆角，双室地面建筑，木构架，平顶，兼居住与公房性质
				平面呈长方形，地面建筑木骨泥墙围护，柱基有所改变
晚期时期				组合型：石墙砌筑、干阑建筑并存，平面方向或长方形，顶层空间小、擎檐柱、平顶，使用独木梯

图4.6　卡若文化遗址居住建筑发展图示

图片来源：根据江道元.西藏卡若文化的居住建筑初探 [J].西藏研究 .1982，（3）：103–126 绘制.

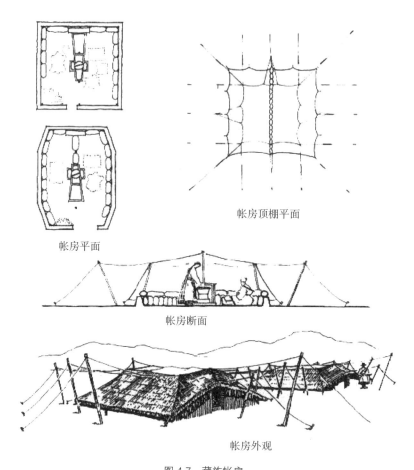

帐房顶棚平面

帐房平面

帐房断面

帐房外观

图 4.7　藏族帐房

图片来源：陈耀东．中国藏族建筑 [M]．北京：中国建筑工业出版社，2007：75.

（2）碉房

碉是历史上伴随着部落小邦出现具有一定规模、以邦为核心的"堡寨"，有着特定军事防御含义的建筑，多为当地的行政军事长官及有关的宗教人士所居住，随后，碉的功能逐渐转向民用，变成生活性的碉房了，形成防御性民居，或将高碉与民居紧靠在一起，或从平面关系到空间组合相互融合，派生出了"碉楼民居"，主要分布在西藏雅鲁藏布江以南的藏南与藏东南，以及四川西北部高原的羌藏地区。碉房一般都由院落和宅屋两部分组成，平面为方形或矩形。以最常见的碉房为例，在院落周边的建筑平面可能是"一"字形、"L"形、"U"形或"口"字形。图 4.8 为藏族碉房示意图。

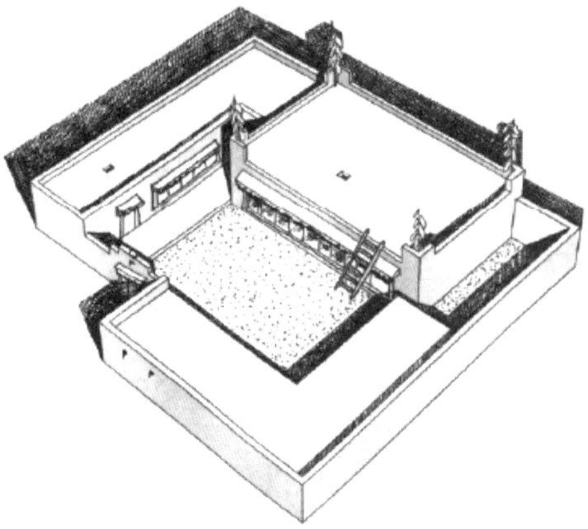

图 4.8　藏族碉房

图片来源：何泉．藏族民居建筑文化研究 [D]．西安：西安建筑科技大学，2009.

（3）"崩空"民居

藏东、四川、云南等地多为高山峡谷，但河系众多，森林植被丰富，具有充足的木材原料。这些地方用原木垒墙成为井干式建筑，缝中抹泥土以防风雨入侵，来替代石墙、土墙，藏语称为"崩空"。这种民居最早出现在昌都卡若遗址中，在漫长的发展过程中形成了不同的类型，最初的单纯式崩空后来逐渐与碉房形式相结合，出现了房中房式崩空及碉房复合式崩空。图4.9为"崩空"民居示意图。

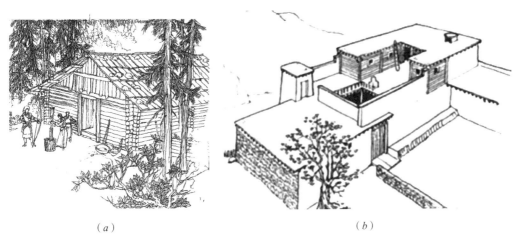

（a） （b）

图 4.9 "崩空"民居

图片来源：（a）辛克靖.藏族建筑艺术 [J].建筑知识，2005，（1）：1.

（b）陈耀东.中国藏族建筑 [M].北京：中国建筑工业出版社，2007：127.

（4）窑洞民居

西藏北部阿里地区今噶尔河、象泉河及东南方向的喜马拉雅山北坡台地等，原属古代象雄地区，生态环境极为恶劣，建筑材料匮乏，而土山、土林又十分发育，因此存在着大量的窑洞。

4.2.2 传统聚落规模与选址及空间形态

课题组通过实地访谈、记录、测绘，整理出了西藏高原传统民居聚落规模及其空间形态的基本特征。

由于青藏高原以及横断山脉垂直分布的高山峡谷的地貌特点，在依山就势，就坡建房的营建观念和建造方式下，与地形地貌紧密契合的传统聚落也自然呈现出垂直分布的特点。藏式民居聚落具有规模小、布局散，空间距离大、密度稀疏，人口数量少的显著特点。西藏传统聚落这样的特征，主要是高原环境决定的。

（1）青藏高原山地地形的破碎性和封闭性的地貌条件，在很大程度上阻碍人们对生存条件和人居环境的选择，也造成了单个聚落很难在空间上得到连续扩展。

（2）高原土地环境容量制约聚落规模的发展。一个聚落的规模主要受到土地生产负荷的影响。当地自然环境恶劣，自然资源匮乏，土地承载力有限，聚落自然难以扩大。

（3）交通运输条件严重制约着聚落之间的联系，限制了大规模聚落群的形成。

另一方面，青藏高原地域范围广阔。为藏族聚落选址提供了较大的选择范围。聚落选址和营建房屋时，人们重要事项之一是"观山"，即着重考察山体的坡度、河谷的开放度、山体的土质以及稳定性。聚落和房屋优良的地点是面南背北，既要避风向阳又要避开不稳定的地层。面山前方开阔，避开奇峰怪石、悬崖峭壁，这样既有良好的心理取向，同时又不会阻挡早晚的阳光，并且面山的阴坡由于地表水分的蒸发量较南坡少，植被丰富，亦可方便就近取材建设房屋；背山山体最好为低矮大山的余脉，这样地势起伏自然均匀，上部可以放牧，下部河谷地带可以耕田，亦可就地取土，夯筑建房。

其二，重要的"察水"环节。高原河流多为冰川融水，季节性十分明显。聚落在选址时不仅考虑水质，更重要的是要考察冬季枯水季节水量能否满足需要。

总的来说，西藏传统聚落选址综合平衡山、水、风、土、人、林、景等多种环境要素之间的相互关系，选取物质交流可能性最大、对人类多种行为适宜性较强的位置进行建设。在高原土地总量充足而宜居土地相对不足的矛盾下，大分散、小聚居的聚居格局和依山就势的居住形态不失为一种适宜的解决途径。

最后，特有的地区文化意识形态对乡村聚落空间布局产生直接影响。乡村聚落往往以一个寺院、转经廊、白塔等宗教建筑为"中心"进行空间布局。寺院既是视觉中心，又是集聚教育、行政、精神文化和贸易等多种功能的聚落活动中心。聚落中的居住区域是以方形民居为基础，经过形态的生长变形，组合成相似形象的组群。通过寺院对民居的形制、高度、材料、色彩、装饰风格的限定与统一，促成两类不同功能建筑之间朝向、入口、方位等对话关系，形成藏族聚落空间的主要结构形态特点。

寺院"中心"具有地理和心理上的双重层面的含义。在地理层面上，佛教建筑通常处于村落的中心。这种空间布局不仅仅反映了藏族乡村聚合发展的规律，而且揭示了在藏传佛教影响下藏族人建房心态；在心理层面上，即使佛教建筑并非处于村落空间的中心位置，但宗教场所在信徒的心中依然占据了导向性的"中心"地位。因此，供奉本教中的各种保护神的建筑或标识成为西藏乡村聚落营建不可缺少的内容。在西藏村落中，通常可以看到护佑地域保护神、乡村保护神、赞神等的标示与构筑物，这些建筑和标示与佛教建筑物一同成为村落中重要的宗教景观。

图4.10为拉萨周边次角林村的聚落布局示意图。位于拉萨河南岸的蔡公堂乡次角林村的布局便很好印证了这一规律。次角林村东、南、西三面环山。四个自然村组成的次角林村共有两个宗教寺院，一是位于河谷平坦地带的佛教寺院次角林寺；另一个是供奉护法神赤宗赞拉康，修建在村落东向的半山上。围绕赤宗赞拉康还有三个供奉山神的宗教建筑，即寺庙北边的擦康，东南面半坡上的赞康以及南面山坡上的僧房。村中的民居围绕佛寺——次角林寺，并且都在处于高处的拉康、拉则等宗教标志下方，环山脚而建。

4.2.3 藏式民居的建筑形式——以拉萨民居为例

如前所述，藏区民居形态与所在地的气候特征息息相关。由于篇幅关系，在西藏的所有民居类型中，课题组选用位于西藏人口最密集、经济最为发达的拉萨地区民居为研究对象论述藏式民居的空间布局。传统藏式民居的建筑形式介绍如下：

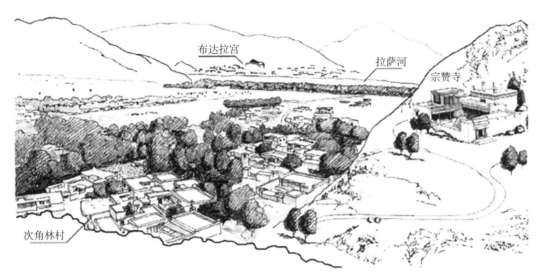

图 4.10 次角林村占据高处的宗赞寺

资料来源：何泉 . 藏族民居建筑文化研究 [D]. 西安：西安建筑科技大学 .2009.

藏族传统民居的基本构成由院落、牲畜圈和住宅组成。住宅由客厅、佛堂、与厨房相连的餐厅、卧室和储藏室组成。其中，客厅是家中重要的公共区域，用于接待尊贵宾客及在重要节日举行仪式。藏族家中均设有佛堂，佛堂与客厅可分可合，经济条件好的家庭通常单独设置佛堂，并与客厅相连。餐厅是平日家庭成员团聚、普通朋友拜访的场所，类似于汉族家庭里的起居室。餐厅里单独设有炉灶，在烧水沏茶的同时也满足了人们取暖的需求。餐厅与厨房通常组合在一起，隔墙相连。

1. 基本空间单元

拉萨民居基本空间单元是室内一根中央柱和四壁围合而成的"中柱 + 方室"的形态。这种"中柱 + 方室"空间形成在历史上主要缘于材料尺寸的限制。西藏大部分地区建造房屋所用木材主要是从路途遥远、山路曲折的林芝地区获取。为了方便运输，建筑用材通常切割成长度为 2~2.2m、适宜山路转弯的尺寸。

这种取材习惯，深刻影响了后期房屋的建造。本着经济、安全、兼顾空间舒适与灵活的考虑，拉萨民居建立起用夯土、土坯或石砌的外墙与梁柱共同承重的结构体系，完成了"中柱 + 方室"基本空间单元的过程。在基本空间单元里，室内高度为木柱、元宝木和横梁三者相加的尺寸，大约 2.2 ～ 2.5m；平面宽度尺寸取决于纵向搭接在元宝木上的两根横梁尺寸，而进深尺寸取决于横向两根椽木的尺寸。长度相同的木材，使得平面的宽度与进深尺寸非常接近，因此空间边长通常为 4 ～ 4.4m，面积约 16 ～ 20m²。如图 4.11 所示，基本空间单元高度与长度之比为 1：2，呈扁状的立体正方形。

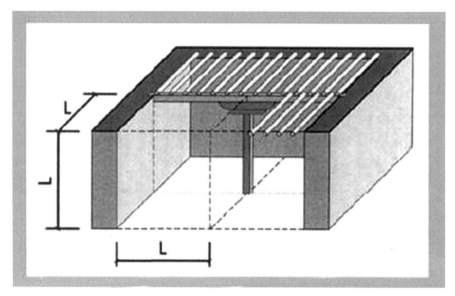

图 4.11　康巴民居的空间单位

图片来源：何泉 . 藏族民居建筑文化研究 [D]. 西安：西安建筑科技大学 .2009.

2. 建筑单体空间组合

根据功能划分，藏族民居空间由佛堂、客厅、厨房、餐厅、卧室、贮藏间（粮仓）、卫生间、牲畜圈和院落组成。多功能空间的整合，是藏族民居空间组合的特点之一。如佛堂与客厅整合，客厅与卧室的整合。其中，围绕厨房这一热源空间的整合是最普遍的做法。为了节约燃料，大部分藏族人家把厨房和餐厅空间两者合一，整合成一个二柱间或三柱间的房间。在这个整合空间里，厨房里有用于炊事的土灶，餐厅中心有一铁炉，用来烧水沏茶和取暖之用，两个热源互为补充。

归纳藏族拉萨民居平面空间组合方式，大致分为三种：一是一明两暗型。客厅和佛堂居中，两端分别布置卧室和餐厨空间。在人丁增加时，在纵向方向上可以通过增加柱间数进行扩容，即变化成三合型的组合方式。

二是三合型。建筑主体呈"Π"形平面，这是藏族民居空间组合最常见的形态。建筑主体一般划出较大的采光较好的房间作为佛堂和起居室，用于人们的日常起居、待客空间，面积为二柱间或三柱间；"Π"形平面伸出两端采光较好的小套间，作为卧室；其他房间视情而定。各房间之间依靠半开敞的回廊进行联系。

三是四合型。以"一明两暗"为正方，对隔院落或天井建下房，用做餐厨空间；正方前部厢房连接上房和下房，形成一个封闭的"口"字形。

对于二三层民居来说，三种组合形式的底层均为满铺的矩形，用于圈养牲畜和堆放杂物，大门开在底层，底层通过独木梯与二层相连。二层建筑主体退让后屋顶形成大面积晒台，为家庭劳动的主要场所；二层主体空间的划分与一层民居类似，各房间之间同样依靠半开敞的回廊进行联系。楼梯间多与回廊相连。若是三层民居，则将佛堂置于顶层，同时分冬夏居室。

3. 院落布局

（1）以庭院为核心的三合院

无论是一明两暗型、三合型，还是四合型，拉萨民居空间组合均是围绕庭院这一中心展开的。在一明两暗型中，庭院通常置于以南向为主的住宅边侧；三合型中，凹口处的空间自然围合成具有向心性的庭院；在四合型中，庭院利用的是四面围合房间留下的中心露天空间。庭院是拉萨民居中变化最为丰富的内部空间，具有内外含混复合的特性。（图 4.12 ~ 图 4.14 分别为一明两暗型，三合型，四合型空间组合的示意图）拉萨民居的庭院不仅是实现民居空间组合的重要手段，也是完善民居功能要求的组成部分。在西藏，大部分藏族家庭目前还是依靠农牧兼营的生计方式生活，庭院空间不但是家庭成员生活起居及各项活动的重要场所，同时也是开展农牧经济必不可少的空间。

（2）外围封闭、内部开敞

拉萨民居空间原型的外围由夯土或石块砌筑的院墙与住宅墙体构成，墙体厚重且具有很强的封闭性。与强烈封闭的外墙相比，庭院内部空间呈现的却是相对开敞的特性。寒冷的气候与强烈的太阳辐射似乎矛盾的气候状况，给予民居的双重限定。在拉萨民居的空间原型中，住宅的稍间边界围闭性很强以利于抵御低温寒冷，而在明间边界设置开敞的檐廊以吸纳阳光。外围封闭内部开敞的组合形式与藏民族的宗教观念、生活习性等息息相关。

4. 立面设计

（1）一门两窗

出于抵御寒冷气候和宗教习惯的双重考虑，拉萨民居立面的院门尺寸较小，通常宽 1.5m、高 2m 左右。拉萨民居中的门扇、门斗拱是院门最有特色的地方。民居中的

图 4.12　一明两暗型的空间组合

图片来源：李静 . 西藏传统民居建筑原型研究 [D]. 西安：西安建筑科技大学，2011.

图 4.13　三合型空间组合

图片来源：李静 . 西藏传统民居建筑原型研究 [D]. 西安：西安建筑科技大学，2011.

窗户一般只有卧室、客厅、餐厅空间才开设，牲畜圈不设窗户。在细节处理上，窗户的选材、构造、施色与院门大致相同。

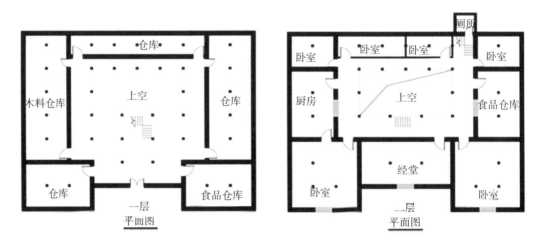

图 4.14 四合型空间组合

图片来源：李静. 西藏传统民居建筑原型研究 [D]. 西安：西安建筑科技大学，2011.

（2）实外墙

拉萨民居立面原型的"实外墙"包含两层含义，一是土（石）砌筑的墙体本身所具有的厚实、坚固的特性，二是占较大比例的院墙使得整个立面呈现出以实体为主的厚重之感。

院墙通常厚 400mm，高 2.5m 左右。土（石）砌筑之后，人们用白色灰浆浇注院墙任其自然流淌，之后用手在白色灰浆上划出一道道涟漪状的弧线，形成外墙的色彩肌理。民居院墙用泥封顶，并拍压成弧线以利于排水。

4.2.4 西藏典型传统民居建筑材料

根据课题组的研究成果，传统藏式民居的建筑材料依照土的性质及取材方便程度，有土木结构和石木结构两种形式。

土木或石木混合结构的拉萨民居是依靠土、石外墙与内部木结构共同承重。土的强度可供筑墙的地区，人们往往用土筑墙，或夯土或制成土坯。土坯制墙同砖砌，一般一顺一丁，上下错缝。石砌墙体亦是铺一层块石上铺一层片石找平。与土坯制墙不同的是，工人先从墙角处开始砌筑，两角拉线找平后，再砌中间块石。用片石沾泥浆后嵌入缝中加固。待墙砌筑好后，在方正空间的正中处立一木柱。木柱上承托一至两道元宝木，其上方承托横梁。横梁两端搁置在横墙，梁上置细密的椽子。椽子或圆或方，搭在纵墙上，图 4.15，图 4.16 分别为石砌墙体施工示意图与屋顶构造示意图。

民居的屋顶虽是土屋面，但经过分层夯实，表面采用压紧压光、找坡等措施，通常情况下可防雨雪。在页岩易取的地区如山南、林芝，页岩可以薄层启取，因而人们通常在椽子上直接铺盖页岩片，并在上面用泥、土密封作防风雨的处理。在土性稀松的地区，居民喜欢用石砌墙，屋面也有杆榻和石榻两种，内部空间也是柱和椽子结构。

图 4.15 大小石块咬合的石砌墙体

图片来源：李静.西藏传统民居建筑原型研究 [D].
西安：西安建筑科技大学，2011.

图 4.16 屋顶的密肋椽和杆榻

图片来源：李静.西藏传统民居建筑原型
研究 [D].西安：西安建筑科技大学，2011.

4.2.5 传统藏式民居的绿色属性

根据课题组的研究成果，以拉萨民居为代表的传统藏式民居的营造模式有其特定的地域应对手法。针对不同自然条件的应对手段可以理解为藏式民居的绿色属性。研究成果如下：

1. 传统聚落选址的绿色属性

（1）对资源匮乏的应对经验之一：小聚落

如前文所述，藏式民居聚落具有规模小、布局散，空间距离大、密度稀疏，聚落人口数量少的特点。单个聚落得以维持的食物和生活能源基本上靠自给，有限的土地环境容量在客观上造成了西藏传统聚落无法向大规模发展。根据土地及周边环境的承载能力进行聚落布局是当地居民应对资源匮乏的朴素手法之一。

（2）对资源匮乏的应对经验之二：避风向阳，坐北朝南的聚落布局

聚落选址和营建房屋时，传统做法最重要的事项是"观山"与"察水"。聚落选址总是选在避风向阳处，且能满足枯水季的用水需求。总的来说，西藏传统聚落选址综合平衡山、水、风、土、人、林、景等多种环境要素之间的相互关系，选取物质交流可能性最大、对人类多种行为适宜性较强的位置进行建设。这样的聚落布局与选址方式能够在保护环境的条件下尽量利用自然资源满足人们的生产、生活需求。

在高原土地总量充足而宜居土地相对不足的矛盾下，大分散、小聚居的聚居格局和依山就势的居住形态是当地传统民居解决基本生活要求的朴素经验。

2. 建筑单体设计的绿色属性

（1）对极端气候的应对经验之一：厚重的围护结构

青藏高原气候具有垂直分布的特点，但从总体上来说，干燥、寒冷、日温差较大是该地区气候的主要特征。拉萨民居普遍采用土和石材料作为围护结构，并且厚度达到500mm以上。除屋顶部位相对单薄外，四周墙体均为厚重型热容量大的结构。从材料的热物理性

能上分析，土坯或者石材外墙属于密度较大的厚重材质，其热惰性较强，对于建筑空间的热稳定性有较大帮助。冬季的白天，围护结构以显热方式储存大量的热能，夜间向室内释放，减小了室外温度波动对室内的影响。因此，拉萨民居墙体的用材具有良好的热工性能，对于保持民居室内稳定的热环境起到了积极作用。

另一方面，不论是土坯，石材或者是木材，基本上都属于西藏当地的常见建筑材料，建筑材料的就地取材对于建筑节材是有力手段。

（2）对极端气候的应对经验之二：紧凑的方室形体

为了减少冬季室内热量消耗以及因温度波动带来的不舒适感，加强墙体围闭合性、减少散热面积是建筑热工设计的重要策略之一。拉萨民居"方室"的基本空间形态，即是用最少的围护结构得到最大使用面积的平面形式，并且也是相同面积下外墙散热面积最小的平面形式。"方室"组合成的一明两暗型、三合型和四合型大都具有布局简洁、形态规整紧凑的特点，暴露的外表面面积较少；民居室内层高与中原民居相比低矮很多，净高普遍为 2.2 ~ 2.4m，两层民居的高度 般控制在 6m 以下，这种低层高的设计有助于减少室内垂直方向温差引起的对流换热。在拉萨，呈东西走向的山谷地貌促使拉萨全年主导风向以东西居多。为了防止冬季的冷风渗透，拉萨民居的门窗洞口位置和尺寸、院落布局都体现出了精心设计，大尺寸门窗洞口选择南向或面向庭院，东、西和北向不开窗或开小尺寸门窗，以规避或减少寒风侵袭。庭院布局借助厢房、牲畜圈缓冲风力。因此，厚重封闭、紧凑缩量的形体更适合当地的极端气候。

（3）极端气候的应对经验之三：多层次纳入阳光

与同纬度地区的民居建筑相比较而言，青藏高原上的民居只需解决冬季采暖。青藏高原是我国太阳能辐射资源最富集的地区。在拉萨民居中，利用太阳辐射热量提高室内温度，体现了藏族被动式采暖设计的潜意识。人们通过基地（院落）、民居单体、开窗方位和尺寸等三个层次逐渐加强太阳的射入量。

首先，基地的选址通常选择南坡的地形，并且保证与其他住宅有足够距离；院落内普遍采用南低北高的建筑布局。民居采用东西向长轴的矩形平面，增大南墙辐射面积。

其次，民居的明间通常采用两进深布局方式，即客厅（主卧室）——次卧室（经堂、贮藏间）；主要房间客厅和卧室布置在南向，贮藏间、佛堂等次要或短时间使用的房间位于北向。客厅进深较小，一般为 4~5m，争取阳光进入到北向次要的房间。

第三，藏族民居南向开窗尺寸较大，开窗尺寸通常宽 1.2~1.5m，高度 1~1.2m，西向一般开小窗甚至不开窗，而北向不开窗。在拉萨，当地藏族自觉地对民居窗户进行了改进，建造了铝框的带形窗。这种结构类似于直接受益式窗的做法，窗台低矮仅有 600mm 高。

4.2.6　西藏传统聚落、民居解读

本小节在分析课题组研究成果的基础上，以拉萨民居为例介绍了传统藏式民居的聚落形式。并以拉萨民居为代表分析了藏式民居的空间布局形式及民居的建材与建造手法。同时基于聚落形式、空间模式与建筑材料的调研情况，定性的分析了传统藏式民居的绿色属性。

从民居建筑聚落的选址角度，无论是"小聚落"的形式还是"观山"与"察水"的聚落选址方法，都体现了当地民众在保护土地及周边环境荷载的条件下合理利用自然资源的

朴素规划观念。

在建筑单体营造方面,从基本空间单元的高度、基本单元之间的空间组合方式、平面布局的南北向面积比例、立面外窗的分布情况、建筑材料的选用等营造要素阐述了传统藏式民居应对高原复杂气候与环境的适应性特征。民居形式自发地运用了太阳能设计的概念,以极低成本的适当营造手法来应对高海拔地区的主要建筑气候矛盾。

综上所述,传统藏式民居在不断的试错过程中沉淀了一套应对当地气候特征的建筑营造手法。从聚落选址、建筑空间与建筑材料、施工手法等多个角度,传统藏式民居以较低的经济与环境负荷实现了基本的生活需求。

4.3 传统藏式民居冬季气候适应性分析

4.3.1 藏式民居建筑热物理环境测试对象介绍

实地测试是了解研究对象的热环境特征的重要手段。课题组成员以掌握西藏居住建筑冬、夏季室内外环境状况和人体热感觉主观评价的相关关系为目的,进行了多次的现场调查与测试。现场客观测试参数包括:室外物理环境参数(空气温度、相对湿度、大气压力、太阳总辐射、直射辐射、散射辐射,紫外辐射强度等);室内物理环境参数(室内温度、湿度、CO、CO_2、大气含尘量、空气品质等)。

由于篇幅关系测试内容不能全部列举。针对传统民居的部分测试结果如下:

2009年调研了1栋农村住宅。位于拉萨市城关区蔡公堂乡,建筑结构为石木结构。测试项目包括室内和室外空气温度,使用温湿度记录仪进行测试。问卷调查主要调查了冬天居民在住宅里的热感觉和着装情况。

测试住宅是1980年建成,建筑外墙围护结构全部是600mm厚的石砖,没有隔热层。所有窗户朝南。

图4.17是测试民居的照片。图4.18、图4.19分别为测试建筑的平面布局示意图与立面示意图。

(a)南向外窗照片   (b)南向客厅(佛堂)

图4.17 测试民室内外照片

图片来源:西安建筑科技大学绿色建筑研究中心.

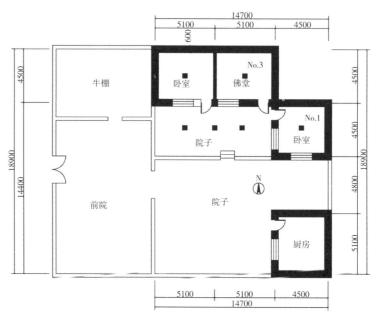

图 4.18　测试民居平面布局示意图

图片来源：西安建筑科技大学绿色建筑研究中心．

（a）测试民居南立面示意图（单位：mm）　　　　　（b）测试民居北立面示意图

图 4.19　测试民居立面示意图

图片来源：西安建筑科技大学绿色建筑研究中心．

测试时间是 2009 年 11 月 22 日上午 11 点到 2009 年 11 月 24 日上午 11 点，总共 49 个小时。

4.3.2　传统藏式民居热环境测试结果分析

测试结果表明，佛堂在测试期间的平均温度是 8.05℃，最低温度是 4.5℃，最高温度是 11.3℃。No.1（卧室）的平均温度是 8.17℃，最低温度是 5.4℃。最高温度是 12.1℃。在测试期间，室外平均温度是 3.68℃，最低温度是 −1.6℃，最高温度是 10.5℃。

图 4.20 是测试民居佛堂和北边卧室的室内热环境评价问卷调查结果。对这两个房间，居民有完全相同的评价。在图中，从 −3 到 3 分别代表感觉非常寒冷，冷，有点冷，舒适，温暖，有点热和很热。

如图所示，在测试期间的早上，67% 的居民选择 −1，代表感觉有点冷，33% 的居民选择 0 代表舒适；在中午和傍晚，100% 的居民选择 0，代表舒适。

总体而言，测试期间测试对象的室内热环境不太舒适。居民需要穿更多的衣服应对寒冷。但是，当地居民已经习惯了这样的室内温度。他们对大部分时间的室内热环境都满意。这一情况在农村很普遍。

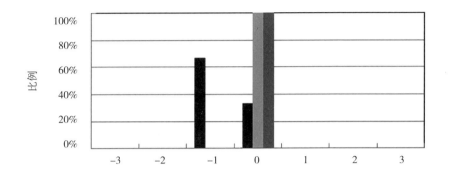

■ 8：30：00 ~ 9：30：00　　■ 13：30：00 ~ 14：30：00　　■ 20：30：00 ~ 21：30：00

图 4.20　热环境评价

图片来源：西安建筑科技大学绿色建筑研究中心.

分析所得的调查测试数据后发现，藏式传统民居的建筑室内外热环境存在以下特征：

（1）冬季室内气温仍然偏低，难以满足人体的热舒适要求；

（2）冬季室内温度波动较大；

（3）热环境评价结果显示当地居民已经基本适应了室内温度。但问卷显示居民认为有暖气会更舒适。

4.3.3　针对冬季热环境的建筑改进建议

藏式民居在历史的发展中形成了一套应对外部极端环境的营造策略，以极低的环境负荷得到了人们能够承受的基本的热环境。然而冬季热环境测试结果表明其室内温度仍然偏低。当地居民采用厚重着装的形式来应对寒冷环境。经过分析热环境问题主要表现在以下几个方面：

（1）对太阳能的利用处于初步的自发经验设计阶段，缺乏科学化的设计方法，从而导致室内集热效率低。

（2）由于施工工艺的限制，建筑密闭性较差；同时，建筑外墙等围护结构尽管已经采用了厚重材料，但是没有保温设计。造成室内失热较为严重。

因此，建议传统民居在建造时应该充分利用太阳能资源，进行高效被动式太阳能设计，提高集热部件的集热效率。同时，改进传统民居建筑施工工艺，改进建筑物的密闭性。进行围护结构保温设计。

4.4　藏式民居的当代发展策略

4.4.1　传统藏式民居的经验与不足

传统民居的经验与不足在前述绿色属性与热环境分析章节中已经有详细论述，在此总结如下：

1. 传统藏式民居的绿色智慧

传统藏式建筑在自然资源匮乏的背景下发展出了一套应对自然环境的营造模式，具有鲜明的地域性特点。

强太阳辐射是西藏气候的典型特征之一。当地传统建筑的营造手法上，呈现出明显的被动式太阳能设计的一些特征。例如，紧凑的空间布局方式；北向房间小进深，南向房间大进深的布局方法；南向外窗开口较大，北外窗相对较小或不开窗；建筑围护结构采用厚重石材建造等等。结合当地冬季有采暖需求但室外平均温度并不是非常低的气候特点，这些简单的经验化的营造手法成为在当地有限自然资源与客观经济限制的条件下，满足人们基础热环境需求的经验化营造手法。

2. 传统藏式民居的不足

根据测试结果，传统藏民居冬季热环境依然较差；建筑空间设计以传统经验为依据，缺乏科学化的被动式设计方法。这些都是传统藏式民居在热环境上表现出来的不足。

另外，改革开放以后，尤其是新世纪以来，西藏社会经济的快速发展引起当地居民的生产、生活方式、生活水平及审美标准等方面的快速变化；变化整体上呈现出与周边大城市趋同的特征。问卷表明此项特征在年轻人的生活方式上表现尤为明显。生产、生活状态的快速变化导致传统民居逐渐不能适应百姓日益提高的生活需求。

4.4.2　藏式民居的发展策略

1. 乡村新藏式民居的发展策略

课题组的研究表明，随着社会经济发展，拉萨乡村地区近年来出现了采用新技术、新材料的新民居。新民居仍然很好地继承了传统藏式民居的基本特点，保持了西藏地区建筑的传统风格。然而，在缺乏科学指导的情况下，新民居还存在着一些问题。根据课题组的研究成果，在建筑热环境方面的问题如下：①冬季热环境仍然不佳；②建筑结构安全性问题。

在应对策略上，不管是传统民居建筑还是新民居建筑都应该进行科学有序的优化：

（1）高效利用被动式太阳能技术；课题组已经多次论证了被动式太阳能对改善西藏居住建筑冬季的热环境有非常明显的作用，经过科学化设计的被动式太阳房是当地自然资源匮乏条件下的最有利选择。

（2）提高围护结构的保温性能与蓄热性能；被动式太阳能采暖的基本原理是充分利用建筑物受热构件的吸热与蓄热性能，把冬季白天的太阳辐射热积蓄起来，在夜间向室内提供热量。为了防止产生从室内向室外的热损失，应选用热容量大的建筑材料，同时应确保民居建筑自身的保温性和气密性。

（3）依据文中提供的空间设计方法进行建筑布局设计，减小体型系数，从而减少散热面积。

（4）建筑结构采用规范化标准设计，避免依靠经验施工，增强建筑的密闭性。

2. 传统藏式民居绿色经验在城镇居住建筑的适用性分析

传统民居建筑的绿色属性不但能够给乡村新民居提供宝贵经验，对于城市化背景下的大规模城镇居住建筑设计也能够给予帮助。随着国家可持续发展战略的执行，我国大城市的建筑节能情况得到逐步改善，同时城镇居住建筑也应有一套适当的节能设计手法。这些科学化的设计手法能够有效地解决热环境与能耗问题，但是在建筑表现的设计语言上往往没有传统建筑更加具有地域性及文化传承性。表 4.1 针对传统藏式民居的设计元素进行分析，以期待在城镇居住建筑中能够更符合当地人的使用习惯。

传统藏式民居营造经验的现代城镇建筑适应性　　　　表 4.1

	设计要素	应用对象	城镇建筑适用性	分析
建筑形体与空间模式	"中柱＋方室"的基本空间单元	基本空间单元	不适用	1. 城镇建筑构造体系与传统建筑有较大差异 2. 为了提高居住舒适性，城镇居住建筑需要相对较大的基本空间单元
	基本单元的组合模式	空间组合	不适用	城镇居住建筑以现代的生活模式及习惯为依据进行空间组合设计
	南向房间大进深、北向小进深	房间户型	适用	城镇居住建筑同样面临冬季热环境问题，南向房间大进深、北向小进深的布局模式符合冬季采暖节能规律
	紧凑的形体设计	建筑单体	适用	城镇居住建筑为了减少冬季散热，同样需要紧凑的形体设计以减小体型系数
	紧凑的院落设计	院落	有选择的适用	1. 不适用于城镇集合式居住建筑 2. 可以在西藏联排式别墅"安居苑"中应用
建筑表皮设计	厚重外墙	外墙	基本适用	1. 厚重外墙符合被动式太阳能设计的要求，有利于冬季室内热环境 2. 传统建筑石材无法在城镇集合式居住建筑中使用，需要采用替代材料才能适应现代化施工
	大面积南向外窗	外窗	基本适用	1. 大面积南向外窗有利于获取太阳辐射 2. 对外窗材质有要求，保温性差的外窗失热严重
	北向不设外窗	外窗	不适用	1. 集合式城镇居住建筑在建筑布局设计时往往受到经济性与实用性的影响，很难做到北向空间不设窗 2. 可以使用北向开小窗加高保温性窗户材质的做法减少北向外窗的散热影响

第5章 新疆维吾尔民居建筑

5.1 研究背景

5.1.1 新疆维吾尔民居发展历程与当代困境

新疆地区的维吾尔族先民大多居住在南疆的荒漠区域，在与自然的长期磨合中，自发总结出一些应对自然变化的建筑策略，例如提出以水源充足、草木丰茂为前提的择址要求，以院落式为主体的居住形式，并产生了住宅原型及其基本组合方式。

随着社会的变迁，特别是伊斯兰教传入之后，对传统建筑特征进行归纳总结，逐渐确立了以院落为中心的布局方式，并对建筑空间的功能分区、围护结构材料做法以及装饰图案等做出了阐述。

喀喇汗王朝时期从宗法高度对维吾尔族住宅的选址朝向做出明文规定，提出了营造果园的重要性，并进一步细化了庭院布局、建筑功能，产生了辟希阿以旺、苏帕等过渡空间，此外还详细规定了土木结合的围护结构做法，以及平屋顶的屋顶形式，住宅装饰方面也有了长足进步。

至赛依德王朝时期，维吾尔族住宅在空间、结构及装饰方面都已发展成熟，形成了一整套顺应自然的建筑语汇。[121]

此后维吾尔人历经社会变革和人口迁徙，其居住地逐渐扩展到新疆的大部分区域，各地维吾尔民居，在多民族文化交融的背景下，结合各地特殊的地缘环境、气候条件，对原有建筑语汇进行调整和扩充，形成了当代多样化的建筑类型。

然而随着当代社会经济的飞速发展，面对居民日益提高的生活需求，传统维吾尔建筑模式不断分崩瓦解，与当代社会环境和自然需求相契合的新型维吾尔族建筑亟待建立。本章调查总结维吾尔传统民居特点，分析这些特点与社会环境、气候环境三者之间的内在联系，探索传统民居与当代社会需求不协调的内在原因，为其更新和发展提供依据。

5.1.2 新疆维吾尔聚居区气候环境与建筑概况

新疆地形复杂，气候多变，有天山高寒山区气候、盆地半干旱大陆性气候、沙漠干旱气候和典型风区等多类典型气候。阿勒泰、天山和昆仑山山区严寒，全年平均气温在0℃以下，最冷月平均气温在–15℃以下，部分地区达到–25℃，最热月月均温度为15~20℃，高海拔地区在10℃以下；准噶尔盆地较寒冷，年均气温大致分布在2.5~7.5℃区间，最冷月月均温度在–15~–10℃，最热月月均温度为15~20℃；塔里木盆地气温稍高，其中绿洲地区年均气温分布在7.5~10.5℃，最冷月月均温度在–10℃左右，最热月月均温度为20~25℃；沙漠地区和吐鲁番盆地气温最高，年均温度达10.5~12.5℃，最冷月月均温度在–7.5℃左右，最热月月均温度在25℃以上，其中吐鲁番温度可达30℃以上。

当代新疆维吾尔民居，主要分布在北疆伊犁地区的谷地平原，东疆吐鲁番盆地的吐鲁番和鄯善，以及南疆塔里木盆地附近的库车、喀什、和田（图 5.1）。依据维吾尔族民居分布区的气候差异，可将维吾尔族民居分为以下五类[122]：

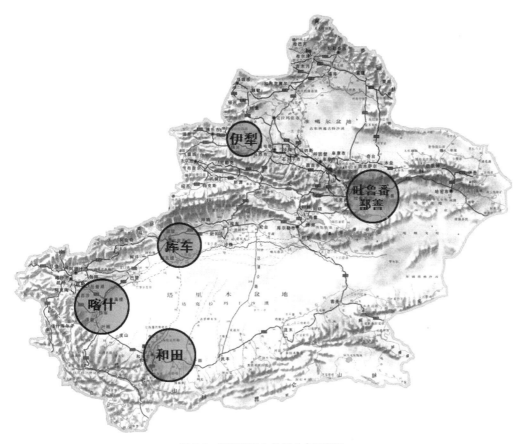

图 5.1　新疆维吾尔民居分布示意图

图片来源：西安建筑科技大学绿色建筑研究中心．

（1）下窑上屋式，以吐鲁番地区为代表。吐鲁番地区是我国最热的地区，夏季酷热，冬季严寒。为适应干热气候，住宅一般建成下窑上屋的二层楼，底层窑洞半入地下，墙体甚厚，前墙设窗。楼面以土坯砌券，常为三四跨多跨拱式，冬暖夏凉。"上屋"为土木结构，平面形式为并列式加套间。房顶建有带风眼的晾房以晾晒葡萄干。

（2）阿以旺式，以南疆和田为代表。阿以旺是一种由室外活动场所向室内过渡的封闭式"庭院"，是全家户外活动、餐饮、休息及夏夜睡眠的核心场所，其他功能用房均围绕这个中心自由布置。和田地区位于塔克拉玛干沙漠的西南边缘，干热少雨，风沙频繁。为了避免风沙侵袭，当地住宅形成了这种以户外活动场所为中心的布置方式。

（3）封闭庭院式，以喀什城市住宅为代表。喀什地区春夏多风沙浮尘天气，昼夜温差大。封闭的庭院为住户创造了一个封闭内向、安全舒适、私密性极强的居住环境。除小庭院外还充分利用半地下室、屋顶平台及过街楼等丰富空间层次，增加使用面积。

（4）并列式，以库尔勒、阿克苏一带为代表。阿克苏属暖温带大陆性干旱气候，气候干燥。受河西走廊住宅的影响呈一明二暗三开间的建筑格局，其扩展形式为五开间的短外廊式，平面形式演化为曲尺式、凹字形，均面向花园。

（5）花园式，以伊犁地区为代表。伊犁地区气候宜人，降水量较为丰沛。住宅布局以花园为主体，平面形式通常呈一字形、曲尺形和组团形。住宅内部大多为穿套式，以前室缓冲，通过侧窗与外廊和花园相呼应。由于天气寒冷，这里的外廊仅作交通之用。

5.2 新疆维吾尔民居特征

5.2.1 下窑上屋式维吾尔民居（图5.2）

吐鲁番地区位于新疆东部，北临天山，南接塔里木沙漠，地形四面高中部低洼，形如枣核形盆状，地势低洼，有我国地势最低的艾丁湖（海拔 -154m）。由于大山阻隔了北方的冷湿气流，极低的洼地地形又集聚热气难以流动，吐鲁番地区成为我国最炎热、最干旱的地方，以"火州"著称。年日照量高达 3000h 以上，常年受太阳炙烤，夏季气温最高可达 48℃，全年蒸发量超过 3003.9mm，而降水量不足 16.6mm，终年几乎无雨雪，无霜期在 240 天以上。

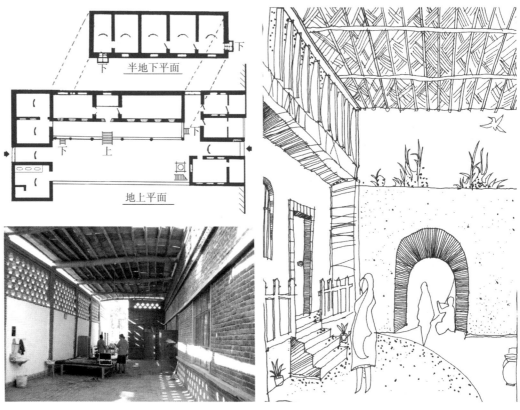

图 5.2　下窑上屋式维吾尔民居

图片来源：西安建筑科技大学绿色建筑研究中心.

为了防热，吐鲁番维吾尔居民发展出一套适宜的建筑语汇：

1. 下筑窑上为屋

吐鲁番地区维吾尔民居的主体建筑常做成两层，底层为下挖式土拱结构，利用地下、半地下空间，作为夏季居室和冬季食物储藏使用。上层为土木结构，作为主要的会客、起居和劳动空间。

开辟地下空间是炎热地区求得阴凉而常采用的建筑手法。地下室在夏季的气温可低于地上房间 5 ~ 6℃，一些起居活动和强度不大的家务活动适合于挪到地下进行。与地下室相比，半地下室的采光和通风更好解决，且土方少成本低，因而半地下窑居在当地也很受欢迎。[123]

吐鲁番民居将房屋建在半地下窑洞之上，因而建筑看似两层。地上的房间宽敞明亮，木构件易于雕刻装饰，空间舒适美观，适合于节庆、待客和起居活动。

2. 厚墙小窗平屋顶

吐鲁番地区冬季寒冷夏季酷热，民居建筑多为厚墙小窗，有时面向庭院的墙体甚至不开窗洞，采用这种封闭的方式可以减小气候对室内环境的影响，利于冬季保温和夏季隔热。

当地几乎无雨水，冬季也极少积雪，因而屋顶不设坡度，且以生土做面层，不再盖瓦或做其他防水处理。

3. 高架棚和透风墙

吐鲁番民居建筑多采用曲尺形、对立形或"凹"字形围合，形成一个半封闭的室外空间，该空间上方架设屋顶，形成的室外阴凉空间称为"高架棚"。此棚面积很大，往往覆盖了建筑之间的全部空地，为了避免压抑感，此棚往往高出建筑屋顶 1 ~ 2m，有时净高达 6 ~ 7m。

高架棚架设在主体建筑前檐的柱子上，棚柱间用土坯砌出镂空的花墙（透风墙），形成良好的围合，可以很好地遮挡夏季烈日对庭院地面和建筑墙体的曝晒，有效降低庭院环境的温度。与此同时，高架棚棚内与棚外形成热压差，冷气从庭院流入，热气从花墙透出，促使空气流动形成顺畅的通风路径。

由于高架棚下明亮通畅，居民长达半年的日常起居都在此展开，这里设置土炕或苏帕，有的还有灶台厨具，只要不是寒冬时节，烹饪餐饮、盥洗缝纫、编织木作、休闲嬉戏、节庆宴请都在这里进行。高架棚是室内空间向室外延伸，实质上已成为大部分乡村生活的大起居室。

5.2.2 阿以旺式维吾尔民居（图5.3）

和田地区地处新疆最南端，南屏昆仑山脉，北接塔克拉玛干沙漠，地势南高北低，境内呈典型的内陆沙漠气候，干旱、少雨、风沙频繁。为了避风沙，和田维吾尔民居采取以阿以旺为中心，建筑环绕四周的严密封闭型空间格局，建筑的所有门窗均开向阿以旺，外墙几乎无窗。

"阿以旺"在维语中意为"明亮的处所"[124]，从形式上看类似于现代建筑的中庭，它是将建筑围合的敞开部分进行拔高（约 60 ~ 120cm），加屋盖和侧面天窗而成。相比较其他空间，阿以旺不仅宽敞明亮、通风良好，并且适于抵御风沙、寒暑的侵袭，是外部空间与室内空间的完美结合形式。为此阿以旺成为日常活动、接待客人、喜庆聚会、举行歌舞活动的场地，也是整个建筑中装饰最集中的地方。

以阿以旺为中心，在其主要方位通常安排一组或两组主要的居住单元（称为沙拉依），包括客室、冬卧室。其他房间则布置在阿以旺中不太重要的方位，例如单间的卧室、厨房、储藏间和客房，其中客房通常安排在建筑入口一侧。

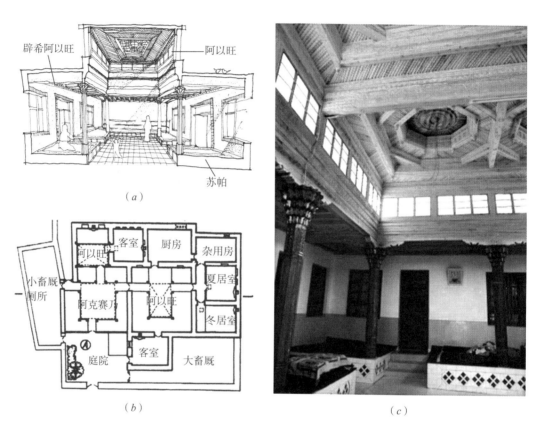

图 5.3　阿以旺式维吾尔民居

图片来源：（a）（b）陈震东. 新疆民居 [M]. 北京：中国建筑工业出版社 .2009.
（c）http://www.tianshan.net.com.

在一户人家中可以有多个阿以旺，其建筑格局不讲究朝向也不强求对称，建筑与庭院外墙也未必对齐，因而形态灵活多变。

类似阿以旺这种局部屋顶拔高并加侧窗的方法，有时也应用于面积较大而采光较差的房间，只是突起的屋盖面积较小，犹如笼子，因而被称作"笼式阿以旺"，当地维吾尔人称"开攀斯阿以旺"。

将阿以旺的一侧或两侧敞开，代之以 3 ~ 5 根立柱围合的空间，称为"辟希阿以旺"。形态类似于檐廊，进深多在 3m 左右，其间设苏帕，苏帕上有龛式炉，做饭用餐都可在苏帕上进行，是家庭起居活动的场所。

5.2.3　封闭庭院式维吾尔民居（图5.4）

喀什地区位于新疆西南部，北靠天山，南接昆仑山，西倚帕米尔高原，东临塔克拉玛
干沙漠。这里春夏多风沙浮尘天气，但由于绿洲连片成串，与和田地区相比，风沙渐小，
次数亦少。

故在喀什地区，顶部严密封闭的阿以旺不再必需，四面围合的无顶内庭院（称为"阿
克赛乃"）取而代之，也有一侧以围墙封闭的三合院式内庭院（称为"散乃"），形成以封
闭内庭院为中心，建筑围绕其布置的封闭庭院式民居类型。

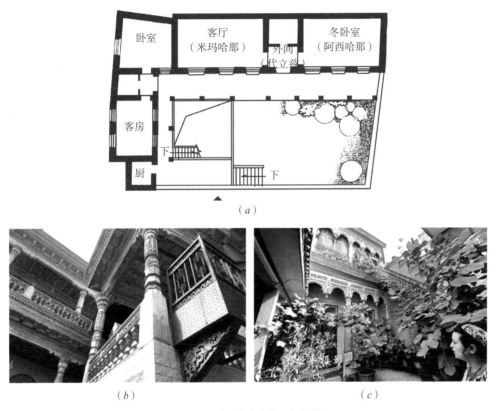

图5.4　封闭庭院式维吾尔民居

图片来源：（a）陈震东 . 新疆民居 [M]. 北京：中国建筑工业出版社 .2009.
（b）http://www.nipic.com/show
（c）blog.sina.com/xuzhifeng1958.

内庭院的形态多样：从封闭式中庭中解放出来，庭院的平面形状亦不必规整，而是随
着基地的大小形状，结合建筑的安排呈现出多样性；喀什是维吾尔族先民西迁时留居人数
最多的地区，众多城镇和自然村落的人口密集，用地紧张，故建筑逐渐向竖向发展，依据
地形或下挖地下室，或加建楼房，楼上楼下的交通曲折，空间利用充分，布局自由灵活，
无固定格式，因此常在垂直方向上出现多级庭院，形成灵活流通的空间意趣；建筑面向庭
院一侧以回廊连接，回廊一侧的建筑窗洞大开，装饰华丽，廊内设置苏帕，庭院内种植花
草树木，搭建葡萄架，供人盛夏时节避暑乘凉。

5.2.4　并列式维吾尔民居（图5.5）

阿克苏地区西接塔里木盆地北沿，中部气候与喀什类似，东部与巴州、吐鲁番地区相连。阿克苏是汉文化气息较浓郁的地区，古为姑墨国地，属汉西域都护府管辖，唐为安西都护府管辖。受河西走廊汉族院落式民居的影响，原维吾尔民居的阿以旺空间，被无顶的庭院替代，阿以旺仅作为厅室单独使用。建筑多以曲尺式、凹字形围合花园。建筑为并列型外廊式，建筑单体呈一明二暗的格局，有时扩展为五开间。建筑形象中汉式建筑形态明显，结构为双架、方柱、梁托有枋，装饰上极少运用尖拱，线条简洁。

图 5.5　并列式维吾尔民居

图片来源：http://www.yododo.com/area/Photo.

5.2.5　花园式维吾尔民居（图5.6）

伊犁地区位于天山以西，因天山余脉向西舒展，与境外平原相接，整体地形东高西低，西部海洋的潮湿气流长驱直入，因而气候温和湿润、四季分明，夏热而少酷暑，冬冷而鲜严寒。

大大小小的城镇和自然村落就分布在天山余脉的谷地平原中，居住在这里的维吾尔人有的是17世纪上半期迁徙至此弃游牧从农耕的准格尔部后裔，其余大部分是清乾隆年间政府从南疆迁入的6千余户留居农民的后代，当地人称之"塔兰奇"，意为外迁而来的耕种者。因此当地维吾尔民居既保留了游牧毡房的"穹庐"遗风，又延续了喀什地区的庭院式格局。

久而久之，"穹庐"演化成以木、土坯、砖、石为拱的"穹窿"屋顶（如特克斯八卦城），然而这类屋顶的砌筑工艺要求较高，近代逐渐简化为木结构坡屋顶，"拱"仅作为装饰符号应用于隔墙、檐廊和门窗上；庭院式格局，由于伊犁地区气候温和湿润，摆脱了封闭或半封闭的状态，代之以大型花园（或果园）为中心，建筑以"一"字形或曲尺形围合的开放型花园式格局。

伊犁的花园式民居夏季利于通风，冬季注重保温防寒，窗户多采用双层密闭，围护结构厚重。墙壁厚度约0.5～1m，多以土坯或石块砌筑而成，为了防潮墙基多用砖石打底或包裹。屋面铺草席，覆薄土，盖瓦片。

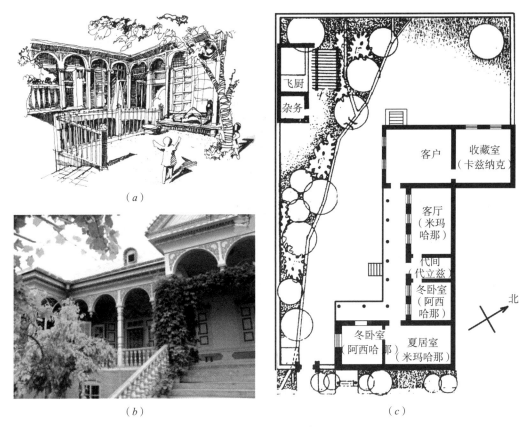

（a）

（b）

（c）

图 5.6　伊犁花园式维吾尔民居

图片来源：（a）（c）西安建筑科技大学绿色建筑研究中心
　　　　　（b）http://culture.ts.cn/content/2011-10/19/content_6256493.htm

5.3　新疆维吾尔民居空间分析

在共同的社会文化背景下，新疆各地的维吾尔族民居在空间特征和使用方式上存在较强的一致性。从村落空间、庭院空间和建筑空间三个层面，调查总结维吾尔民居的空间行为特点，并分析其空间特征与社会环境、气候环境三者之间的内在联系。

5.3.1　村落空间

为了在干旱、多风和夏热冬冷的荒漠环境生存，维吾尔传统村落十分注重近水、庇荫和防风沙，其空间呈如下特征：

1. 村落空间形态自由灵活

维吾尔居住区往往干旱少雨，水在这里可谓弥足珍贵，以人就水、人随水走的择址方式契合了农牧文化的饮水、盥洗、畜牧、灌溉等需求。游牧时期维吾尔族人"逐水草而居"，农耕时期有的"依水而居"，有的"围水而居"，宗教区域占据较好的取水处，居住区围绕水源自由延伸，村落平面既无明确的中轴对称要求，亦无严格的宗教礼法限制，空间形态自由而富于变化（图 5.7）。

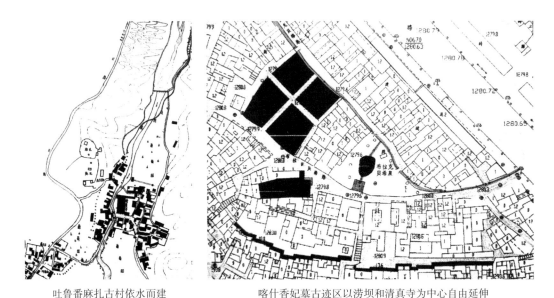

吐鲁番麻扎古村依水而建　　　　喀什香妃墓古迹区以涝坝和清真寺为中心自由延伸

图 5.7　传统村落形态

图片来源：陈震东 . 新疆民居 [M]. 北京：中国建筑工业出版社 .2009.

2. 村落空间布局紧凑有序

传统村落自然生长而成，随着人口增长，其增长方式有向外扩张和内部增长两类。村落扩张依据地形、地势，形成自然有序的形态，喀什老城区建筑在有限的高台平地之上，住区依用地边界展开。吐峪沟古村依托火焰山，沿山谷自然形成沟渠延伸。内部增长则高效利用地形紧凑布局，建筑有的利用地形高差形成爬坡楼，有的下挖窑洞利用地下空间，还有的利用街巷上部空间加建过街楼（图 5.8）。

（a）喀什维吾尔居住区　　　　　（b）吐鲁番维吾尔古村落

图 5.8　传统村落布局

图片来源：（a）http://bbs.xout.cn/blog-140863-29570.html.
　　　　　（b）http://cache.baiducontent.com/c?m

3. 步行空间品质精巧舒适

传统乡村生活以步行交通为主，错综复杂的街巷空间，其组织手法灵活多样，形态曲折蜿蜒，尺度怡人舒适（图5.9）。不仅提供便捷的步行系统，还适宜邻里的各类交往活动，同时也顺应了荒漠地区干旱炎热的气候，起到遮阳庇荫、导风降温的作用。步行空间呈现精巧多样、阴凉舒适的特征。

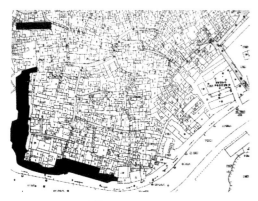

喀什老街区街巷　　　　　　　　　　　　　　伊犁街巷

图5.9　传统村落街巷空间

图片来源：陈震东.新疆民居[M].北京：中国建筑工业出版社.2009.

5.3.2　庭院空间

维吾尔民居的庭院空间长久以来都是建筑的重要部分，从日常起居到小规模的生产劳作再到大规模的节庆活动，庭院承载着丰富多姿的乡村生活，更营造了多样化的生活空间（图5.10）。

1. 庭院空间性格封闭内向

基于伊斯兰教对居住安全性和生活私密性的重视，以及抵御风沙、严寒和高温侵袭的需求，传统庭院呈较强的内向特征，高大的外墙，分隔出封闭的宅院空间，它们性格内敛，关照着人们对家园领域感和归属感的情感需求。

2. 庭院空间层次丰富多样

维吾尔民居庭院通常包括五个组成部分。

（1）主体用房区

主体用房区是民居的建筑主体，承担主要的起居功能，功能包括前室（代立兹）、客卧房、客室（米玛哈那）、餐室和多间卧室（阿西哈那）。

（2）辅助用房区

辅助用房区类似于汉族民居的杂物院，往往偏置于庭院隐蔽处，在这里设置杂物间、农具间、厕所等功能。有些住户还会圈养牛羊，家畜圈栅也往往安排在这个区域。

（3）屋前区（图5.11）

屋前区是指主体用房前的过渡空间区域，例如和田地区的阿克塞乃，喀什民居的辟希阿以旺和内庭院，吐鲁番民居的高架棚都属于屋前区。屋前区通常设置在主体用房和果园之间，建筑朝向屋前区一侧的墙面开窗高大，方便从室内看到果园，将室内与室外空间连为一体。事实上维吾尔居民格外注重屋前区的营造通常设置土灶和苏帕，苏帕上有龛式炉，供就餐、待客、节庆、起居及半年以上的夜宿使用，是日常活动的中心场所。

（4）种植区。维吾尔族民居，无论在城镇还是乡村，都与果园结合在一起。在伊斯兰教中种植果园是比较讲究的行为，要求穆斯林对自己的房屋进行绿化和建造果园，指出种植果园不仅可以改善微气候环境也提高了生活品质。风沙较多的和田地区，为了封闭居住空间，常在建筑一侧布置果园。而吐鲁番、伊犁地区的果园则与建筑空间相互渗透，果园与建筑之间不设围墙隔断，常以葡萄架连接过渡，形成大片阴凉，供人们休憩活动。

（5）院门区（图5.12）

院门不仅是进入私人空间的起点，也是家庭对外交往的窗门，是住家的门户。维吾尔族人非常注重院门，院门一般是木制，并用果木做门槛，以求多子多孙、幸福吉祥。除大门本身外，院门空间还附带树木、门凳、木栏杆、门前小渠等，形成邻里交往的重要场所。饭后茶余，邻里相聚于此，或交谈或干活，欢声笑语汇入门前潺潺流水，不绝如缕。

（a）喀什民居内庭院

（b）和田民居开辟斯阿以旺

（c）吐鲁番民居高大的外墙

图5.10　传统维吾尔庭院

图片来源：（a）http://www.tianshannet.com.
　　　　　（b）（c）西安建筑科技大学绿色建筑研究中心．

（a）伊犁民居屋前区　　　　　　　　　　　　　（b）喀什民居屋前区

图 5.11　屋前区

图片来源：（a）http://news.hexun.com/2015-02-27/173568095.html
　　　　　（b）http://tuzhi.8wr.cn/static/4015.htm.

（a）伊犁民居院门　　　　　　　　　　　　　（b）吐鲁番民居院门

图 5.12　院门区

图片来源：（a）http://blog.sina.cn/64609537599
　　　　　（b）西安建筑科技大学绿色建筑研究中心.

　　不难发现，维吾尔居民的生活空间并不局限于室内，而是延伸到檐廊（辟希阿以旺）、
高架棚等灰色空间，以及庭院（阿克赛乃）、果园（巴克）等室外空间中，形成从户外到
室内多级空间层次。

　　3. 庭院空间形态灵活有序

　　传统庭院的平面布局注重室内空间、过渡空间和室外空间三者的相互关系，或并列而
置，或序列递进，将庭院平面划分成三段式或四等分的形态（图 5.13a）。庭院空间围合内向，
建筑组合方式常见四类，即一字毗连式、L形半围合式、U形围合式和对称式（图 5.13b），
建筑开口均迎合当地的主导风向，朝向东或东南。

5.3.3　建筑空间

维吾尔民居的建筑空间与维吾尔人的宗教信仰和生活习俗相契合，更沉淀了适宜于新

疆独特气候的珍贵经验。

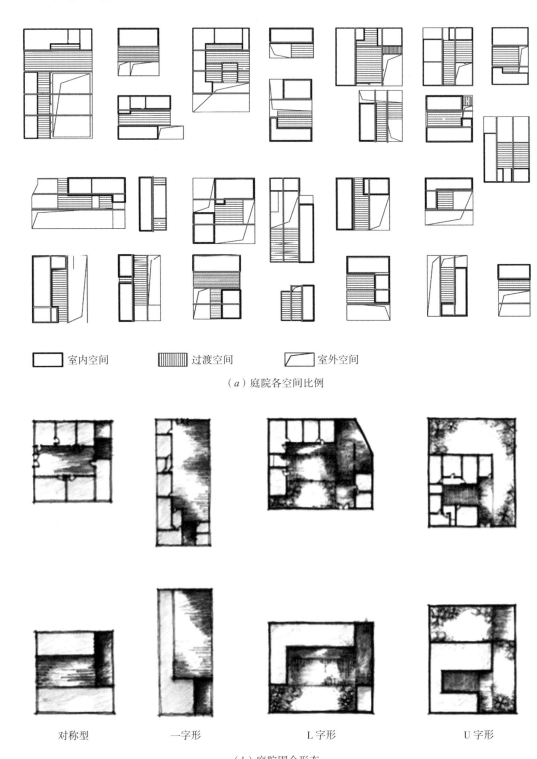

　　室内空间　　　过渡空间　　　室外空间

（a）庭院各空间比例

对称型　　　　　一字形　　　　　L字形　　　　　U字形

（b）庭院围合形态

图 5.13　传统庭院空间形态

图片来源：西安建筑科技大学绿色建筑研究中心.

1. 建筑空间内外有分

维吾尔民居单元，可归纳成"客室"、"外间—客室"、"客室—外间—餐室"三种基本类型（图5.14）。其中"外间"居外，是入口更衣换鞋的地方，也是重要的交通枢纽，客室和餐室为主要的起居和待客空间。该空间单元有明确的内、外区分，体现了维吾尔族居民对生活私密的关注，还具有夏季隔热、冬天防寒、大风日避风沙等作用。

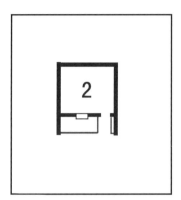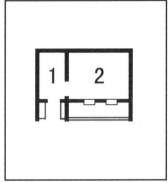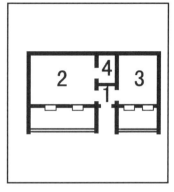

1. 外间（代立兹）　　2. 客厅（米玛哈那）　　3. 餐室（阿西哈那）　　4. 淋浴间或收藏室（卡兹纳克）

图 5.14　维吾尔民居建筑"原型"

图片来源：西安建筑科技大学绿色建筑研究中心.

2. 建筑空间男女有别

传统建筑空间分区主要遵从伊斯兰教的性别观念，居住空间中通常左侧为客室（米玛哈那），用于接待男宾和礼拜之用，右侧为冬室（阿西哈那），为女宾的卧室、餐厅甚至是厨房。条件较好的住宅还设置礼拜房，房内西墙不开窗，作为朝拜时的方向（图5.15）。

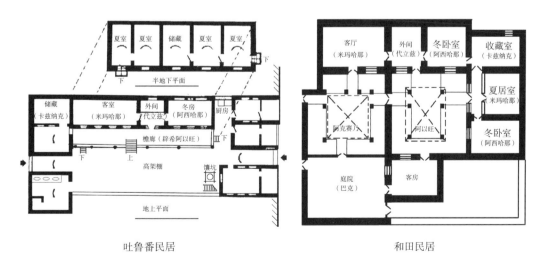

吐鲁番民居　　　　　　　　　　　　　　　　和田民居

图 5.15　维吾尔民居功能依据男女分区

图片来源：陈震东. 新疆民居 [M]. 北京：中国建筑工业出版社，2009.

3. 空间性质季节分明

传统维吾尔民居空间有冬夏之分，冬室通常低矮封闭利于保温，夏室有的开敞明亮利于通风降温，有的位于地下有效利用地冷和土体蓄热降温（图5.16）。部分住宅甚至有"春秋"室，这类房间开敞通透便于自然通风。在技术落后的条件下，该空间模式很好地适应了干冷干热的荒漠气候，具有较强的气候适应性。

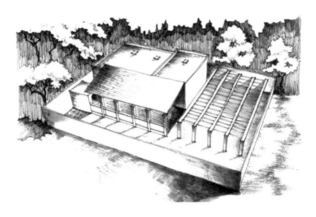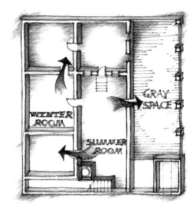

吐鲁番民居   空间行为的季节差异

图 5.16 维吾尔民居对空间的使用随季节变化

图片来源：西安建筑科技大学绿色建筑研究中心.

不难发现，新疆维吾尔民居建筑根植于当地传统农牧文化，建立在低效的手工业生产方式之上，受限于独特的荒漠环境，其建筑历经千百年锤炼，形成了一套完整的空间行为模式，这一模式与伊斯兰文化、维吾尔族生活习俗一脉相承，与传统技术条件、自然环境相互适应，在漫长的农牧文明时期实现了人、建筑、环境的协调共生。

5.4 新疆维吾尔民居热环境分析

随着社会经济的飞速发展，面对日益提高的生活需求，传统维吾尔建筑模式不断分崩瓦解，这与传统民居自身的缺陷息息相关。本节仅针对民居对生活环境的舒适性需求，通过现场调查和测评，总结民居建筑环境问题，分析造成环境缺陷的建筑原因，并提炼民居通过被动式策略提升环境舒适度的宝贵经验，为民居建筑环境优化提供依据。

5.4.1 物理环境满意度调查

选取吐鲁番地区多个乡和村，针对维吾尔民居室内物理环境进行实地调查，其中冬季调查样本量 208 个，夏季样本量 212 个，样本的年龄、体重、身高、性别等生理特征分布均匀。[125]

1. 室内空气质量

调查发现维吾尔民居冬季室内空气质量较差，这是由于大部分民居采用餐、厨、卧、暖一体的空间使用方式，即冬季卧室兼具炊事和就餐的功能，炊事灶兼任取暖炕的生火灶，加上建筑开窗较小，短时间的换气量不足，油烟得不到及时排除，致使主要生活用房油熏烟呛，甚至有中毒的威胁。然而调查样本中超过60%的人对室内空气质量满意，只有20%的人感到不满，这与居民习惯于这样的生活方式从而心理期望较低有关（图5.17）。

夏季维吾尔人习惯于门窗开启，因此室内空气质量较好。调查中超过60%的居民对环境的空气质量满意，10%的人认为无所谓。也有部分住宅的通风较差，引起居民的不满，不满居民比例约占25%（图5.17）。

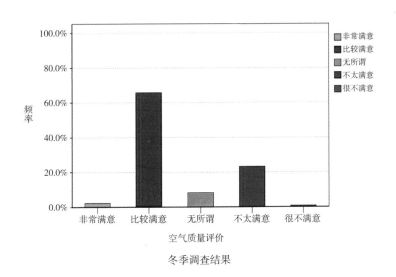

冬季调查结果

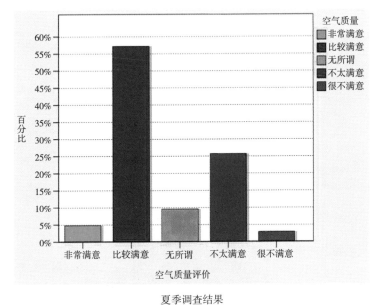

夏季调查结果

图5.17 空气质量满意度调查

图片来源：西安建筑科技大学绿色建筑研究中心.

2.声环境和光环境

维吾尔民居村落环境噪声小，室内也没有声污染，声环境较好，调查中80%以上居民对声环境满意，少部分人认为无所谓（图5.18）。

传统维吾尔民居建筑空间封闭内向，墙体厚重，门窗面积较小，为了弥补室内光照的不足，常在主要房间的屋顶居中位置开设40×40cm的天窗。调查中超过50%的居民认为光环境尚可，认为稍暗或亮的居民约为20%，只有不到5%的人认为室内很暗。猜测原因是乡村生活以室外劳动为主，只在冬季长时间待在室内，居民对室内的光环境要求较低（图5.19）。

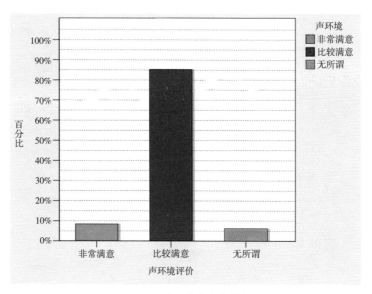

图5.18 声环境满意度调查

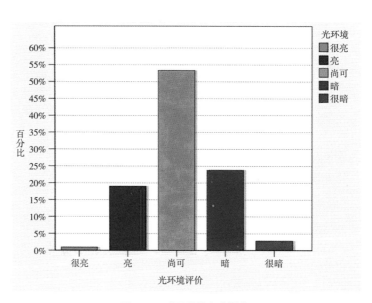

图5.19 光环境满意度调查

图片来源：西安建筑科技大学绿色建筑研究中心．

3. 热环境

冬季室内热环境满意度调查发现，超过70%的居民表示满意或非常满意，低于20%的居民不满意。不满意的原因有三：其一，室内温度波动较大；其二，室内冷风吹感强烈；其三，室内干燥（图5.20）。

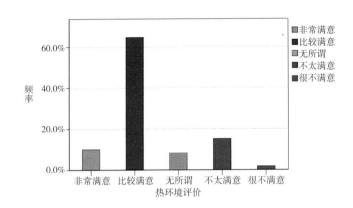

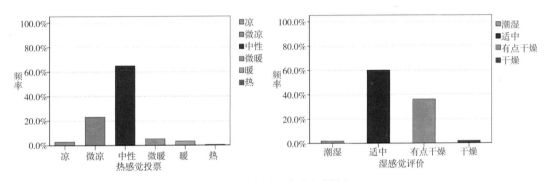

图5.20 冬季热环境满意度调查

图片来源：西安建筑科技大学绿色建筑研究中心.

夏季热环境满意度调查发现，维吾尔民居夏季热环境存在缺陷，回答"满意"与"不满意"的居民比例各半，仅6%的居民认为热环境无所谓。不满意的原因有"炎热"、"气闷"、"干燥"、"吹风感"四个方面（图5.21）。

5.4.2 典型民居热环境测评

针对吐鲁番维吾尔民居调查中发现的热环境满意度不高问题，开展典型民居热环境现场测评工作，通过选取典型多个民居建筑，现场测量其热环境参数，获得热环境逐时分布状况，在此基础上分析热环境缺陷的形成原因，为其优化提供依据。

1. 太阳辐射强度

采用自记式太阳辐射记录仪，每10分钟间隔，记录太阳辐射强度（图5.22）发现：

冬季测试日，吐鲁番地区日照时长约10小时；水平面平均总辐射强度140W/m^2，最高达到258W/m^2，峰值出现在14：30左右。

夏季测试日，日照时间长约 13 小时；水平面平均总辐射强度 565W/m²，最高达到 900W/m²，峰值出现在 13：00 至 15：00；散射辐射不高，平均散射辐射 113W/m²，最高 199W/m²，直射辐射占总辐射的 70%~80%。

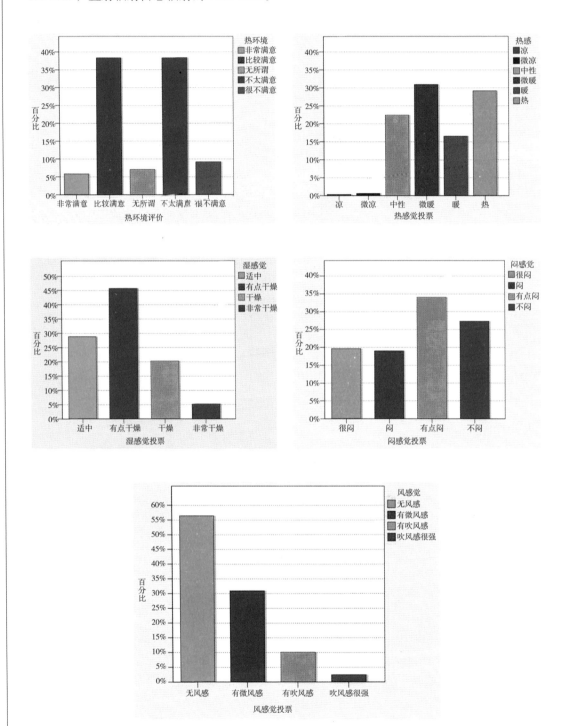

图 5.21　夏季热环境满意度调查

图片来源：西安建筑科技大学绿色建筑研究中心．

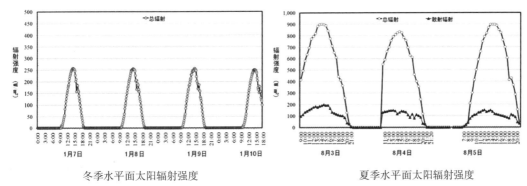

| 冬季水平面太阳辐射强度 | 夏季水平面太阳辐射强度 |

图 5.22　太阳辐射强度

图片来源：西安建筑科技大学绿色建筑研究中心.

可见吐鲁番地区日照时间长，直射辐射强烈，散射辐射不高。冬季可以合理利用太阳能采暖，夏季应注意遮阳防热。

2. 空气温度

冬季测试日的室外平均温度 –9.9℃，最高温度 3.5℃，最低 –17.5℃。数据显示：①过渡空间测点（1–6、1–7、3–7 和 3–10）的温度波动比室内测点大但比室外小，通过建筑围合和环境设计，过渡空间营造出比室外更稳定的微气候环境，利于室内空间保温；②室内空间测点的温度差距较大，根据温度的变化范围可将室内空间划分为取暖空间和非取暖空间两类，取暖空间温度约 10~20℃，非取暖空间温度在 0℃以下；③取暖空间采用间歇式取暖方式，取暖时间与使用功能相关，室内温度波动较大且波动规律与取暖时间相关；④非取暖空间温度与室外温度波动关系密切，由于建筑厚重蓄热较好，非取暖空间温度波动较小（图 5.23）。

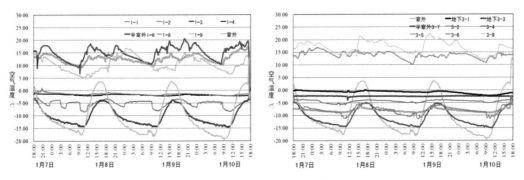

图 5.23　冬季各测点空气温度

图片来源：西安建筑科技大学绿色建筑研究中心.

夏季测试日的室外平均温度 33.7℃，最高温度 50℃，最低 20℃。测试数据显示：①过渡空间温度波动介于室内外之间，与室外空间相比过渡空间的围合状态削弱了白天太阳辐射热和夜空辐射降温的作用，与室内空间相比过渡空间开敞通透，良好的通风条件使得白天升温快夜间降温迅速；②由于重质围护结构的高蓄热性能和封闭空间的低通风特点，室内空间温度波动保持在5℃范围内，极大地缓解了室外温差变化的影响；③室内空间中地上房间温度明显高于地下，地冷辐射降温作用明显（图5.24）。

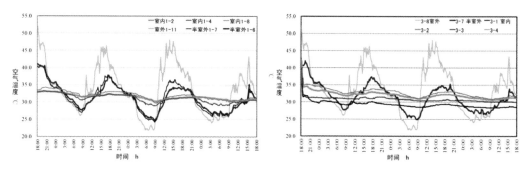

图5.24 夏季各测点空气温度

图片来源：西安建筑科技大学绿色建筑研究中心.

3.空气湿度

冬天测试日室外空气十分干燥，绝对湿度在2mmHg以下，建筑各测点湿度数据显示：①过渡空间空气含水量低，绝对湿度与室外空气近似；②室内空间的空气水量主要来自人体蒸发散湿和炊事水汽蒸发，因此房间使用频率与其绝对湿度正相关，即取暖空间大于非取暖空间；③尽管蒸发散湿提高了取暖房的空气含湿量，但随着取暖温度的升高（大于20℃），空气的相对湿度常降到40%以下，此时由于干燥，人的眼、鼻和口腔黏膜容易不适甚至病变，且静电现象频繁，降低舒适感[126]（图5.25）。

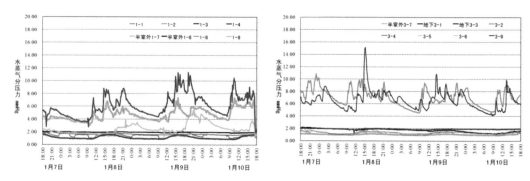

图5.25 冬季各测点空气湿度

图片来源：西安建筑科技大学绿色建筑研究中心.

夏季测试日室外空气仍较干燥，相对湿度约30%，正午甚至低至8%。然而由于空气温度较高，地表蒸发量升高，空气含水量相对冬季有较大提高，平均绝对湿度11mmHg，最高达到19mmHg，人体易感觉到闷。[127]建筑各测点湿度数据显示：①过渡空间空气含水量与室外空气近似；②室内湿度比室外大，这是由于人体活动蒸发散湿的作用，因此使用频率越高的房间湿度越大，容易产生闷热感；③部分带天窗洞口的房间，由于通风的除湿效果，闷热感有所缓解；④生土建筑材料具有吸湿的能力，位于地下、半地下的房间，其利用地冷降温的同时也吸入了大量的泥土湿气，影响人体舒适且易滋生霉菌和壁虱，因此需要注意通风除湿（图 5.26）。

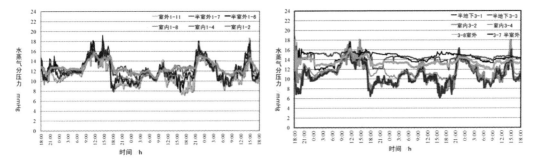

图 5.26　夏季各测点空气湿度

图片来源：西安建筑科技大学绿色建筑研究中心．

4. 空气流速

吐鲁番盆地有"火州"和"风库"之称，除了夏季的酷热，不间断的大风同样令人印象深刻。夏季测试的几天中，每当日落西山，强大的气流便从火焰山北部压向低海拔的吐鲁番盆地，此时杨树摇曳，尘土飞扬。

各测点（图 5.27 ~ 图 5.29）风速表明，无论室外风速如何，维吾尔族民居室内基本呈静风状态。但过渡空间和屋顶天窗洞口风速均与室外风速有关。可见维吾尔族民居建筑空间十分封闭，天窗无论在冬季还是夏季，都是室内通风换气的重要通道；此外过渡空间通风优于室内，这也是维吾尔族居民常年愿意待在其中的重要原因。

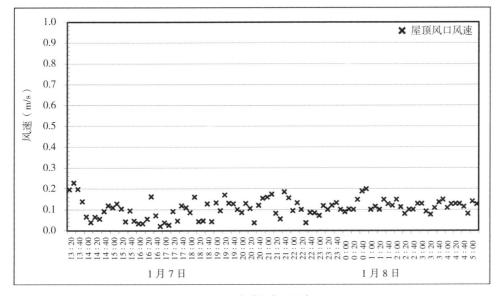

图 5.27　冬季天窗口风速

图片来源：西安建筑科技大学绿色建筑研究中心．

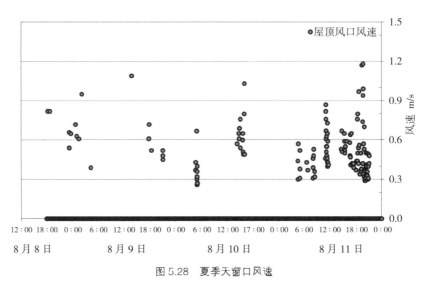

图 5.28 夏季天窗口风速

图片来源：西安建筑科技大学绿色建筑研究中心．

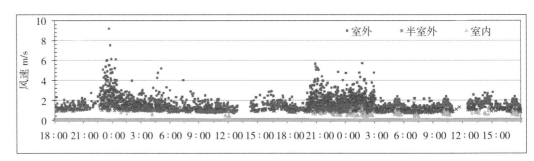

图 5.29 夏季各测点风速

图片来源：西安建筑科技大学绿色建筑研究中心．

从以上分析不难看出，冬季热环境问题出现的原因如下：（1）取暖房间采用灶连炕的间歇式采暖方式，然而围合取暖房的内墙为300mm厚生土墙，屋顶为200mm厚覆土，其绝热性能较差，每次生火室内温度急剧升高，而高温通过围护结构散失到不取暖房或者室外，一旦熄火室内温度迅速下降，导致取暖房温度波动较大。（2）传统民居门窗洞口气密性不足，特别是天窗处冷风渗透严重，导致室内冷吹风感强烈，既影响舒适又浪费能源；（3）灶连炕式取暖技术难以控制取暖温度，往往让室内温度偏高，加之新疆地区气候干旱，导致室内过于干燥。

夏季建筑热环境存在"炎热"、"气闷"、"干燥"、"吹风感"等问题。原因有：（1）白天庭院气温升高引起空气湿度降低导致干燥；（2）夜晚庭院温度下降迅速，但由于晚间风速过大影响舒适，同时加剧干燥感；（3）地上房间白天由于屋顶绝热性能不佳，导致正午以后气温过高；（4）地上房间通风较差，无法利用夜晚的冷气降温，因而夜间温度居高不下；（5）地下空间泥土湿度大，加上空间封闭，室内空气流速过低，容易引起气闷感。

5.5 新疆维吾尔民居存在的问题与可持续发展策略

5.5.1 新疆维吾尔民居发展中存在的问题

维吾尔族先民在与荒漠环境长期磨合中，提出以水源充足、草木丰茂为前提的择址要求，确立了以院落为中心的布局方式，从宗法高度强调果园的重要性，并对建筑功能分区，辟希阿以旺、苏帕等过渡空间的营造方式，土木结构的墙体和屋顶做法，以及装饰图案等做出了明确细致的规定，从空间、结构等方面形成了一整套顺应自然的建筑语汇。

维吾尔人历经社会变革和人口迁徙，在多民族文化交融的背景下，结合各地特殊的地缘环境、气候条件，对原有建筑语汇进行调整和扩充，形成了当今多样化的民居模式。这些模式与伊斯兰文化、维吾尔族生活习俗一脉相承，与传统技术条件、自然环境相互适应，在漫长的农牧文明时期实现了人、建筑、环境的协调共生。

然而随着社会经济的飞速发展，面对日益提高的生活需求，以及现代建筑体系的冲击，传统维吾尔民居空间模式不断分崩瓦解，这与民居自身的缺陷密切相关。本章调查总结维吾尔传统民居特点，分析这些特点与社会环境、气候环境三者之间的内在联系，探索传统民居与当代社会需求不协调的内在原因，为其更新和发展提供依据。

1. 维吾尔民居空间存在的问题

从村落空间、庭院空间和建筑空间三个层面，调查分析维吾尔民居的空间行为模式发现：

（1）传统维吾尔族村落在低下的手工业劳动基础上，为了适应稀缺的水源，有限的绿洲面积，以及干旱、酷热、多风的荒漠气候，其选址不得不依山就水、形态追随自然山水，布局紧凑形成高密度聚居，街巷空间蜿蜒曲折以遮阳庇荫、导风降温。随着社会的发展，现代水利工程发展迅速，配套供电、给水、供暖、垃圾处理等市政设施完善，在很大程度上降低了村落对水源的依赖，不仅村落布局获得比以往更多的自由，村落环境也能得到进一步改善。然而从管网布置的经济性和有效性考虑，对村落布局提出了新的要求。而现代农牧生产对机动交通的需求，对满足步行需求的传统街巷交通体系提出新的挑战。

（2）传统维吾尔族庭院是维吾尔人生活、生产的重要场所，庭院规模较大，其中果园比重较大，其他空间类型也十分丰富，较好地满足了不同生活内容的需要。然而现代农村生产方式逐渐转变，农耕用地与居住用地分离，不仅利于集中灌溉和扩大生产规模，也利于改善卫生条件和提升居住环境质量。因此传统庭院规模和空间形态有待调整。

（3）传统维吾尔族建筑空间尊重穆斯林对居住私密性的需求，遵从伊斯兰教的性别观念，因此空间性质具有明确的内外差异、性别属性和季节属性，适应于维吾尔人的信仰和生活习俗，且具有较强的气候适应性。然而当代维吾尔族人的生活内容日益丰富，居住私密性需求，对空间功能分区提出了进一步的要求。此外现代家居电器的使用不断冲击着原有居住形式。

2. 维吾尔民居环境存在的问题

对维吾尔族民居物理环境进行问卷调查，整理民居物理环境问题如下：

（1）维吾尔民居冬季室内空气质量较差，这是由于大部分民居采用餐、厨、卧、暖一体的空间使用方式，即冬季卧室兼具炊事和就餐的功能，炊事灶兼任取暖炕的生火灶，加上建筑开窗较小，短时间的换气量不足，油烟得不到及时排除，致使主要生活用房油熏烟呛，甚至有中毒的威胁。

（2）维吾尔族民居声环境良好，但有部分居民也反映光环境有待改进。这是由于建筑空间封闭内向，墙体厚重，门窗面积较小，导致室内光照的不足。

（3）冬季室内存在"冷吹风"、"温度波动加大"、"干燥"现象。通过测评发现出现该类问题的原因有三：①取暖房间采用灶连炕的间歇式采暖方式，然而围合取暖房的内墙为300mm厚生土墙，屋顶为200厚覆土，其绝热性能较差，每次生火室内温度急剧升高，而高温通过围护结构散失到不取暖房或者室外，一旦熄火室内温度迅速下降，导致取暖房温度波动较大。②传统民居门窗洞口气密性不足，特别是天窗处冷风渗透严重，导致室内冷吹风感强烈，既影响舒适又浪费能源；③灶连炕式取暖技术难以控制取暖温度，往往让室内温度偏高，加之新疆地区气候干旱，导致室内过于干燥。

（4）夏季建筑热环境存在"炎热"、"气闷"、"干燥"、"吹风感"等问题。测评发现出现这些问题的原因有：①白天庭院气温升高引起空气湿度降低导致干燥；②夜晚庭院温度下降迅速，但由于晚间风速过大影响舒适，同时加剧干燥感；③地上房间白天由于屋顶绝热性能不佳，导致正午以后气温过高；④地上房间通风较差，无法利用夜晚的冷气降温，因而夜间温度居高不下；⑤地下空间泥土湿度大，加上空间封闭，室内空气流速过低，容易引起气闷感。

维吾尔族民居存在的上述物理环境问题已经初见端倪，并开始影响到居住环境的舒适性。近年来随着人们经济能力的提高，不少居民为了提高室内舒适度，开始加大开窗面积以增加室内亮度，冬季增加采暖用煤量以取得温暖，夏季开启空调以获得凉爽。长此以往，新疆维吾尔民居的采暖、制冷能耗势必还有大幅度增长的可能。然而研究表明，新疆地区农村建筑的单位面积采暖耗热量已超过 $30kgce/m^2$，远远高于北方城市的耗热水平，我国当前的单位建筑能耗强度已达饱和，无力承担更高能耗的农村建筑。

5.5.2　新疆维吾尔民居的可持续发展策略

针对新疆维吾尔民居的空间功能问题和高热耗问题，目前采用的方法是全盘否定传统民居模式，在新建建筑中照搬套用城市居住方式和节能方法。然而通过以上的分析不难发现，与城市建筑不同，新疆维吾尔民居空间模式具有极高的热适应性。这集中表现为建筑空间的热环境分区特征：

（1）平面分区

新疆维吾尔民居建筑采取分区间歇式采暖模式，既主要卧室、堂屋等起居空间白天消耗采暖，次要卧室晚上采暖，其他辅助空间不采暖，因此建筑中存在大量的非耗热空间。譬如维吾尔族民居单元常分成塔克歇（外室）和修库艾（内室）两部分，内室为冬季的起居会客和休息空间，实行火炕全天采暖，外室为不采暖的辅助空间，并起到保温避风的作用。可见，与平面功能空间组织相对应，维吾尔民居室内热环境在平面上存在分区。

（2）竖向分区

新疆维吾尔民居常采用独立的"夏室"供全家纳凉之用，其他房间在夏季的使用率很低，譬如喀什地区将夏室设置在苏帕（庭院中的平台）下方的半地下空间；吐鲁番地区则将土木楼房的半地下层，或者土拱平房的地下层作为夏室。和田地区将宽敞明亮的阿以旺（中庭）称为夏室。测试数据表明"夏室"热环境与其他房间有明显差异，可见从地下空间到地上空间，维吾尔民居热环境在竖向上存在分区。

（3）室内外分区

新疆维吾尔居民对舒适环境的经营，并不局限于室内，而很习惯于留在室外空间，利用多样的自然气候因素，调节自身的换热方式，以弥补室内温度的不足。测试数据显示，从与室外气候同步波动的露天空间，到有屋顶遮蔽太阳直射和夜空辐射的过渡空间，再到六面围合的室内空间，维吾尔民居建筑中不同空间的热环境存在巨大差异。

新疆地区冬季寒冷，夏季酷热，气温年较差和日较差较大，且春季多风害。传统维吾尔民居建筑，依据气候随时间的变化规律，采取差异性的热环境分区方式，形成多样化的空间类型，从而满足人不同时段的舒适需求，获得适宜的居住环境。这样的建筑空间模式与空间使用功能，以及所需要的物理环境是高度统一的，不仅大大地降低了建筑热能耗，更体现了人类适应自然的高超智慧。

盲目的照搬城市集中供暖／空调建筑的居住模式，忽略了维吾尔族民居中蕴含的契合于民族文化和顺应于自然的整体特征，破坏了地域建筑中生态经验的延续和发展，其结果可能导致城市的环境问题农村化。为此，建议新型维吾尔族居住建筑应首先继承传统维吾尔族民居建筑空间模式的热适应特征，尊重维吾尔人的生活习惯。在此前提下结合前文的分析，对建筑存在的功能问题和环境问题，有针对性地进行优化和改良。

第6章　海南海口传统骑楼建筑

6.1　研究背景

6.1.1　研究背景

特定地区的环境条件是建筑形态最重要的决定因素。环境不仅造化了自然界本身的特殊性，如地表肌理、植被等，还是地域文化特征及人类行为习惯特征的重要成因。海口骑楼建筑就是这样一个案例。海口骑楼建筑作为东南沿海地区骑楼建筑一个重要的传播节点，除了对社会与文化做出了积极的回应之外，更为独特之处是它对自然环境做出的回应。在外部空间上，由于东南沿海地区常年高温多雨，尤其是秋季台风对于传统民居建筑是一种巨大的威胁，骑楼建筑以其紧凑的布局，有效地降低了台风在街区中的风速，减小了台风对于单体建筑损害。同时，骑楼建筑二层悬挑空间之下的走道，也为行人提供了一个特定的生活与交往的场所。白天，无论是炎炎烈日还是狂风暴雨，骑楼街区内的商业活动、居民的日常生活等依旧照常进行。夜晚，走道作为传统生活方式的载体，成为品茗、聊天、纳凉、会客、交换信息的地方。在内部空间上，由于骑楼建筑修建的年代并没有空调设备，在里面居住的人通过各种各样的空间布局方式、构造方式和使用方式，适应了当地的气候环境，这说明了骑楼建筑，在不利用制冷设备的条件下，凭借其自身的性能也基本能够满足室内热舒适的要求的。在当前的新建筑设计中，如果能够将传统骑楼建筑中的那些生态经验进行提取与运用，将对降低建筑的空调能耗，减少能源消耗起到积极作用。

6.1.2　海口的气候特征

1. 气候特点

海口市地处低纬度热带北缘，属于热带海洋性季风气候，春季温暖少雨多旱，夏季高温多雨，秋季湿凉多台风暴雨，冬季干旱时有冷气流侵袭带来阵寒。年平均气温23.8℃，最高平均气温28℃左右，最低平均气温18℃左右；极端气温最高38.7℃，最低4.9℃。常年以东北风和东南风为主，年平均风速3.4m/s。

2. 日照

海口市全年日照时间长，辐射能量大，年平均日照时数2000h以上，太阳辐射量可达11到12万卡。

3. 降雨量

海口市年平均降水量1664mm，平均日降雨量在0.1mm以上雨日150天以上；年平均蒸发量1834mm，平均相对湿度85%。每年4～10月是热带风暴、台风活跃的季节，以8～9月为最多。5～10月为雨季，9月为降雨高峰期，月平均降雨量近250mm。

4. 气象灾害

由于海口位于琼北地区，每年夏、秋季节不可避免会受到台风灾害的影响。据气象部门资料，多年来平均每年会有1～2次台风影响琼北地区，风力一般为8～11级。台风中心经过时最大风力在 10 ~ 12 级（12 级台风风速在 40m/s 以上）。台风登陆或影响琼北地区时多为东 / 东南风。由于琼北地区地处地势低平的海湾凹入部分及平原河口地区，在遭遇台风时易形成海湾增水现象，造成洪水与风暴潮叠加。台风涌起的风暴潮最多可深入岸线 16km，对城市安全造成巨大威胁[128]。

6.2 海口骑楼街区、建筑的空间特征

6.2.1 海口骑楼街区的布局特征及其尺度

1. 海口市骑楼街区的街巷平面形态

管子的城建思想"因天时，就地利，故城郭不必中规矩，道路不必中准绳"。在海口市历史街区街巷的形成过程中，这些街巷就是随着其周边经济、地理、气候因素而发展起来的。这些街区适应性强，形态自由多变，符合当地的实际情况。

（1）横向展开分布型

这种类型的街道一般会沿着河流的走向呈带状展开或是平行于沿江道路一字展开。就如长堤路就是沿江一字展开的，而得胜沙路又是与长堤路平行的步行商业街。这种东西向的布置方式在采光上较为有利，同时对于沟通东西两侧南北向的骑楼街区起到了重要的作用（图 6.1）。

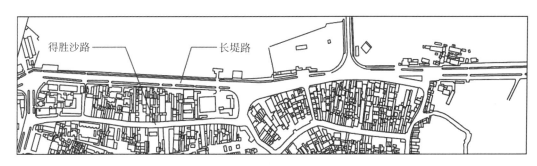

图 6.1 横向展开分布的街道

图片来源：西安建筑科技大学绿色建筑研究中心.

（2）纵向展开分布型

这种类型的街道空间一般沿着南北向布置，同时又会有分支道路与东西向道路相交，形成不同类型的街巷空间（图 6.2）。

①十字相交：该地区的街道的形势较为多变，很少有正方向十相交的。例如博爱南路、博爱北路与东门、西门市场相交处就是一个十字路口。而这个路口也是明清时期海口城内南北道路的交汇点。类似于西安的钟楼在明清西安城内的位置。

②丁字相交：这类街区通常是以一条道路以"丁"字的方式串联多条街道。这种街道形式的空间封闭感比较强，空间导向感也比较强，在街道对景处易形成视觉焦点。如解放东路与博爱北路、中山路与博爱北路的交界处就是这样的形态。

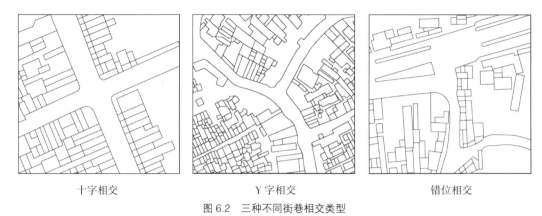

| 十字相交 | Y字相交 | 错位相交 |

图 6.2　三种不同街巷相交类型

图片来源：西安建筑科技大学绿色建筑研究中心．

③Y字相交：这种街道在交叉口处由二条不同方向的道路组成，与丁字形相交的道路不同的是，这种相交方式提供了明确的道路选择方向，道路的选择是逐渐展开的，不像丁字形道路那么突然。其视觉也没有像丁字形道路那么封闭。如新华北路与中山路的交界处就是这样的形态。

④错位相交：这种街道的形态是由两个临近的丁字路口组成的。这两个邻近丁字路口相互错开，形成一种类似于风车的形态。这种街道空间的感觉与十字路口相近，但是又比十字路口要封闭，其相邻的两个十字路口的相交地带容易构成公共空间。如中山路、博爱北路、水巷口的交界处就是这样的形态。

2. 骑楼与街道空间形态关系

该地区的骑楼可以分为东西向布置、南北向布置、弧形布置和斜向布置等方式。如中山路西段、得胜沙路、解放东路的骑楼都是南北向布置的，这些布置方式都是顺应于街道的方式，因此骑楼的采光较好。而博爱南/北路则是沿东西向布置的。弧形骑楼主要分布在街道的转角处，起到缓和街道转角空间的作用。斜向的骑楼布置方式主要分布在Y字形的交叉路口处，这种布置方式布局比较灵活，不受到正南正北的观念所约束。这也与当地多台风的气候因素有关。

3. 街道空间的尺度

由于海口历史街区是于20世纪初年发展起来的，所以当时在规划街道的时候已经将汽车通行的因素考虑进去了。根据对五条主要街区的调研，得到一些基本的关系数据：①得胜沙路东起新华北路，西接龙华路，全长533.2m，现车行道路面宽12m，两边骑楼下部的人行道各2.5m。②博爱路南起三角池，北至长堤路，全长1295.5m，现行车行道车行道宽12～13m，人行道（即骑楼下部的通道）各2.3～2.5m。③中山路东起博爱北路，西接新华北路，全长388m。现车行道路面宽12m，两边骑楼下部人行道各退进2.3m。④解放东路西起新华南路，东至博爱北路，全长268m，宽18m，车行道12.5m，骑楼或人行道各3m。⑤新华路南起人民公园正门，北至得胜沙路，全长865.5m。现行车行道12m，人行道（骑楼下部人行道）各2.4～2.5m。

4. 街巷尺度的宽高比（D/H）

如果将街道的宽度设为 D，沿街建筑立面的高度设为 H，根据调研，海口市历史街区五条主要街道的建筑的高度变化比较大，博爱路一带的平均高度在 16 ～ 20m 之间，得胜沙路一带的平均高度在 12 ～ 16m 之间，中山路一带的平均高度在 8 ～ 12m 之间，各街道的平均宽度在 12 ～ 13m 左右。由此可见的宽高比应该在 0.6~1.5 之间。这样的空间尺度对于街道空间来说算不上宽敞也不显得压抑。但是由于骑楼建筑的特殊性，骑楼建筑的一层都会有一条 2.1 ～ 3m 左右的走道。由于这种灰空间的存在使得街道的边界显得有些模糊不清。如果将骑楼下部的人行道也计算在内的话，宽高比又变成了 0.71~2。因此，就是由于这种特殊的灰空间的存在，更加造成了空间尺度的多变性（见图 6.3）。

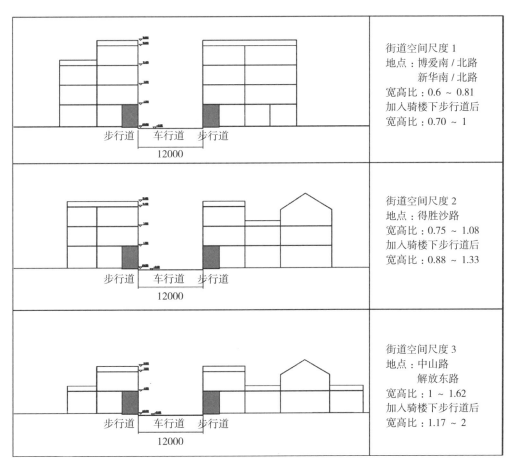

街道空间尺度 1
地点：博爱南 / 北路
　　　新华南 / 北路
宽高比：0.6 ～ 0.81
加入骑楼下步行道后
宽高比：0.70 ～ 1

街道空间尺度 2
地点：得胜沙路
宽高比：0.75 ～ 1.08
加入骑楼下步行道后
宽高比：0.88 ～ 1.33

街道空间尺度 3
地点：中山路
　　　解放东路
宽高比：1 ～ 1.62
加入骑楼下步行道后
宽高比：1.17 ～ 2

图 6.3 主要街道的宽高比

图片来源：西安建筑科技大学绿色建筑研究中心.

5. 不同街道尺度对于居民活动的影响

除了承担交通功能的五条 12 ～ 13m 宽的主要街道外，对于在骑楼之间的居住性的街巷，其街巷又分为 6m、3 ～ 3.5m、2.1 ～ 2.5m、小于 1m 四种不同的宽度（图 6.4）。

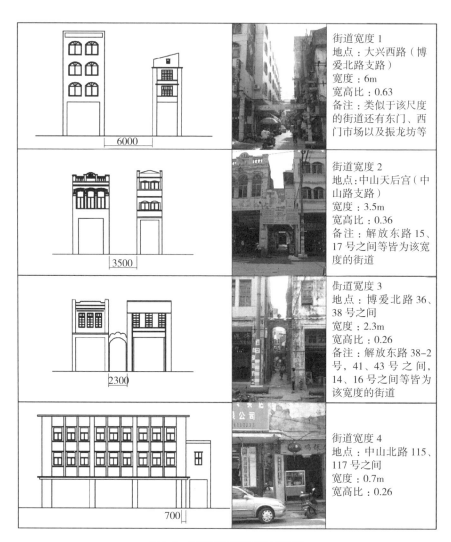

		街道宽度 1 地点：大兴西路（博爱北路支路） 宽度：6m 宽高比：0.63 备注：类似于该尺度的街道还有东门、西门市场以及振龙坊等
		街道宽度 2 地点：中山天后宫（中山路支路） 宽度：3.5m 宽高比：0.36 备注：解放东路15、17 号之间等皆为该宽度的街道
		街道宽度 3 地点：博爱北路36、38 号之间 宽度：2.3m 宽高比：0.26 备注：解放东路38-2号，41、43 号之间，14、16 号之间等皆为该宽度的街道
		街道宽度 4 地点：中山北路115、117 号之间 宽度：0.7m 宽高比：0.26

图 6.4　四种不同宽度的次要街道

图片来源：西安建筑科技大学绿色建筑研究中心.

　　6m 宽的街巷一般为连接两条主要街道的次一级的道路，这类道路虽然可以通过机动车辆，但是一般情况下很少有大型机动车辆通过。这种空间尺度的街巷更多的是作为当地居民生活交往的一个平台，许多饮食店，小商店一般都会存在于这种空间之中，为该街区的居民服务。3 ~ 3.5m 的街道主要是一些重要街区的入口空间。这类空间中汽车难以通过，但是商业活动在这个宽度的空间中依然很繁荣。一些流动性的商贩，街头饮食等都会存在于这类空间之中。2.1 ~ 2.5m 的街道主要是作为进入不同骑楼组团之间的通道，这个通道只能通过摩托车和自行车一类的交通工具。相对于前两种的街道尺度而言，这个尺度的街道内并不存在商业经营，但是街道生活依然可以在这个宽度的街道之中展开。老年人和家庭主妇可以在这类街道中下棋、打牌或是聊天，街道为他们提供了天然的庇护所。小于 1m 的街道主要是通往某些骑楼后院的小道。这种街巷空间非常的狭窄，一般只能容两个人并行，对在其中行走的人会造成压抑感。

6.2.2 海口骑楼建筑的类型

1. 庭院式骑楼建筑

从清末到民国时期，海口骑楼建筑的产生不是一个跳跃式的发展过程，而是逐步在原有民居的基础上一步步的演进。清末是海口骑楼最早出现的时期。最早的骑楼出现在现今老城区内的博爱南路，位于海口古城内南北向大街的北段。当时的海口古城内的民居建筑大多保留了中国传统的多进围合式院落的模式，空间格局较为完整。如当前保存完整的中山路63号就是建于清朝道光年间的一个典型的民宅。当时最早的骑楼建筑大多依托传统的民宅来进行改造，如拆除原有住宅的大门，占用第一进院的部分空间修建一个沿街的骑楼建筑。位于博爱南路的26、28、30号就是这样一个例子。该骑楼建筑是基于清末民居的基础上发展起来的。该住宅一共分为四进院落。最外面沿街的部分是具有巴洛克风格的二层骑楼建筑。从立面的布局和屋顶的形式，都可以看出改造过的痕迹。内部的各进院落尽管经过各个时期的改造，对原有的格局造成了一定的破坏，但各进院落的主屋均保存的较为完整。

2. 天井式骑楼建筑 / 天井 + 阳台式骑楼建筑

这类骑楼建筑大多修建于民国时期。由于当时城市建设用地的紧张，部分骑楼建筑的规模受到了约束，尤其是在建筑占地的面宽上被压缩了许多。民国时期的骑楼建筑强化了建筑内部功能之间的联系，建筑不再像传统建筑一样是有多进院落组成，而是按照一个整体进行设计。二层或以上的空间或是一个整体或是通过廊道进行连接。避免了传统民居中要穿过庭院才能到达其他建筑的不便。同时，由于面宽被压缩的缘故，内部无法形成庭院空间，只能保留了竖向的天井，满足建筑自身的采光与通风的需要。部分骑楼建筑为了改善居住的品质，还在沿街的立面处设计了阳台。尽管这些阳台面宽并不是很大，但在高密度的骑楼街区中为居民提供了可以直接接触室外环境的空间。这些空间既能避免太阳直接对室内墙面的辐射，减缓建筑外立面的热量，又能与室外环境连接，有利于通风。并且阳台一般都在二层或二层以上，所以外部环境的对居民生活的影响也相应减小。

3. 集约式的骑楼建筑

民国以后，随着城市用地的进一步紧张，骑楼建筑逐渐摆脱了传统骑楼建筑的庭院或天井式的布局方式，朝着集约式的布局模式发展。尤其到了20世纪90年代以后，这类骑楼取消了传统骑楼中的庭院与天井而采用封闭式的内走廊模式。所有的窗户均向外开。同一层平面内布置的户数增加，各户自身的功能更加的完善。当然，各种新建的骑楼平面的布局更加的多样化，不像民国时期骑楼平面布局较为单一（图6.5）。

6.2.3 海口骑楼建筑的空间演变规律

1. 骑楼建筑空间的演变

清末海南民居中保留了传统的抬梁式屋架、镂空雕花的隔断、屏风等建筑元素。这个时期保留下来的建筑中还有一类也是院落式的布局，但其沿街的店面并非骑楼，而是将传统民居的屋檐挑出，沿街用立柱支撑，用于遮蔽走道空间。这样的建筑是介于骑楼建筑与传统民居之间的一种过渡性的处理办法，见证了传统民居向骑楼演变的过程。到了民国时期，新建的骑楼建筑已经不像琼北传统四合院民居那样受到礼制观念的制约。例如在建筑的平面布局之上已经不再像以前遵循严格对称的布局。在室内的布置上，也极少设置神床、神位（图6.6、图6.7）。

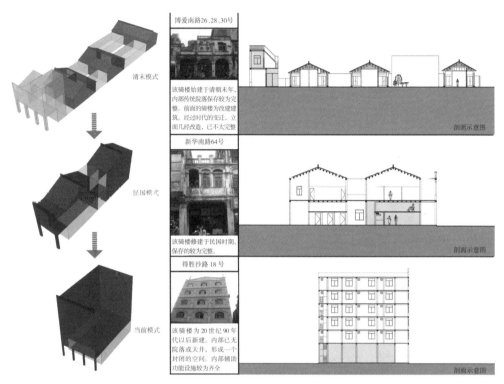

图 6.5　海口骑楼建筑的类型

图片来源：西安建筑科技大学绿色建筑研究中心.

图 6.6　改建过的传统民居

图 6.7　由传统民居改建的骑楼

图片来源：西安建筑科技大学绿色建筑研究中心.

这一方面是由于受到环境条件的制约，骑楼建筑在空间上面宽较小而进深较大，想要实现传统民居的平面布局比较困难。另一方面，由于海南本地居民的家族观念较强，一般祖宗神位只设立在祖屋之中。而骑楼建筑作为海南各地华侨投资的一种商住两用的建筑,其大多出租或是临时性居住。民国时期修建的骑楼建筑,借鉴了岭南地区传统的"竹筒屋"的空间布局的方式,即将主要的商业部分布置在沿街的地方而居住的功能则安排在二层及其以上的空间或是在后边的院落中依次展开,形状有如节节生长的竹子。在空间尺度上,这个时期所修建的骑楼建筑较之清末的骑楼建筑有了较大的变化。首先是绝大部分骑楼建筑的平面尺寸有所减小。如果说清末的骑楼建筑存在多进院落的情况,那么到了民国时期的骑楼建筑则多为一进式的布局,即中间部分只有一个很小的院落或是围合的天井。在平面的开间尺寸上,一般多为 3 ~ 6m 左右,较之清末的普遍在 10m 以上的面宽要小。这种情况的出现与民国初年人口增加不无关系。其次,民国阶段的骑楼在高度上要明显高于清末。根据调研,发现民国时期的骑楼建筑多为 2 ~ 3 层,高度在 10 ~ 18m 之间。这种 2 ~ 3 层的骑楼建筑与清末改造的骑楼建筑不同的是清末的建筑只是在沿街部分改建进深较浅的一跨式的 2 层骑楼,2 层空间面积较小,多为货物储藏之用,并不承担生活之用。而民国时期的骑楼建筑则是一次性建成,整体性比较强。且这个时期的骑楼建筑形成了标准的"下店上宅"的模式。同时,这个时期的骑楼建筑大多在一、二层之间用木板铺设夹层空间(图6.8)。这个夹层空间可做雇工临时居住之用,也可以用做堆放货物的储藏空间,达到扩大使用面积,提高空间利用率的目的。

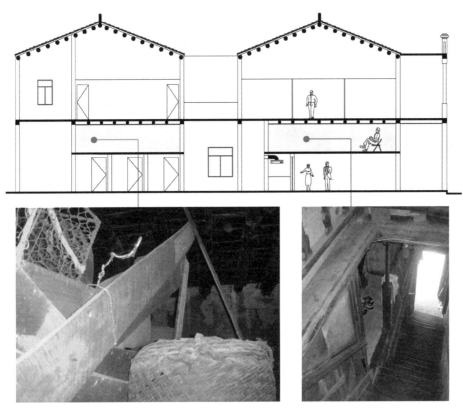

图 6.8　新华南路 64 号骑楼夹层空间

图片来源:西安建筑科技大学绿色建筑研究中心.

2. 立面装饰风格的改变

民国时期是海口骑楼发展的一个黄金时期。这个时期大量的华侨从南洋归来。这些华侨所带回来的不仅仅是财富，也带回来了当时西方的建筑文化、建筑技术、材料以及先进的理念。这些西方的建筑文化，与岭南地区传统的竹筒屋民居形式进一步结合，一方面适应了当地传统的建筑模式，另一方面又通过西洋建筑的立面形式提高了建筑的档次，能为商家更好的牟得利益。另一方面，岭南地区开始出现了一批能够建造西洋样式建筑的工匠。这些工匠或是通过归国华侨的指导或是通过自身的观察与揣摩来进行营造。这个时期修建的骑楼根据立面装饰的风格呈现出以欧式为主，中式为辅，中西方装饰元素相互融合的态势（图6.9）。从立面的风格来讲，可以划分为五种：①罗马式。这类建筑有着古罗马时期连续拱的特征。②巴洛克式。这类骑楼的立面带有大量的巴洛克式建筑的符号元素，这类骑楼在海口市历史街区中的数量是最多的。③文艺复兴式。文艺复兴式的建筑重新启用了中世纪废弃的古典柱式，同时将一些诸如壁柱、线脚、雕塑等引入建筑之中以追求建筑的新颖尖巧。④中国式。这类骑楼的建筑一般立面比较简单，除檐口带有一些传统的檐口元素之外，没有什么其他的装饰元素。⑤折中式。这种骑楼在历史街区中也占有一定的比例。这类建筑最大的特点在于其保持了巴洛克的元素之外，还有许多中国题材的元素，例如松、桃、梅、兰，龙、凤、鹤、鱼等装饰性图案。

罗马式　　　　　　　巴洛克式　　　　　　　文艺复兴式　　　　　　中国式

图6.9　从立面风格划分的四种骑楼类型

图片来源：西安建筑科技大学绿色建筑研究中心.

3. 建筑材料和结构体系的转变

民国时期大量新材料和新技术的引进与利用也促进了骑楼建筑的发展。一方面，当时许多骑楼建筑沿街挑廊的脚柱都采用的是钢筋混凝土柱。这些混凝土柱加强了对挑出部分的承载能力，同时又能很好的抵抗海口高温多雨的自然环境的腐蚀。另一方面混凝土材料的使用使得骑楼建筑在木结构形式上较清末传统民居的木结构形式简化。清末传统民居大多以抬梁式木构架来承托屋顶部分。而民国时期则多用混凝土构造柱与砖墙相结合的方式来承托屋顶部分的檩条。由于民国时期的骑楼建筑的面宽较之清末的传统民居普遍较小，一般都在6m以下，因此，在屋内檩条的架设上，不需要在中间架设竖向的支撑构件而是直接将檩条搭接在两侧的山墙上即可，这样可以使骑楼内部形成一个较为完整的空间（图6.10）。

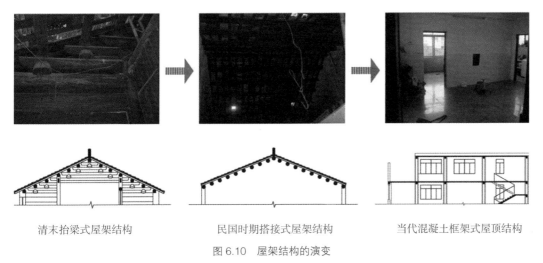

清末抬梁式屋架结构　　　　民国时期搭接式屋架结构　　　　当代混凝土框架式屋顶结构

图 6.10 屋架结构的演变

图片来源：西安建筑科技大学绿色建筑研究中心.

6.3 海口骑楼的地域气候适应性分析

6.3.1 从城市规划的角度看传统建筑对于地域气候的适应性

1. 气候影响因素

气候对地域性建筑的影响因素包含了太阳辐射、风、温度和湿度。对于海口而言，除了风在特定的条件下会关乎建筑的安全之外，其他的三个因素主要会影响到建筑使用时的舒适性，而风同时也会对其他三个要素起到调节的作用。通过对海口地区传统民居的分析，我们发现，风和太阳辐射会对当地的建筑设计、城市规划产生直接的影响，而温度、湿度则会对建筑设计产生间接的影响。

（1）太阳辐射

太阳辐射是影响建筑布局的主要因素之一。它在城市规划的过程中影响到建筑物的朝向、间距、屋顶形式，进而影响到街道的布局与尺度。例如中国北方大部分的地区处于北半球中高纬度地区。在该地区，受太阳高度角变化的影响，经过简单处理的建筑的南向房间在夏季可以避免日晒、在冬季可以获得日晒，比其他任何朝向的房间都好并具有冬暖夏凉的特点。而在像海口这样的低纬度地区，除了南向房间之外，北向房间同样可以获得日照。相比较北方地区而言，海口地区常年太阳辐射量较高，太阳辐射并不是当地居民所希望得到而是希望隔离的东西。像这样的气候特点就决定了海口传统城市规划与建筑设计中会出现一些异同于北方地区的现象。

（2）风

风是影响城市规划的重要气象参数之一。在当前的城市规划中，风与城市规划、建筑设计的联系显得更加的密切。在当前的工业城市之中，城市布局与大气污染的传播方向存在着密切的联系。在城市规划中往往将污染较大的工业区放在城市的下风向地区，以此来避免不利风向对城市造成污染。除了大气污染物之外，城市的热岛效应也与风有着密切的联系。当前的许多大城市由于建筑密度升高、城市绿化面积的减小、空调的使用及汽车废气的排放，使得城市在夏季的时候，城市局部地区的气温有时甚至比郊区高出 6℃以上。此外，城市密集高大的建筑物阻碍气流通行，使城市风速减小。据相关研究表明，城区密集的建筑群、纵横的道路桥梁，构成较为粗糙的城市下垫层，对风的阻力增大，使得风速降低，热量不易散失。当风速小于 6m/s 时，将会产生明显的热岛效应，而当风速大于 11m/s 时，下垫层阻力不起什么作用，此时热岛效应不太明显。因此，在城市规划当中，系统的规划道路交通系统、高空走廊和街道，营造良好的通风系统对于消除城市热岛有着重要的意义。

除了一般的自然通风外，热带风暴与台风也对中国东南沿海地区传统城市规划与建筑布局产生重要的影响（表 6.1）。当风速超过 32.7m/s 时，垂直于风向平面上每平方米风压可达 230kg，这对于海南地区以砖木结构为主的传统民居和骑楼建筑是一种威胁。同时，伴随着台风还会带来强降雨，降雨中心一天之中可降下 100～300mm 的大暴雨，甚至可达 500～800mm。在农村及城市中排水不畅的地方，容易造成洪水灾害，台风波及范围广，来势凶猛，破坏性人。据统计，从 1990～2004 年间，曾经有 31 个灾害性热带风暴袭击海南，累计造成 2700 万人受灾，伤亡 451 人，毁损民房 75 万间，直接经济损失达 171.4 亿元。

风的级别		表 6.1
名称	级别	风速
热带低压	6～7 级	10.8～17.1m/s
热带风暴	8～9 级	17.2～24.4m/s
强热带风暴	10～11 级	24.5～32.6m/s
台风	12～13 级	32.7～41.4m/s
强台风	14～15 级	41.5～50.9m/s
超强台风	16～17 级	大于 51.0m/s

（3）温度与湿度

温度与湿度也是影响到建筑设计的重要因素。在太阳辐射的直接影响下，一方面室外气温会升高，室外热空气通过对流的方式会进入室内。另一方面，太阳辐射的热量会透过外围护结构传递进入室内。在这双重作用的影响下，室内温度的升高会对人的舒适性产生不利的影响，因此，在建筑设计中如何隔绝室外热量的传递，阻止温度的升高是传统建筑中关注的主要方面之一。湿度对于人的舒适性主要是通过温度来表现的。在夏天，当温度高于 35℃时，人体内 2/3 的余热是通过汗液蒸发来排除的。当空气中的湿度太大，汗液不易蒸发时就会感觉比较难受。反映到建筑中，如何除湿则是建筑中主要关注的问题。

6.3.2　城市布局对于极端气候条件的回应

早期海口城市应对极端气候条件的方式有两种，一种是通过其外部的防护体系例如防护林和城墙来抵御外部自然灾害的影响，还有一种就是通过街区内部的布局形式来减少自然灾害的影响。

1. 外部防护体系

滨海城市外围防护林是城市应对自然灾害的第一道屏障。沿海防护林体系是由防风固沙林、水土保持林、水源涵养林、农田防护林和其他防护林等五类防护林组成的综合体系。从功能上而言，沿海防护林体系不仅能够防风固沙、保持水土、调节气候、保障沿岸地区农业生产，还能够抵御海啸、强台风等极端条件下的灾害，对于保障沿海地区人民的安全，促进生态可持续发展具有重要意义[129]。

早期海口城市由于有城墙的保护，因此对外部防护林的建设并不十分重视，沿海地区的防护林基本处于一种自发的原始状态。民国以后，随着城市的开放与城墙的拆除，沿海防护林对于城市而言就显得越发重要。相关学者曾开展过"海口湾沿岸风暴潮漫滩风险计算"和"海口湾沿岸风暴潮风险评估"的研究工作。研究结果表明，海口湾百年一遇的极值高水位为 360cm。如果这种情况发生，新埠岛淹没面积 4.48km^2，滨海大道至长堤路沿岸是 9.00km^2，南渡江西岸与美舍河沿岸为 5.01km^2 [130]。因此，20 世纪 50 年代以来，海口外围的防护林就一直在不断地建设中。80 年代开始海口市就对演丰镇、三江镇一带沿海天然红树林进行了保护，其中主要的保护措施是开展人工造林，不断扩大红树林面积及严禁砍挖红树林。同时，在海口的东海岸和西海岸大量人工种植木麻黄。虽然因为各种人为和自然的因素，导致建设过程中并不十分完善，但依旧取得了一定的成果，为保持海岸平衡、保护城市安全起到了相当重要的作用。

2. 街巷空间的布局

海口骑楼街区的布局主要以围合的坊式布局为主，在空间上表现得十分紧凑。以中山路为例，在全长 388m 的街道上两侧共分布着 118 户的骑楼建筑，大的一些面宽可以达到 6m 左右，小的面宽也就 3m 左右。如此紧凑的布局一方面是同民国时期城市发展，城市用地紧张有关。另一方面，由于海南地区多台风，台风给当地造成了巨大的人员和财产损失，如 1973 年 9 月在海南琼海登陆的台风，造成全岛受灾 11.37 万户，房屋全倒 12.6 万间，半倒 5.72 万间，揭顶 25.24 万间。在混凝土材料大面积推广以前，台风对分散式的民居存在着威胁，而骑楼建筑紧凑的布局方式也是对这种极端的自然气候的一种应对。

在街道空间的布局上，海口骑楼街区不完全遵循传统规划观念中正南正北，网格型道路的布局，而是根据自身的需求而决定。因此，在街道空间中很少有正交的十字路口，而多以丁字路口和错位相交的路口为主，这样的街巷的布局能够避免气流（尤其是刮台风时）在街区中的肆意横行。通过多变的空间节点，能够有效地降低气流在街区中的速度。

6.3.3　建筑单体对于自然环境的对应

1. 连续骑楼围合的步行长廊

所谓骑楼，是指楼房与楼房之间，跨人行道而建，在马路边相互连接形成自由步行的长廊。它是西方古代建筑与中国南方传统文化相结合演变而成的建筑形式，可避风雨防日晒，特别适应岭南亚热带气候。海口地区的骑楼下的步行道的宽度一般在 2.1 ~ 3m 左右，高度多为 4 ~ 4.5m 左右。这些长廊在暴雨来临之际，可以为路上的行人提供一个遮风避雨的空间。同时由于其连贯性，即使是刮风下雨或是烈日炎炎，也丝毫不影响长廊空间内商业和生活活动的进行。

2. 有组织的排水系统

海南早期的传统民居之中是没有任何的排水措施的，对于屋顶的降雨主要都是无组织排水。每当下雨的时候，雨水就会顺着坡屋顶流下，对居民生活造成影响。而民国时期修建的骑楼建筑则大多采用了有组织的排水系统。这主要是由于海口地区的降雨量大，而当时大多数的骑楼又是沿街而建，如果不采用有组织排水的话，就会对街道造成不良的影响。与传统的坡屋顶挑檐不同，海口沿街骑楼的坡屋顶檐口部分并没有向外出挑，而是到沿街外墙处收头或是再向内后退一些，沿街外墙部分则设置女儿墙将其遮挡。后退的部分设置为水平向的槽，槽从中间向两端略带坡度，端部设有排水管，可以将槽内的积水及时排到地面，而地面又通过下水管道将雨水排走。因此，海口骑楼街区内极少看到"水漫金山"的景象（图6.11）。

图 6.11　侧面的落水管

图片来源：西安建筑科技大学绿色建筑研究中心．

图 6.12　骑楼立面的百叶窗

图片来源：西安建筑科技大学绿色建筑研究中心．

3. 遮阳的措施

骑楼建筑的遮阳措施可以分为两个方面，一个方面是从骑楼内部使用空间，另一个方面则是骑楼外部的使用空间。对于骑楼内部使用空间而言，遮阳的目的主要是为了满足骑楼之内住户的生活需求。由于太阳的直接辐射是造成室内气温上升的重要原因，因此在缺乏空调等主动式空气调节设备的年代，人们主要是通过各种遮阳的措施来隔绝太阳光的直射室内，以免室内温度过高。其中的一种主要措施就是通过立面上安装木质的百叶窗（图6.12）。木质的百叶窗一方面可以使室内避免太阳光的直接辐射，另一方面由于木材本身的导热性差，因此通过热传递进入室内的热量也较少。在缺乏塑料及高分子材料等人工合成品的年代，木质百叶窗既可以满足遮阳的需要，同时镶嵌在当时华美的建筑立面之中，也不会在审美上有什么缺陷。

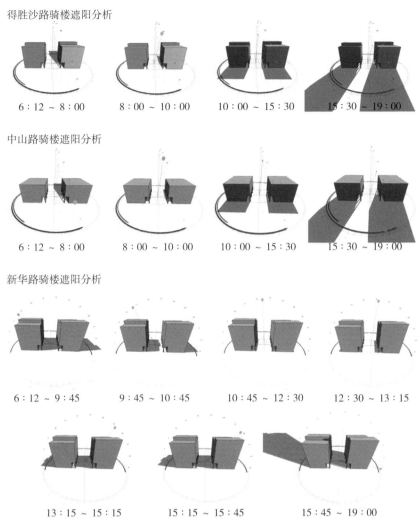

得胜沙路骑楼遮阳分析

6：12 ～ 8：00　　8：00 ～ 10：00　　10：00 ～ 15：30　　15：30 ～ 19：00

中山路骑楼遮阳分析

6：12 ～ 8：00　　8：00 ～ 10：00　　10：00 ～ 15：30　　15：30 ～ 19：00

新华路骑楼遮阳分析

6：12 ～ 9：45　　9：45 ～ 10：45　　10：45 ～ 12：30　　12：30 ～ 13：15

13：15 ～ 15：15　　15：15 ～ 15：45　　15：45 ～ 19：00

图 6.13　主要骑楼街道遮阳分析

图片来源：西安建筑科技大学绿色建筑研究中心.

对于骑楼外部使用空间而言，遮阳的目的主要是为了满足骑楼户外商业活动的需求。正如前面所提到的骑楼的连续的步行长廊可以用来遮蔽风雨，步行长廊同样可以用来遮蔽炎炎烈日。通过笔者对海口骑楼街区五条主要街道空间尺度的调研以及在 Ecotect Analysis 中对于大暑日海口地区的日照模拟（见图 6.13），发现一些如下的规律：①对于东西向的骑楼街道而言，骑楼的高度与街道的宽度对步行长廊遮阳的影响不明显。相比之下，步行长廊自身的宽度与高度对遮阳则起到重要的作用。一般而言，二层骑楼挑出越多（即步行长廊宽度越大），步行长廊高度越低，则遮阳的效果越好。②对于南北向的骑楼街道而言，骑楼的高度与街道的宽度对步行长廊遮阳有着重要的影响。街道越窄，骑楼越高则对遮阳就越有利。与此同时，步行长廊自身的宽度与高度对遮阳也起到一定的作用，但是作用不明显。③根据笔者的实地观察与模拟发现：由于海口位于地球的北回归线与赤道之间，在夏季的时候，太阳更多的是从骑楼建筑的北向射入，而在南向的骑楼在夏季的时候则大多处于阴影区当中，这与大陆许多地区的南向遮阳是不同的。因此在海口地区的遮阳设计中除了南向外，还应考虑北向和西向的遮阳。通过这些规律，我们可以发现作为当地主要的室外遮阳措施的步行长廊存在着一定的合理性，但是也有一些不足。不足之处主要是在于受到太阳移动的影响，街道两侧的步行长廊不是任何时间都会全部处于阴影区中的，但是始终会有一条街道会处于阴影区中。这个时候行人只要从一侧的步行长廊走到另一侧的步行长廊中就可以解决日晒的问题。因此，总的来讲骑楼之下的步行长廊还是能够适应当地气候的。

4.多重的防热措施

1）隔热与通风措施

对于缺乏主动式通风系统的传统民居而言，要想在炎热的夏天降低室内气温最主要的方法就是隔离日照和加强通风。对于骑楼建筑而言，由于其紧凑的布局已经避免了来自两侧山墙方向的日照，而海口地区纬度又较低，太阳高度角较大，因此，隔热的重点便放在了屋顶。海口骑楼建筑继承了传统岭南地区屋顶的隔热方法，即采用多层的冷摊瓦屋面来增强隔热的效果。这种冷摊瓦屋面一般先在瓦垄之间铺设一层板瓦，然后用草煤灰混合砂浆覆盖，加高瓦垄，然后在瓦垄之间再铺设第二层板瓦。两层板瓦之间的间距一般在 5 ~ 10cm 之间。当太阳光直射到最外一层板瓦的时候，板瓦温度会有所升高，而此时，两层板瓦之间的空气温度也会随之升高，热空气将从瓦与瓦之间的缝隙排出，有利于降低屋面内侧的温度。有的建筑还在这空隙之间再铺设一层筒瓦，然后用砂浆填实。这种做法则主要是通过砂浆的蓄热功能和筒瓦之间的空隙所形成的空隙来进行隔热，这种做法较之先前的只是铺设两层瓦屋面的做法又有所改进（图 6.14）。

图 6.14 双层瓦屋面

图片来源：西安建筑科技大学绿色建筑研究中心．

防热的另一个重要措施就是加强建筑物的通
风。在海南地区传统的民居中，一般是围合式多
进院落的布局方式。由于早期传统民居大多为一
层的建筑，故建筑之间的院落间距较大。每一进
的院落空间可以较好地将气流引入室内，达到空
气对流的目的。发展到骑楼建筑的时候，传统院
落的空间形式虽然被保留了下来，但被简化成了
天井。大部分骑楼建筑在院落进深的方向上布置
一至数个竖向的天井。这些天井虽然面积较小，
但依旧对室内通风起到重要作用。因为在骑楼建
筑当中，居住空间已经被安排到了二层及二层以
上，室外的气流通过沿街立面上的窗户进入室内
后又可以从靠近天井一侧的窗户流出，形成了室
内空气对流。

2）建筑的色彩

除了屋顶以外，骑楼建筑的外墙也是防热的
重点部位之一。外墙对太阳辐射的吸收程度取决
于外墙材料的表面颜色和质地。而外墙除了接受

图 6.15　白色立面的骑楼建筑
图片来源：西安建筑科技大学绿色建筑研究中心．

太阳辐射之外，还受其他墙的太阳反射辐射。所以要求：一方面外墙吸收太阳辐射量要少，
另一方面对它墙反射太阳辐射也尽量少[131]。与岭南其他地区不同，海口的骑楼建筑的外
墙多以白色为主（图 6.15），在相同的墙体材料的条件下，白色的外墙面的反射率要高于
其他颜色墙面的反射率。根据国内其他学者所做的太阳辐射下建筑外墙墙面材料隔热性能
的实验我们可以得知在外墙材料相同的情况下，白色涂料的反射率可以达到 0.85，峰值室
内气温可以降低 4.7℃。这对于热带地区传统民居的夏季降温具有重要的意义。

5."下店上储"的使用空间

骑楼建筑应对炎热高温的另一举措就是其"下店上宅"的空间使用模式。这种模式最早
是出于商业功能的需要而产生的，同时也是一种能够很好地应对自然环境的举措。但是在笔
者对于中山路、博爱路和新华路的部分骑楼建筑调查当中，发现由于功能转换、年久失修等
诸多方面的原因，许多骑楼的二层空间已经不再住人，而是改变为储藏空间用于堆放货物。（传
统的居住功能已被调整到后面的院落中或是搬迁到街区以外的地方）在白天的时候虽然二层
空间相对较热，但是这个时候骑楼的住户主要在下层从事各种商业经营的活动，只是偶尔会
有人上来取货，停留时间较短，因此上层空间的气温对于使用者的影响不是很大。到了晚上，
人们离开骑楼街区，因此骑楼室内的温度对用户基本没有太大的影响（图 6.16）。

6.3.4　从人的舒适性看骑楼建筑对海口当地的气候适应性

国内外部分学者曾经对骑楼建筑做过调查研究，对于骑楼建筑与岭南地区炎热的气
候的适应性也发表过一些研究成果。以广州大学汤国华为代表的一些学者，主要从骑楼建

筑的室外空间入手，比较了三类人行道建筑——遮蔽式（骑楼式）、半遮蔽式和全开敞式，认为广州市属南方湿热型气候，对市区人行道热环境影响的主要是降雨，日晒和台风，为满足"防雨、防晒、防台风"的三防要求，骑楼式人行道是最适合的。这虽然从骑楼的走道空间阐述了人、建筑与室外环境之间的关系，但着眼点关注的是室外活动的人。而对于骑楼内部的使用者、建筑与室外环境三者之间关系的研究至今关注的还比较少。因此，笔者通过选取海口典型骑楼建筑，从骑楼建筑内部空间环境入手，选取海口当地夏季典型性气候，通过实地观察、测绘与技术测试相结合的方法，试图阐明传统骑楼建筑内室温变化与人的主要活动之间的关系，即在缺乏主动式空气调节设备的条件下，骑楼建筑是否能满足人体热舒适的要求。

图 6.16　骑楼二层的储藏空间

图片来源：西安建筑科技大学绿色建筑研究中心.

1. 测试对象

骑楼作为一种商住两用的建筑类型，主要的功能集中在沿街的商业空间和院内的居住空间。由于时代变迁，骑楼的居住功能已经不满足现代生活的需要，因此许多原有的住户将骑楼出租给了商家，因此当前大多传统骑楼内部已经转化成单一的商业功能。

本次测试选取的对象是位于中山路 24 号骑楼建筑。该骑楼建筑修建于民国时期，后来虽然立面经过局部整修，但整体至今保存较为完整，能够准确反映民国时期的建筑空间布局及构造做法。就功能空间而言，整户可以分为 4 进院落（图 6.17）。第一进是以两层骑楼为主的商业经营空间，一层营业厅面积 134m²。二层仓储面积 149m²；第二进是以生活服务为主的两层传统民居，一层面积 26m²，二层服务区面积 26m²；第三进院落是三层现代风格的住宅建筑，各层面积均为 26m²；最后一进是以储藏为主的两层传统民居，两层仓储面积均为 77m²。就第二进和最后一进建筑而言，其最初也为居住而设计的，只是随着时代的变迁，居住人口的减少，改变成了其他的功能空间。就建筑构造与材料而言，其围护结构多采用青砖或红砖砌筑，砖与砖之间通过砂浆粘接，外面再抹上一层水泥砂浆。屋顶承重部分为木质檩条，檩条直径在 180 ~ 220mm 之间。檩条上架椽子，椽子上铺 1 ~ 2 层小青瓦。小青瓦之间通过水泥沙浆做成的瓦垄覆盖。外窗均为木质窗扇。局部建筑南墙窗户之外还有一层木质百叶窗（图 6.18）。

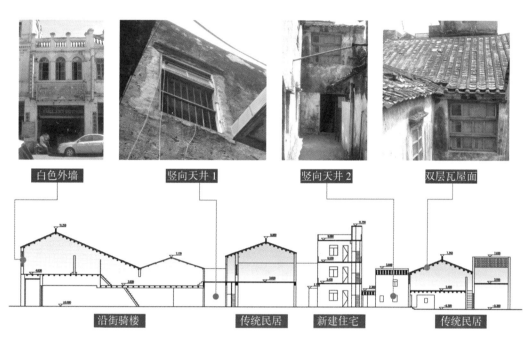

图 6.17　中山路 24 号骑楼

图片来源：西安建筑科技大学绿色建筑研究中心.

图 6.18　测试骑楼的外围护结构

图片来源：西安建筑科技大学绿色建筑研究中心.

2. 测试结果分析

　　海口地区高温潮湿的气候条件，决定了当地建筑的主要关注的应该是夏季隔热的问题。综合上述各个方面的测试结果，我们可以发现夏季影响海口骑楼热舒适性的主要因素有以下几点：屋顶的构造形式、围护结构的热工性能、室内通风方式。

（1）屋顶的构造形式

传统骑楼并列排布的布局解决了来自两侧山墙的太阳辐射，使得隔热的重点变成了屋顶。加强屋顶的隔热能力对于缓解室内温度，增强室内二层空间的热舒适度具有重要意义。传统的骑楼建筑的屋顶采用了双层的瓦屋面，当屋顶外表面超过57℃时，内表面最高才39℃（被测房间的屋顶为双层瓦屋面），隔热效果非常明显。相反，在屋顶之内做吊顶不但不会降低顶层的温度，反而会增加室内温度。例如同是二楼的两个房间，屋顶构造方式也差不多，但是装了吊顶的房间比没装吊顶的房间平均温度要高出2℃左右。这是因为在骑楼建筑中，由于通风条件不好，屋内的热量不太容易散去。如果是在屋面作双层瓦屋顶，室外的气流能够方便地将热量带走，而在室内的吊顶由于屋顶传递下来的热量不能及时地散发，聚集在吊顶中反倒增加了屋顶的热量。因此，热带地区的建筑顶层在通风条件不太好的情况下不宜做吊顶。

（2）围护结构的热工性能

对于骑楼建筑一层而言，通过测试发现在室外温度较高的时候，骑楼内部的温度不是太高。通过对比一层店面室内空气温度和室内平均辐射温度和室外气温发现，在室外温度不断升高的过程中室内温度也是一个不断升高的过程，但是受到围护结构的影响，室内温度不会上升太高。这是因为室外热空气在进入室内的时候与墙体温差较大，室外空气在对墙体热辐射的同时降低了自身的温度，使得室内空气的温度不至于太高。这一方面是由于墙体没有受太阳辐射的缘故，另一方面也说明了传统骑楼中围护墙体的蓄热性能较好，对从室外进入室内的热空气起到了调解的作用。因此，在将来当地新民居的建设中选择围护墙体的材料时，应该选择一些导热系数低，蓄热性能高墙体材料。

图6.19　竖向通风井

图片来源：西安建筑科技大学绿色建筑研究中心．

（3）室内通风方式

被测试的骑楼内的通风较差，许多地方尤其是二层的库房都没有开窗通风，这主要是由于当地下雨较多，商家为了防止货物被雨淋，所以很多情况下并不开窗通风。除了人为的因素外，骑楼的进深过大也是导致气流不畅的主要原因。许多传统骑楼（仅仅指沿街商铺上面的二层部分）的进深就超过 20m，有的骑楼会在中间部分设置一个 5 ~ 6m² 的小天井，有的甚至连天井都没有。这样单靠两侧窗户来进行风压通风是难以实现室内降温的（图6.19）。

3. 测试结论与改进意见

海口传统的骑楼建筑以商业活动为中心，同时兼顾生活的需要。在缺乏主动式制冷设备的年代里，尽管屋顶部分起到了一定的降温作用，但是通风状况不是太良好，屋内热量无法及时散掉，故前人有"暑不登楼"一说[132]。像富裕人家的主卧一般都设置在后面院落的一层中，只有经济状况较差的人家，或是次要的房间才放在二层或顶层空间。进入当代社会后，随着许多骑楼功能的老化，许多有条件的人已经搬出了骑楼建筑，而那些被腾出来的二层空间或顶层也变成了堆放杂物的地方。总的来说，在骑楼建筑中二层空间的使用率远没有一层空间的使用率高。除了和商业活动有关外，这和二层空间的热环境也有一定的关系的。人们更愿意选择舒适性高的一层空间作为主要活动的场所。因此，对于那些依然在作为生活功能使用的二层空间而言，应该通过减小进深、加设通风井的方式来提高通风效率，增加外围护结构与屋顶的材料性能来更好的隔绝热量的传递。同时，应借鉴传统建筑立面遮阳的方式，尽量避免室内受到直射太阳光的影响（图 6.20）。

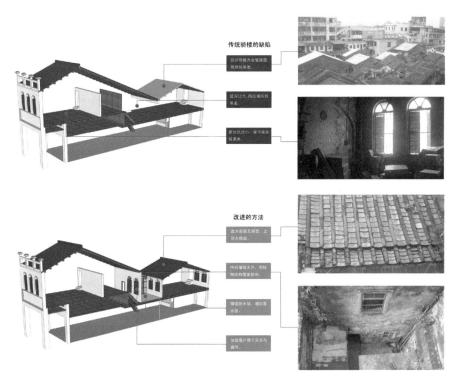

图 6.20 传统骑楼的缺陷及改进方法

图片来源：西安建筑科技大学绿色建筑研究中心.

6.4 骑楼建筑的当代传承与发展

6.4.1 传统骑楼建筑空间模式的提炼、传承与转译

1. 传统骑楼建筑空间模式的提炼

传统骑楼建筑进入新的历史时期，由于自身空间的局限性，影响到现代商业模式和居住模式在其内部的推广，因而骑楼建筑急需一种新的空间模式来适应现代社会发展的需要。通过对骑楼建筑的空间模式及当代一些住宅类型和商业类型的研究。我们或许可以获得一些启示。

（1）下店上宅空间模式

下店上宅作为骑楼建筑最为基本的空间模式（图6.21），是区别骑楼建筑与其他建筑类型的重要因素（图6.21）。骑楼建筑中虽有下店上宅的基本空间模式，但对其相互之间的比例和尺度并没有做出详尽的规定。在早期建成的骑楼建筑中，作为铺面的商店一般为一层，高度在4.5～5m左右。而顶上的住宅则多为1～4层。进入20世纪后，海南文昌地区的骑楼建筑出现一种新的趋势，就是下面的店面做到两层，高度在7～8m之间，上面的住宅仍保持在4～5层之间。这种变化给予了我们一个启示，就是骑楼建筑的商铺的面积不一定局限于一层。随着当代骑楼建筑体量的不断增大，电梯等设备的增多，骑楼建筑中商业空间的分量可以适当增大，但除体量巨大的居住区及大型商业建筑外，一般不宜超过3层，这是由商业业态动线的需要所决定的。对于骑楼上部的住宅空间，在满足当代社会生活需求的基础之上，可以根据具体的情况需求进行适当的空间调整。

图 6.21 下店上宅的空间模式

图片来源：西安建筑科技大学绿色建筑研究中心．

（2）悬挑

骑楼建筑的一个基本的空间特征是通过悬挑的建筑为下面的行人提供一个可以遮风避雨的走道空间（图6.22）。由于早期骑楼建筑中结构技术的不成熟及美学需求的原因，在骑楼建筑中设计了支柱来支撑悬挑的部分。因此，骑楼悬挑部分的支柱一直被视为是骑楼建筑一个重要的表现特征。但随着技术的进步及社会的发展，人们发现有脚骑楼虽明确界定了空间的边界，却阻碍了交通，因此逐渐放弃骑楼建筑中的支柱。民国以后，沿街的骑楼建筑不再受到民国时期城市规划管理条例的限制，不再修建有脚骑楼建筑，但建筑物向外悬挑以利遮风避雨的方式却保存了下来。并在当前国内许多地区推广应用。其实这些建筑除了没有悬挑部分的支柱之外，在提供遮蔽空间与下店上宅的空间模式上与传统的骑楼建筑都非常的相似。因此在骑楼建筑的发展过程中只要继承了传统骑楼建筑中应对自然化环境的经验，不必过分拘泥于骑楼建筑到底是有脚还是无脚。另外在当前出现的一些类骑楼建筑中，建筑悬挑下部的走道方式也与传统骑楼建筑也有所不同。

图6.22　悬挑的空间模式

图片来源：西安建筑科技大学绿色建筑研究中心．

（3）联排

紧密排列的建筑空间也是骑楼建筑的一个重要特征（图6.23）。这种并列排布的办法一是由于城市用地紧张，二是可以有效避免台风对骑楼建筑的损害。这种联排布局的模式进入当代以后依然有所出现，但是一般层数都不超过7层。联排的建筑布局模式对于今天的骑楼建筑而言，它的优点是可以提高土地的利用率。由于现代建筑技术、建筑设备的进步、骑楼建筑可以修建得很高。这样可以满足更多的人的居住需求。它的缺点是当代骑楼建筑普遍体量较大。这些大体量的骑楼建筑并排在一起，对建筑通风、采光、防火等因素显然是不利的。但这些不利因素可以通过对骑楼空间进深的调整来解决。例如传统骑楼的居住空间之所以进深过大，是因为骑楼上部和下部的进深除去走道部分是一样的。这样大的进深并排在一起显然是不利的。但是如果在保持下部进深不变的基础上，对上部的进深进行调整，减小上部进深的深度，就可以改善这些不利的因素。或是通过底部联排，上部局部错开的方式来避免这些不利因素。

（4）多重院落

作为单体骑楼建筑而言，纵向上的多重院落空间的展开是骑楼建筑一个重要的空间特征。根据对海口骑楼街区调研可知，骑楼建筑的院落空间最少为一进院落，而多的可达到

图 6.23　联排的模式

图片来源：西安建筑科技大学绿色建筑研究中心．

图 6.24　简化后的采光井

图片来源：西安建筑科技大学绿色建筑研究中心．

3～4 进之多。多重的院落空间减小了骑楼建筑的沿街面宽而加大了骑楼建筑的进深。民国以后修建的骑楼建筑，完全是按照场地与功能的需求来设计的，为了保证建筑的功能之间不穿套，会留出一个天井作为公共交通空间，因此出现的院落空间逐渐演变为竖向的天井，院落空间的面宽与进深比大多小于 1。

2.传统骑楼建筑空间模式的转化与适应性

（1）从商住两用转向功能复合

骑楼建筑体量的增大，为骑楼建筑使用功能的拓展奠定了基础。当代骑楼建筑体量的变大，导致骑楼内部人口数量也随之增加。原先单一的居住和对外商业的功能已经不太适应当代城市发展的需要，骑楼内部的使用功能也趋向多元化的发展。例如澳门地区就有出现夹杂商业、餐饮、办公、培训、居住等多种功能为一体的大型骑楼建筑。同时，部分骑楼又是重要的交通节点，对沟通交通起到重要作用。这一系列的措施使得骑楼建筑内部的功能空间趋向复合化。

（2）天井与庭院的退化

天井与庭院是骑楼建筑一个重要的特征，天井与庭院一般沿着骑楼建筑的纵向院落的进深方向布置，这些天井和院落对改善建筑的室内采光与通风起到一定的积极作用。进入当代以后，骑楼历史街区内部分新建的大型骑楼依然保留了天井。这些天井的尺寸较原有骑楼的天井的尺寸有所减小，通风的功能退化得比较严重，仅保留了采光的功能（图6.24）。例如在新华北路 58 号的骑楼建筑中，由于采光井尺寸较小且在竖向高度过高，因此底层房间的采光效果非常不好。这归根到底还是由于天井的尺度与其围合的建筑的尺度在比例关系上发生变化所造成的。当代在骑楼街区中修建的建筑依然没有摆脱用地的局限性。为了提高土地的利用率,在有限的面宽下修建了更高的骑楼建筑,并且建筑内的房间布置更加的密集,严重压缩了天井水平投影面的面积。空间的局限性是造成天井功能退化的重要原因。但是却给了我们一个启示,就是在可能的条件下,通过改变天井与围合的建筑的比例关系,这种天井空间不但可以重生,而且还能发挥更积极的意义。例如在新建的大型的当代类骑楼建筑中,通过对建筑布局的改进,将天井或庭院引入类骑楼建筑当中。通过扩大围合的天井的面积,使之形成一个围合的庭院。这样一方面可以改善建筑内部的采光与通风,同时,围合的庭院还可以形成一个景观空间,提高建筑的品质。

（3）从内向型走向外向型的景观空间

传统骑楼的景观空间主要集中在内部围合的小院落内,在外部的街巷公共空间基本上都是人行道和汽车道,除了部分街道转角有零星的绿化之外,基本上没有什么绿化景观。进入当代之后,骑楼建筑随着体量的增大,传统的以单一住户为主的骑楼建筑变成了以多户共同居住为主的骑楼建筑。骑楼内部的院落空间被简化成了天井以利于采光和通风,有的骑楼建筑内部甚至连天井都没有。因此,骑楼建筑的景观绿化开始由骑楼内部走向骑楼外部。在当前城市中,随着城市道路的拓宽,规划中为道路预留了绿化的空间。当代的骑楼建筑的景观绿化主要依靠城市沿街绿化来完成。也有个别的当代的骑楼建筑由于自身较为独立,周边建筑间距较大,利用周边空地来进行绿化（图6.25、图6.26）。

图 6.25 传统骑楼内部的绿化　　图 6.26 当代骑楼外部空间的绿化

图片来源:西安建筑科技大学绿色建筑研究中心.

6.4.2 与当代气候环境相适应的传统骑楼建筑改良方法

1. 当代技术影响下骑楼建筑的转变

进入21世纪之后的骑楼建筑也更多地呈现出与以往不同的特征。首先是当前大部分的骑楼建筑已经不再有脚柱。与传统的有脚骑楼相比,无脚骑楼的挑檐比较短浅,且挑檐下的街道并不像传统骑楼街道那样连续。这一方面是由于现在新建的无脚骑楼的体量都比较大,要满足建筑结构的需求、另一方面还要满足建筑防火规范的要求。这种不连续的走道空间,削弱了挑檐下走道的遮风避雨的功能（表6.2）。

传统骑楼建筑模式　　　　　　　　　　　　　　　表 6.2

基本模式		元素	应对的问题	在当代社会是否适用	模式语言的转变
外部空间模式	下店上宅	店面、住宅	商业经营、居住需求	适用	1. 部分传统骑楼建筑由下店上宅转变为下店上储 2. 下店上宅的模式中未对各部分的比例关系出现变化，从一层托一层、一层托多层变成二层托多层 3. 传统骑楼建筑上下空间进深基本一致（下层含走道），但新出现的类骑楼建筑中上下空间进深不一致 4. 店面由于面积和层数的增加，功能趋向于多元化，而住宅的功能也趋向于满足当代生活的单元式住宅
	悬挑	柱廊、走道	商业经营、城市交通、社会交往	适用	1. 传统骑楼都是由柱廊来支撑悬挑的，部分新的类骑楼建筑中，柱子被取消，直接悬挑 2. 由传统骑楼建筑上部全部悬挑转变成上部局部悬挑 3. 悬挑的尺度有的增大，覆盖的空间转变成广场；有的减小，覆盖的空间转变成雨篷
	联排	建筑单体	城市用地、自然环境	一般适用	1. 由独立单体建筑上下一致的联排转变成集合的、上下不一致的联排 2. 发展类似于联排别墅的骑楼建筑
内部空间模式	分散	卧室、厨房、卫生间、水井	居住需求	不适用	1. 传统的骑楼中的功能空间分散独立，而当代骑楼中的功能趋向集中，使用上更加便捷 2. 传统骑楼的卧室更倾向于双向开窗实现自然通风，而当代骑楼建筑的卧室大多单向开窗
	集约	店面	商业经营	适用	传统骑楼中的店铺一般都是一个通透的单一空间。而进入当代后，随着面积的增大和功能的增多，空间的功能与交通组织的方式也趋向多样化
	围合	天井、院落	室内景观、采光通风	不适用	1. 围合的空间在发展过程中有逐渐较小的趋势，从原来的庭院退化成为天井，再退化为采光井，最后完全消失 2. 一些大型的商住区出现了通过不同独立商住楼与裙房共同围合庭院的趋势 3. 内部围合的景观空间向外部开放的景观空间转变

其次是当代的新建的骑楼建筑中普遍取消了传统骑楼中的天井。相对于传统骑楼而言，当代的骑楼建筑普遍体量更大，内部的空间布局也更加的复杂。在当前的骑楼建筑中即使布置了天井，也难以满足通风降温的需求。且当前空调设备普遍使用，使得骑楼建筑内部的空间布局更加趋向于单元式住宅的布局方式。

再次，当前的骑楼建筑已经放弃传统建筑中双坡瓦屋面的做法而普遍采用平屋顶的形式。在建筑的屋顶隔热上大量采用了架空砌块的方法来减少屋顶的直接受热。这种做法简易，比较实用。骑楼建筑的外观及其相应的技术构造在时代的变迁中虽然发生了一定的变化，但是其应对特定的气候的精神却没有改变（图 6.27、图 6.28）。

图 6.27　海口民居中屋顶架空隔热措施

图 6.28　万宁地区民居中屋顶架空隔热措施

图片来源：西安建筑科技大学绿色建筑研究中心．

2. 新建筑模式对于传统建筑模式的技术补充

相对于传统骑楼建筑和新建骑楼建筑而言，最近十几年来出现的联排别墅是一种与骑楼建筑有特定联系的建筑类型。尽管联排别墅和骑楼建筑的设计出发点并不相同，一个是为了居住的需求而另一个则是商住两用。但它们在应对亚热带、热带地区的气候方面却存在某些相似之处。首先，联排别墅在建筑单体布局上与传统的骑楼建筑一样，即都采用并列式布局的方式。这种方式的布局在减少外墙的辐射面积，降低室外热量传递方面有着显著的作用。其次，部分的联排别墅在建筑中都设置了中庭空间。这与传统骑楼建筑的室内布局较为相似。但联排别墅作为一种纯粹的居住性建筑，它在室内生活空间的设计上较骑楼建筑更加合理，在室外的立面遮阳、屋顶遮阳等方面的设计上更加人性化。例如在传统的骑楼中虽然都有天井或空间，但在其内部的设计中却较少考虑到室内活动的便捷性与舒适性，在室内想从前面的房间到达后面的房间往往要穿过日晒雨淋的天井。在联排别墅中，室内的交通组织基本上是在室内完成的，根本不会有要穿过天井的现象（见图 6.29）。

另一方面，传统的骑楼建筑在立面上主要通过百叶窗来遮阳。这种遮阳方式受到开窗方式、开窗面积等因素的制约，实际的遮阳效果有限。而在联排别墅中，开窗的方式可以结合阳台、挑檐等方面的布置来综合考虑，可以有效减少建筑正立面的太阳辐射。同时，联排别墅在沿街立面的山墙上可以通过增设百叶的方式来开窗，这样的做法可以更加有效地增加室内空气的流动性，同时还可以解决房屋中间部分采光不足的问题，这些技术措施对传统骑楼建筑的改造和修建新的类骑楼建筑具有一定的参考性（图 6.30 ～图 6.32）。

3. 适宜技术在类骑楼建筑中的应用

1）维护结构的处理

对围护结构的热工性能要求，国家标准在全国统一采用传热系数 K 值作为控制指标，这对于海口这样的夏热冬暖地区并不适用。尽管冬季海口地区在某些时间段的气温较低，但是这样的时间段在一年中所占的比例较小，因此，在海口地区的建筑设计中做外墙保温，节能效果不明显，且工程质量控制难度高，耐久性达不到建筑寿命的要求。提高围护结构的隔热性能及遮阳效果，对建筑节能效果显著，但目前国家标准对此没有明确的评价和计算方法。提高围护结构的隔热性能有很多的做法。主要有以下几种方式：

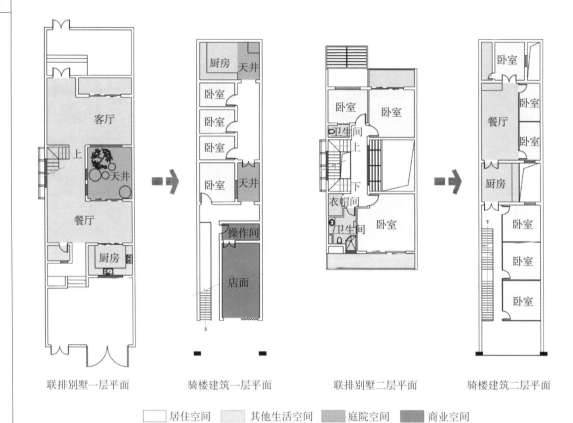

| 联排别墅一层平面 | 骑楼建筑一层平面 | 联排别墅二层平面 | 骑楼建筑二层平面 |

☐ 居住空间　☐ 其他生活空间　☐ 庭院空间　☐ 商业空间

图 6.29　联排别墅与骑楼相似的中庭布局

图片来源：西安建筑科技大学绿色建筑研究中心.

图 6.30　立面遮阳措施 1　　图 6.31　立面遮阳措施 2　图 6.32　山墙上的百叶窗

图片来源：西安建筑科技大学绿色建筑研究中心.

（1）合理设置维护结构的朝向

海口地区的建筑朝向一般以南北向最有利，而以东西朝向得热量最多，一般应控制在南偏西夹角 30°以内。这就意味着在建筑设计的过程中，应考虑到不同建筑材料在维护结构上的分布。例如在东西外墙上应采用较为厚重或隔热性能较好的材料来减少热量的传递，而在南北墙体上则可以适当开较大面积的窗户以利于采光。

（2）采用双层墙体的构造形式

双层墙体可以分成两类，一类是在原有墙体外干挂石材、金属板等材料，做成通风夹层。当阳光照射在外层墙体的时候，外层墙体吸收太阳辐射的热量，而外墙与内墙之间的空气夹层中的气流则可以减少外层墙体对内层墙体的热量传递。另一类则是双层玻璃幕墙结构，双层玻璃幕墙的实质是在两层墙体之间留有一定宽度的空气间层，空气间层以不同的方式形成一系列的温度缓冲空间。由于空气间层的存在，因而双层玻璃幕墙可以提供一个保护空间用于安装各种诸如百叶、挡板等遮阳设施[133]。

（3）改进立面遮阳措施

通过悬挑遮阳构件和设置百叶窗等不同的方式来减少来自太阳的辐射。百叶作为立面遮阳的主要处理手法之一，在早期的骑楼建筑中就有所体现。早期的骑楼建筑通常采用木制百叶窗作为立面的遮阳构建。这种木制的百叶窗虽然能够达到良好的遮阳与通风效果，但是长期暴露在外的木制窗框较为容易损坏。后来随着建筑材料和建筑技术的发展，建筑的遮阳形式也越来越多样化。例如早期岭南建筑中曾广泛采用"夏式建筑遮阳法"中就在窗户之外设置纵向与横向交错的混凝土薄板构件来遮阳。混凝土板之间可以相互遮挡阳光，而其自身由于体量轻薄，热容量小，自身热量在室外环境中容易较快散去，不会影响到室内。又如马来西亚建筑师杨经文在其设计的 SEUP 商场——办公楼中利用了横向铝合金构件。这些金属构件不仅能够遮挡阳光，挥发热量，同时其金属的质感还有很强的装饰效果。

（4）改变墙体的材料

海口地区传统骑楼建筑中的外墙墙体多采用红砖或青砖砌筑，外饰面抹砂浆。墙体厚度多在 400mm 左右。这种墙体构造虽然在当时能起到一定的隔热作用，但因为实心砖的局限性，当前已经基本不用，取而代之的是空心砖的大量使用。空心砖制造成本低，对环境污染小，具有较好的热稳定性。据相关研究表明，虽然空心砖砌体的蓄热系数低于实心砖砌体，但是由于热阻的提高，它的热惰性、衰减度和延迟时间等指标与同等厚度的实心砖砌体相近。由于砖的平衡湿度很小，透气性好，空心砖墙面同样很少产生凝露现象[134]。这对于海南地区这种湿度较高的地区而言是非常重要的。另外由于当前结构与构造技术的进一步成熟，空心砖在建造过程中的稳定性也有所加强，能够更好地抵御自然灾害的破坏。

（5）改进建筑立面的色彩

进入当代以后，建筑的外饰面材料除原先的涂料或石材外又增加了铝塑板、面砖、陶瓷锦砖、玻璃幕墙等多种新型材料。这些建筑材料由于其自身的特点，需要不同的颜色来表现其艺术性，因此建筑的外立面色彩趋向于多元化。根据笔者调研发现，除了传统骑楼建筑中常用的白色之外，当代海口地区的建筑中还普遍采用黄色、灰色、蓝色和粉色。无论是这其中的哪种颜色，色彩都比较清淡。这些色彩虽然都没有白色对光线的反射率高。但由于它们都很清淡，同时附在一些表面非常光洁的材料上，因此其对阳光的反射效果反而比传统的白色的灰浆抹面的墙体要好。而且多样化的色彩极大丰富了建筑外立面的装饰效果。

2）通风的设计

类骑楼建筑自然通风设计包括室外风环境和室内风环境设计。在室外环境的通风设计中，建筑的规划设计充分结合当地环境特点，利用海口当地区夏季的主导风向及地形环境气流，组织和创造良好的自然通风环境。从建筑的总体规划布局出发，利用建筑物间距、朝向、底层及局部架空等方式组织好风的流向，对风向、风速及空气污染进行控制。在平面布局上重视建筑与建筑之间的风力通风设计，防止大楼风的形成，不出现漩涡和死角。例如在街区规划设计中可以考虑将类骑楼建筑规划成并列排布的布局。根据不同风向的来源，将迎风面上的骑楼建筑局部透空，让气流能够进入或穿透中庭空间，这将有利于改善类骑楼建筑室内的通风状况。在室内通风的设计中，通过合理设计的开窗面积和位置以寻求室内通风和降低空调能耗之间的平衡。通过有效的气流组织，使得建筑内部能够在夏季有效地形成穿堂风，这保证了开窗通风性能，改善室内空气质量，使室内的气流畅通，气温降低，减少空调使用时间（图6.33）。

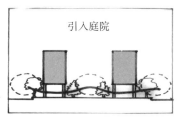

图6.33 内部通风改进措施

图片来源：陈志宏，王剑平.当前骑楼建筑发展研究[D].华侨大学.2007.

3）垂直绿化

所谓垂直绿化就是在平面绿化的基础上，应用爬藤类植物依附于建筑或构筑物上的特性以及在各种建筑构建上进行空间绿化的一种绿化方式。主要包括：墙面垂直绿化；阳台、门窗绿化，花架廊道绿化，尖塔绿化，栏杆、桥柱、灯柱及屋顶绿化等方面。由于海口地区气候温和湿润，年日照时间长，非常合适各类植物的生长。在当前许多公共建筑及居住建筑的裙房部分都有较大的屋顶露台，为屋顶绿化提供了空间。在一些住宅的入户部分，还有入户花园。而室内的阳台、窗台、露台也都为垂直绿化的实施提供了场所。对类骑楼建筑的垂直绿化，不仅丰富了城市绿化的内涵，起到良好的视觉景观作用。同时还起到改善微气候环境的作用。例如经过绿化的建筑屋顶，可以起到以下几个方面的作用：①隔热的作用。在夏季有屋顶绿化的顶层室内温度比未绿化的要低4～6℃左右。②延长屋顶的使用寿命。在极端温度的条件下，绿化后的屋顶可以减少紫外线对屋顶的损害，绿化后的屋顶寿命比未绿化的长约3倍。③净化空气、涵养水源。经绿化的屋顶能够吸收空气中30%的粉尘，吸收并储蓄6%的雨水。④缓解城市热岛效应。海口城区随着建筑密度加大，建筑热辐射越来越严重，热岛效应明显，垂直绿化还可以降低城市热岛效应。

下篇
西部绿色建筑设计研究与实践

第7章　黄土高原新窑居绿色建筑

7.1　项目背景

窑洞民居是我国黄土高原地区独有的一种传统乡土居住建筑。按建筑材料通常可分为"土窑"和"石（砖）窑"两种类型。在陕北，乡村居住建筑中约90%为传统窑居建筑，老百姓最喜爱的是砖或石材箍起的靠山窑，约占总数的70%以上。图7.1是土窑和砖（石）窑的常见形式。

（*a*）靠山式土窑　　　　　　　　　　　　　　（*b*）独立式砖窑

图7.1　传统窑居常见形式

图片来源：西安建筑科技大学绿色建筑研究中心．

7.1.1　建设背景与概况

黄土高原地区乡村人口大约5000万，随着城镇化进程的加快，人们对提高居住环境条件的需求日益增加。大多数居民依旧采用传统的方法在建造传统的旧式窑居，而少部分先富起来的青年人开始"弃窑建房"，形体简单、施工粗糙、品质低下、能耗极高的简易砖混房屋已随处可见，造成的结果是建筑能源资源消耗成倍增长，生活污染物和废弃物的排放量急剧增大，城乡人居环境、自然生态环境质量每况愈下，正在重复城市人居环境所走过的先污染、再治理的老路。

面对这些问题，本项目运用绿色建筑原理，通过对传统窑居建筑进行全面客观的现场测试、调查和评价，将蕴涵于黄土高原传统窑洞民居中的生态建筑经验转化为科学的生态设计技术，在此基础上在陕西省延安枣园村进行新型绿色窑居建筑设计和示范项目建设。

示范项目开始于1996年下半年，至1998年4月，建设规划与设计方案完成。同年，枣园村示范项目开始投入建设。至1999年年底，已完成第一批48孔（16户）和第二批36孔（6户，每户为3开间双层窑居）新窑居的建设工程。至2000年8月，第三批新型绿色窑居建造完成，共建32孔，8户村民住进了新居（每户为2开间双层窑居）。2001年又有 104 孔新型绿色窑居投入建造（图 7.2、图 7.3）。

图 7.2 枣园村新型窑居示范项目部分窑居建成图

图片来源：西安建筑科技大学绿色建筑研究中心．

（a）　　　　　　　　　　　　　　　　　（b）

图 7.3 第一批建成的新型窑居建筑

图片来源：西安建筑科技大学绿色建筑研究中心．

7.1.2 自然地貌与气候条件

枣园村位于延安市区西北 7km 处的西北川，地处一连山和二连山的山坡上，坐北朝南，北面为高山，山脚下南面是西川河及川地。枣园村山地、坡地上植被稀少，水土流失严重，具有典型陕北黄土高原地形地貌特征。交通较为便利，延安至定边公路从村南通过。枣园村南为延园，是中共中央书记处 1943 年至 1947 年的所在地，面积约 80 多亩，这决定了枣园村的与众不同。

该地大陆性气候显著，气候偏冷且气温年较差和日较差都比较大。年平均气温为 9.4℃。最冷月为 1 月，日平均气温 –6.3℃；最热月为 7 月，日平均气温 22.9℃。气温平均日较差为 13.5℃，年较差为 29.2℃，日平均温度 ≤ 5℃ 的天数为 130 天。该地区较为干旱，全年降水量约为 526mm，且集中在 6 月至 9 月。一年中 8 月份相对湿度最大，可达到 66%

~78%。1 月相对湿度最小，约为 45% ~60%。该地区太阳能资源丰富，年日照时数可达 2400 多小时，仅次于西藏和西北部分地区，为太阳能的利用提供了非常有利的条件。

7.1.3 人口与经济条件

枣园村在 1997 年共有 160 户，632 口人，村民住房为窑居，且分布在山坡地上，占地 4.5km²，在耕地 1280 亩，经济林 760 亩，果园 250 亩，鱼塘 45 亩，蔬菜大棚 49 个（按 1996 年价格，每棚收入 8000 元 / 年），1996 年，该村人均收入 2230 元（注：该指标为村委会提供，但实际高调查后，实际人均收入应低于此数）。

7.2 新型窑居设计实施方案

7.2.1 当地传统建筑优、劣势

枣园村绝大部分住户居住在砖石窑洞之中，其布局为自然形成，土地浪费较严重，生活用水来源于山中泉水的储蓄和川地中的井水，水资源匮乏。村落排水无组织，生产、生活垃圾乱倒，村容村貌不整，卫生条件差，居住环境低下，整体建设水平较低。

传统窑居建筑中蕴涵着丰富的生态建筑经验，如冬暖夏凉（节约能源）、节约土地、就地取材、施工简便、经济实用、窑顶自然绿化、污染物排放量小、利于保护自然生态环境等，这些是中国传统优秀地域建筑文化的核心部分。但是，这种传统窑居建筑普遍存在着空间形态单一、功能简单、保温性能失衡、自然通风与自然采光不良以及室内空气质量较差等问题。

以砖混结构为主体的现代居住建筑体系，虽然能满足人们对建筑空间环境的多种生理和心理需求，但存在能耗大、物质资源消耗多、污染物排放量大等缺点，因而其与传统乡土民居建筑具有极强的互补性。

以现代绿色建筑基本原理为指导，研究、创作、设计、试验出一种建立在黄土高原地区社会、经济、文化发展水平与自然环境基础之上，继承了传统窑居生态建筑经验，适合黄土高原乡村地区现代生产生活方式的新型绿色窑居建筑体系，从理论和实践上解决了黄土高原人居环境的可持续发展问题。

7.2.2 整体规划

依山就势，合理地利用地形、地貌，充分利用土地资源，在现有村址的坡地上充分挖潜，利用坡地，设置村落住区为主体，进行了村民基本生活单位及窑居宅院的建设。通过不同生活组团的布局，形成丰富的群体窑居外部空间形态（图 7.3）。

规划设计中尽可能理顺现有道路秩序，充分利用地形地貌，进行护坡、整修和道路走线的调整。

规划将居住生活用地分为三个区域，按照村落——基本生活单元——窑居宅院的结构模式灵活布局，按照公共——半公共——私密的空间组织生活系统，并强调在各层次之间相互联系的同时保持相对独立完整（图 7.4）。

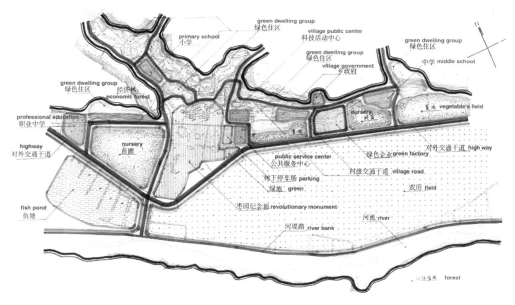

图 7.4 枣园村规划

图片来源：西安建筑科技大学绿色建筑研究中心．

村落背景的山体天际轮廓线是枣园村的绿色屏障，其间种植柏树与枣树，既可四季常绿，又能体现枣园的特性。建设园林化居住环境，形成点、线、面有机结合，平面与立面结合的绿化系统。

7.2.3 新型窑居单体设计

1. 节地设计

综合利用坡地，节约土地资源。新型窑居以两层为主（图 7.5、图 7.6），提高层数为主体的模式成了窑居宅基地的节地模式。

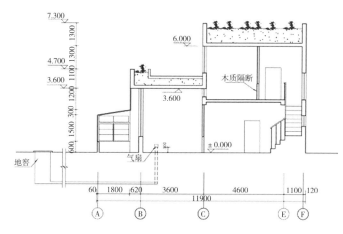

图 7.5 独立式窑居剖面

图片来源：西安建筑科技大学绿色建筑研究中心．

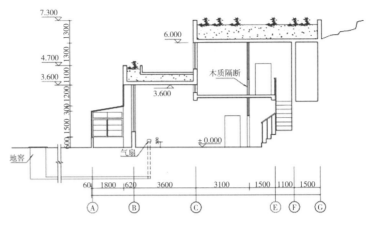

图 7.6　靠山式窑居剖面

图片来源：西安建筑科技人学绿色建筑研究中心．

2. 功能分区

房间平面布置按使用性质进行划分，厨房、卫生间和卧室应分开，室内功能分区明确，满足现代生活的需求。

3. 平面布局

窑居房间平面布局上，相比于传统窑居，缩小南北向轴线尺寸，增加东西向轴线尺寸（图 7.7、图 7.8）。增大南向窗面积，以利尽可能多的获得太阳能得热，并且在一定程度上利于窑洞的后部采光。

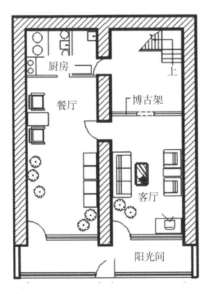

（a）首层平面

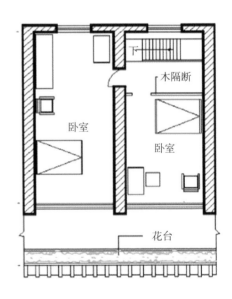

（b）二层平面

图 7.7　典型新型窑居平面设计

图片来源：西安建筑科技大学绿色建筑研究中心．

（a）首层　　　　　　　　　　　　　　　（b）二层

图7.8　新型窑居建成室内实景

图片来源：西安建筑科技大学绿色建筑研究中心.

4. 空间形态

错层窑居、多层窑居与阳光间的结合体系形成新的窑居空间形态（图7.5、图7.6）。通过不同生活组团的布局，形成丰富的群体窑居外部空间形态。

5. 建筑形体

避免在外围护结构设置过多的凹入和凸出，减小了体形系数，有助于减少采暖热负荷。

7.2.4　绿色建筑技术应用

项目实施和推广了一整套绿色适宜性建筑技术，主要包括：可再生自然能源直接利用技术、常规能源再生利用技术、建筑节能节地技术、窑洞民居热工改造技术、窑居室内外物理环境控制技术、废弃物与污染物的资源化处置与再生利用技术及主体绿化技术等（图7.9）。

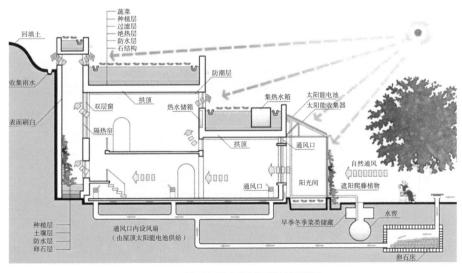

图7.9　新型窑居建筑剖面设计原理图

图片来源：西安建筑科技大学绿色建筑研究中心.

1. 可再生能源利用

（1）太阳能

充分利用太阳能资源作为取暖、烧水、做饭、洗澡的生活用能源。窑洞民居空间形态与太阳能动态利用有机结合是新型绿色窑居的关键技术之一，针对不同户型方案分别采取了直接受益式、集热蓄热墙式、附加阳光间式以及组合式的被动式太阳能采暖方案。其中附加阳光间，使原来的室外门窗不再直接对室外开放，而是面对阳光间这种过渡空间（图7.10、图7.11）。全村有40户新建了窑居附加阳光间，以玻璃替代了麻纸，增加了房屋采光度和利用太阳能得热。

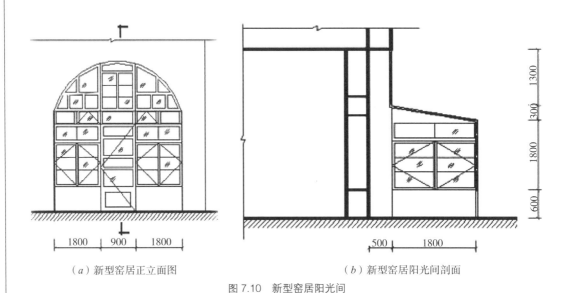

（a）新型窑居正立面图　　　　　　　　　　（b）新型窑居阳光间剖面

图 7.10　新型窑居阳光间

图片来源：西安建筑科技大学绿色建筑研究中心.

图 7.11　窑居附加阳光间建成图

图片来源：西安建筑科技大学绿色建筑研究中心.

除此外，还运用了太阳能热水器技术，共安装了太阳能热水器 160 台，为村民的生活提供了方便和卫生，同时节约了烧水所需的常规能源，减少了对环境的污染。

（2）地冷地热

枣园村 3 户人家进行了地冷地热技术试验。具体做法为在院内挖一个地窖，有通道与室内墙壁上的排气扇相通，利用排气扇进气或出气，使室内环境既能在夏季降温又能在冬季得热，改善了室内空气质量的同时，又调节了温度（图 7.9）。

2. 室内通风

在运用风压通风和热压通风原理的基础上，全部新型窑居都合理地组织室内通风。独立式窑居可采用自然通风，需北面开窗，应注意尽可能缩小窗户面积，并采用双层窗或设置保温装置。这样做必然以损失窑洞的热环境为代价，但同时能够改善室内后部的光照环境。靠山式窑居可采取错层后的天窗与窑洞后部的通风竖井相结合的做法。上述措施保证了冬季换气和夏季降温的要求（图 7.9）。

3. 保温隔热

以玻璃窗替代了原来的麻纸窗户，并且采用双层窗或单层窗加夜间保温的方式提高保温性能，同时注意增加门窗的密闭性能。门洞入口处采用了保温措施以防止冬季冷风的渗透。在北向增加窗户，但窗户面积非常小，而且采用了双层窗并设置保温装置。

4. 夏季遮阳

夏季，南窗设遮阳板，或综合绿化，种植藤蔓植物。

5. 院落与窑顶绿化

窑居院落全面实施立体庭院经济，窑顶采取多功能和多样性种植经济作物（图 7.9），既美化了环境，改善了气候，又发展了经济。

6. 防潮

在窑顶采用了新型防水技术应用，结合室内有序组织的自然通风能保持夏季室内温度场分布均匀，防止了壁面与地面泛潮。

7.2.5　村民参与

绿色窑居住区的建设，直接关系到每一户居住者的直接利益，将影响到他们今后的生活。所以建设研究的每一个阶段，都要充分听取居民的心声，采纳其合理的建议。在建设项目一期工程阶段，课题组提出了四种不同类型的窑居方案后，将住户召集在一起，详细介绍了每一个方案的构成、特征及造价，让每户根据各自的经济条件、家庭成员构成、个人喜好去挑选。这一过程中，居民表现出极大的热情，展示出了高度的创造力。绿色建筑与住区的设计研究与实践，有了居民参与，其适宜性和可实施性程度大大提高。

7.3　新型窑居实际效果测评

7.3.1　室内外空气温度

从新型窑居夏季室内空气温度的实测数据（图 7.12）可以看出，新型窑居室内温度可以维持在25℃以下，这是比较舒适的热环境状况；同时，测试期间室内温度波动很小，保持在24~25℃之间，因而能达到类似于空调控制的效果，但是这种自然状况比空调送风更加舒适。从新型窑居与传统窑居冬季室内空气温度的实测数据（如图7.13，图7.14）可以看出，新型窑居内部温度可以达到15℃以上，最低温度约10℃，而传统窑洞的室温最高值在10℃左右，最低值约5℃。虽然两次测试的时间不同，但由于两个测试时段室外温度水平相当，也可以说明新型窑居设计方案比传统窑居具有更好的保温效果。同时，从测试数据还发现，无论是冬季还是夏季，新型窑居室内相对湿度都要低于传统窑居，这表明新型窑居室内比较干爽。

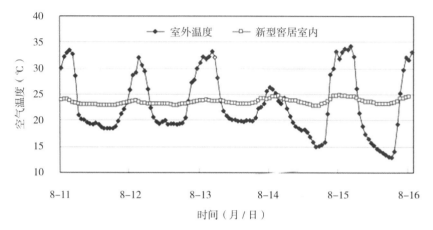

图7.12　新型窑居夏季室内空气温度实测

图片来源：西安建筑科技大学绿色建筑研究中心．

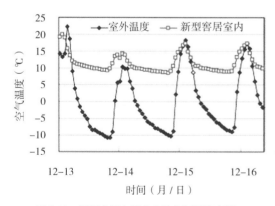

图7.13　新型窑居冬季室内外空气温度实测

图片来源：西安建筑科技大学绿色建筑研究中心．

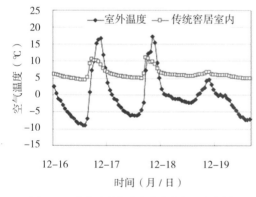

图7.14　传统窑居冬季室内外空气温度实测

图片来源：西安建筑科技大学绿色建筑研究中心．

7.3.2　太阳能采暖

图7.15显示了新型窑居内部太阳能采暖的效果，由于设计了附加阳光间和直接受益窗等太阳能集热部件，可以提高室内温度，在一层的附加阳光间内部，温度可以达到22℃左右。

7.3.3 自然采光

图 7.16 为同一时刻（下午 1 点）传统窑居与新型窑居室内采光情况的实测结果。以采光系数作为分析指标，可以看出，新型窑居室内采光系数比传统窑居高，特别是靠近窗口的位置，由于采用了玻璃窗替代了麻纸，透光率提高，同时由于窗框的面积相应减小，新型窑居室内采光得到了总体的改善。

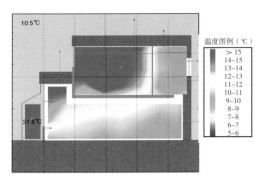

图 7.15 新型窑居太阳能采暖效果

图片来源：西安建筑科技大学绿色建筑研究中心.

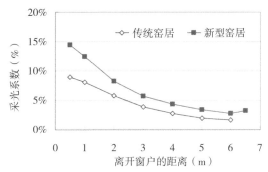

图 7.16 新型窑居与传统窑居室内采光状况

图片来源：西安建筑科技大学绿色建筑研究中心.

7.3.4 热舒适

使用者的热感觉受诸多因素的影响，例如空气温度、相对湿度、辐射温度以及气流速度等。这里采用 PMV 指标来评价窑居建筑的总体热舒适性，结果如图 7.17 所示。可以发现，新型窑居夏季 PMV 值为 0 处波动，与传统窑居的 PMV 指标非常接近，但是稳定性更好。冬季新型窑居比传统窑居舒适度提高很多。传统窑居冬季 PMV 值在 –2 附近波动，而新型窑居在 –1 附近波动，也就是说，新型窑居在冬季不采暖的情况下，使用者大部分时间只是觉得"有些冷"。

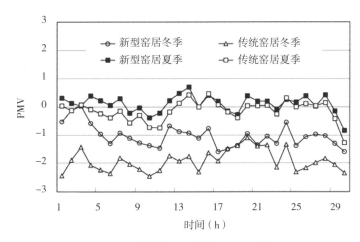

图 7.17 新型窑居与传统窑居 PMV 指标

图片来源：西安建筑科技大学绿色建筑研究中心.

7.4 实践成果

7.4.1 研究成果

（1）提炼了传统窑洞民居生态建筑技术体系。传统窑洞民居中蕴涵有丰富的协调人与自然关系的生态建筑经验；通过采用现代建筑科学方法将其变成了可用于当地居住建筑设计的定量化的技术体系。

（2）建立了新型绿色窑居建筑设计理论和方法。本研究建立了既能满足现代生产生活方式，又具备节约能源、高效利用资源、保护自然生态环境特点，还继承了优秀的地方传统居住方式、习惯和生态建筑经验的新型窑居建筑设计理论和方法。

（3）建立了新型窑居太阳房动态设计理论和方法。窑洞民居空间形态与太阳能动态利用有机结合是新型绿色窑居的关键技术之一；项目研究从理论和设计方法上解决了窑居建筑冬、夏季利用太阳能与室内热环境的动态设计问题。

（4）建立了零辅助能耗窑居太阳房设计理论和方法。合理的空间形式和构造方法，可以在窑居建筑中实现零辅助采暖和空调能耗；项目研究从人体热感觉、窑居热环境需求、平面与空间、构造与材料诸方面，首次解决了窑居建筑实现零能耗的设计问题。

（5）建立了新型窑居建筑绿色性能与物理环境评价指标体系。通过理论分析和对传统窑居与示范工程的几个冬夏季的对比测试研究，首次建立了新型窑居绿色性能与室内外物理环境的评价指标体系。

（6）初步建立了中国传统民居生态建筑经验的科学化技术化及再生的思路和方法，这对研究解决中国传统居住建筑文化持续走向生态文明和现代化提供了一条途径。

7.4.2 实际效益

1. 环境效益

通过理论分析和对传统窑居与示范工程的几个冬夏季的对比测试研究，首次建立了新型窑居绿色性能与室内外物理环境的评价指标体系。下表 7.1 新型窑洞物理环境与节能性能指标是本项目部分绿色性能指标，这些指标都大大优于同纬度地区的城市住宅。

新型窑洞物理环境与节能性能指标　　　　　　　　　　　　　　　　　　表 7.1

窑居形式	采暖空调节能率	太阳能利用率	热舒适指标	换气次数	自然采光系数
新型独立式窑居	70%	65%	PMV −−1~+1	0.8 /h	0.3
新型靠山式窑居	90%	40%	PMV−0.5~+0.5	0.8 /h	0.25

旧式窑洞供暖耗煤量为 $15kg/m^2$，普通混凝土房屋需要 25kg，而新型窑居建筑的采暖耗热量指标仅为 $6w/m^2$ 左右，每个家庭约 $100m^2$ 的新窑居每年可减少 CO_2 排放 2400kg（2.4t）左右，5000 孔窑洞每年可减少 CO_2 排放超过 2400t。如果加上夏季空调能耗，与砖混结构农房对比，黄土高原地区按 4000 万人口、人均居住建筑面积 $30m^2$ 考虑，每年可节约建筑能耗 1200 万 t 标准煤。

2. 社会影响

据延安市建设规划局统计，截至当年春季，陕北延安市的村民已经自发模仿建成新型窑居住宅约 5000 多孔（图 7.18），面积超过 10 万 m^2。在绿色窑居建筑示范基地的影响和启发下、运用绿色窑居的设计思想、借鉴绿色窑居示范工程的设计方法和空间形态，延安市房地局组织开发了"延安市经济适用窑住宅小区"（位于延安市东郊王良寺，如图 7.19），总计 350 余套、800 余孔，在竣工前已销售一空。绿色窑居建筑日益受到人们欢迎和重视，延安市杨家岭村于 2002 年开工、2003 年建成了号称世界最大的窑居建筑群——杨家岭窑洞宾馆。

图 7.18　村民自发建成的新型窑居建筑

图片来源：西安建筑科技大学绿色建筑研究中心.

图 7.19　开发商模仿建造的窑居建筑

图片来源：西安建筑科技大学绿色建筑研究中心.

中央电视台科教部、北京科教电影制片厂以及国内外 40 多家报纸、网站等媒体都对该项目进行了采访和报道。同时，荣获 2006 年度世界人居奖（World Habitat Awards）优秀奖（Finalist）。

第8章　长江上游彝族新生土绿色建筑

8.1　项目背景

8.1.1　建设背景与概况

研究课题为《传统民居生态建筑经验的科学化与技术化研究》，主要针对我国乡村快速的城市化进程中，如何在乡村建设中，能够继承不同地域传统民居建筑中适应气候、节约能源、节约耕地、就地取材等生态建筑经验，并可保持地域建筑风貌与文化。从2002年开始，经过2年多的理论分析、现场测试调研、实验室试验、模拟与能耗模拟等研究工作，恰逢云南省永仁县开始实施"易地扶贫"移民搬迁工程，课题组作为志愿者，联合设计院及县扶贫搬迁指挥部，对该工程进行深入研究，将成果无偿应用于此项工程中并负责了工程设计及技术指导。2004年，该项工程被建设部列为《长江上游绿色乡村生土民居建筑示范项目》。

永仁县易地搬迁工程计划分为多期进行，集中安置7个点，1332户，5561人，安居房1332套。一、二期新建住居地选在莲池乡的小水井、朵白么、秧鱼河、元宝山等地，计划2800~3000人。搬迁的原住居民主要来自永仁县的猛虎乡、中和乡及邻近的大姚县等。三期集中搬迁地点仍在莲池乡及永定镇内，计划250户、1100人。2001年~2010年搬迁规划中，搬迁总人数（含集中搬迁及插花搬迁）将达到5560人。

该项目建设始于2001年末，按计划于2005年末完工；搬迁人数7500余人，近2000户，建筑面积约30万 m²。经过6年多的艰苦努力，新型生土民居建筑模式已经推广应用45余万 m²，取得了良好的社会和环境效益（图8.1）。

图 8.1　永仁县示范工程实景

图片来源：西安建筑科技大学绿色建筑研究中心.

8.1.2　自然地貌与气候环境

示范工程位于云南省楚雄州永仁县境内，隶属长江主要支流—金沙江的上游地区。永仁属内陆高原区，境内地貌复杂多样，地势高差大，呈西北高，东南低。西北部群山秀逸，山高谷深，地形破碎，形成深切割地貌，东南部地势平缓，内有四个约4万亩耕地的小坝子，为浅切割高平原地貌。山地占96%，丘陵坝子、水面占4%。最高点是宜就乡的大雪山主峰，海拔2884.7m；最低点为永定镇东端的金沙江边石坎子下，海拔926m。相对高差1958.7m，全县平均海拔在1530~1700m之间。

永仁县年平均气温17.7℃，最高气温37.7℃，最低气温-4.4℃，年日照时数达2824.4h，居全省第一，全国第二（仅次于拉萨），但利用率仅达0.11，远低于全国和全省水平。无霜期271.4天，金沙江河谷地区基本上全年无霜，作物可一年三熟。

永仁县气候类型多样，从北部、东南部的南亚热带气候，向西逐步过渡为中亚热带和北亚热带丘陵季风气候。气温随海拔不同有较大变化：①海拔在1500m以下的金沙江沿岸地区，年平均温度大于18℃，最冷月平均温度大于10℃，极端最低气温大于-3℃，属亚热带气候类型；②海拔在1500~2000m的地区，年平均温度13~18℃，最冷月平均温度6~10℃，极端最低气温-3~8℃，属暖温带气候类型；③海拔在2200m以上的地区，年平均温度小于13℃，最冷月平均温度小于6℃，极端最低气温小于-8℃，属温凉性气候类型。

降水时空分布不均，6~9月降雨量占全年的79.4%。蒸发量为降水量的3.4倍，干旱较为突出。金沙江河谷为少雨区，年降水量在600mm左右，降水量一般随海拔升高而增加。

8.1.3 社会条件

永仁县是一个集山区、民族、贫困为一体的农业县，是国定贫困县，基础差，底子薄，到2000年底，全县尚未解决温饱的贫困户还有1079户，4856人，占总人口的4.3%。自1984年实施扶贫开发以来，目前尚未解决温饱问题的贫困人口中，相当一部分生活在自然条件极为恶劣、人类难以生存的地方，需要通过易地搬迁的办法从根本上解决这部分群众的脱贫与发展问题。一方面，由于生态环境恶劣，群众的生产生活条件难以改善，生存环境日益恶化；另一方面，人们的活动也对生态环境造成了持续性破坏。把这部分贫困人口搬迁出来，通过改善迁入地的生产条件，创造发展条件，不仅可以帮助他们脱贫致富，还可以减轻迁出地人口的压力，为改善和恢复生态环境打下良好的基础。

8.2 建筑设计与实施方案

8.2.1 当地原有建筑缺陷

传统彝族民居建筑的室内热环境相对较差，能耗较低。通过对永仁新搬迁地室内外环境实地调研和测试分析，发现原有建筑存在如下问题：

该地区太阳辐射较强，其冬夏二季的太阳辐射均很强。彝族传统民居屋顶的重叠出挑有助于夏季的遮阳与导风。

土围护墙体的热工特性有助于夏季隔热。但从测试结果我们也可看出，冬季建筑室内的温湿度与室外接近。虽然土墙体的热工性能较好，但整个建筑的围护体系的组合还存在着一定的缺陷。

原住居民的住屋形式是在寒冷的气候条件下发展与延续形成的，冬季的保温是原有民居主要考虑的，其夏季的问题并不是最主要的。新迁地夏季较炎热，但由于延续了原有的住屋形式，室内风速则相对较小。增加建筑的通风效果是提高该地区新迁民居室内舒适性急需解决的主要问题。

堂屋的采光口易在室内形成较大的眩光，而室内的自然光照度随房间进深下降较大，到后墙处几乎接近于零。采光问题多数是由于传统住屋后墙与山墙不开窗的习惯以及挑檐过大所造成的。

8.2.2 建筑方案

1. 节地设计

考虑到节省耕地和充分利用当地的地形条件，永仁新型生土民居聚落主要采用集中式布局方式。

2. 院落设计

院落空间是彝族重要的家庭仪式空间场所。可以堆放柴草、粮食，也是举行红白事的场所。根据当地人实际生产生活需要，将院落设计为菜地或绿地，其他部分做适当铺装。

3. 单体设计

建筑以院落为核心展开布置，以高差和院落作为人畜空间分离的手段，将牲畜空间布置在较低区域，人活动区域布置在较高区域。建筑主体以堂屋为核心，东西两侧布置卧室、餐厅、厨房、楼梯间等。同时，考虑洁污分区，将卫生洗浴空间临近牲畜畜廊布置。基于这一空间模式设计出两种典型建筑模式（图 8.2、图 8.3）。

8.2.3 绿色建筑技术

1. 生土围护结构体系

（1）生土材料的改进与应用

通过对地方生土材料各项物理性能的试验研究，寻找其改性与改良的可行途径，为生土建筑的材料应用提供依据（图 8.4）。

（a）首层平面

（b）剖面图

图 8.2　方案一

图片来源：西安建筑科技大学绿色建筑研究中心．

（a）效果图　　　　　　　　　　（b）首层平面图

图8.3　方案二

图片来源：西安建筑科技大学绿色建筑研究中心．

（a）　　　　　　　　　　　　　（b）

图8.4　生土材料加工与制作

图片来源：西安建筑科技大学绿色建筑研究中心．

（2）土木围护结构的抗震

以实验室模型抗震研究为工程建设依据，为土木构造的选型与实施提供指导。

（3）生土围护结构的节能

利用生土围护结构热稳定性好的优点，营造节约建筑能耗与采暖能耗的民居生活空间。

2.可再生资源利用

（1）被动式太阳能利用

按照彝族民居的传统建筑形式，建筑形体通过巧妙设计，实现冬季供暖、夏季遮阳（图8.5）。除此外，还结合洗浴空间的设计采用了太阳能热水系统，太阳能热水器放置在洗浴间的屋顶上面。

（2）沼气利用技术

充分利用成熟的沼气技术，解决居民的生活（炊事等）用能。结合沼气的利用，将厕所设置在牲口棚附近，然后将沼气池和厕所以及牲口棚联系在一起，如图8.6剖面所示。

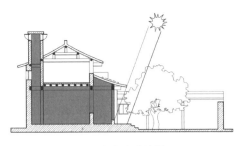

（a）冬季日照　　　　　　　　　　　　（b）夏季日照

图 8.5　太阳能利用

图片来源：西安建筑科技大学绿色建筑研究中心 .

图 8.6　沼气池位置

图片来源：西安建筑科技大学绿色建筑研究中心 .

3. 被动式通风降温

通过对彝族民居传统构筑方法的认识，合理利用空间及构件设置被动式通风，以解决夏季的通风降温。在不破坏当地居住风俗的情况下，设计了一二层相通的通风百叶（图 8.7）。将出风口放在和后墙相交的天花板处，让风进入室内之后，再通过百叶进入二层，然后从二层排出。冬季不需要通风的时候，就在二层用盖板把百叶遮盖起来。

4. 环境保护技术

（1）生态庭院设计

庭院具有特殊生态特性，通过合理解决生产、生活，输入、输出，人、畜，绿地、院坝等关系，建立和谐的庭院微型生态系统（图 8.8）。

（2）污物与污水处理设计

按照经济实用的原则，实现简单易行的污物处理。设置污水过滤、下渗与排放的土法处理系统。设计出适宜农村家庭的生活污水处理和雨水净化系统（图 8.9，图 8.10），将过滤收集的生活有机物作为沼气池的原料之一。

（a）通风孔一

（b）通风孔二

图 8.7　通风孔

图片来源：西安建筑科技大学绿色建筑研究中心.

（a）生态庭院一

（b）生态庭院二

图 8.8　生态庭院

图片来源：西安建筑科技大学绿色建筑研究中心.

图 8.9　家庭式生活污水处理系统示意

图片来源：西安建筑科技大学绿色建筑研究中心.

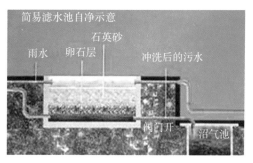

图 8.10　利用雨水净化污水处理系统示意

图片来源：西安建筑科技大学绿色建筑研究中心.

5. 构造技术

（1）土坯和夯土围护结构防水构造

根据彝族传统建造经验，针对新迁地的自然气候条件，改进与优化防水构造措施，提高居住质量。

（2）土坯墙体与木构架的匹配

针对不同搬迁地的山地土质情况，采用土坯墙与改进的木构架结构体系，提高民居的防灾抗震能力（图8.11）。

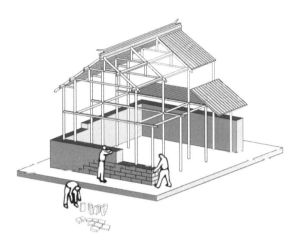

图 8.11　土坯墙体与木构架

图片来源：西安建筑科技大学绿色建筑研究中心.

8.3　室内环境测试与分析

示范工程建成后，课题组分冬、夏两季对新建建筑进行了室内外环境的实地测试。

8.3.1　冬季新建筑测试

冬季测试包括室内外温度、室内外相对湿度、通风工况等，结果如图8.12～图8.14所示。

1. 室内外温度

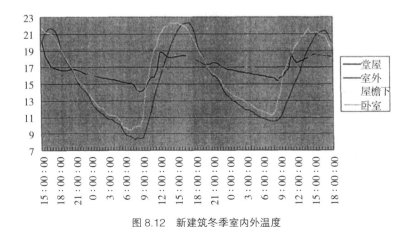

图 8.12　新建筑冬季室内外温度

图片来源：西安建筑科技大学绿色建筑研究中心.

2. 室内外相对湿度

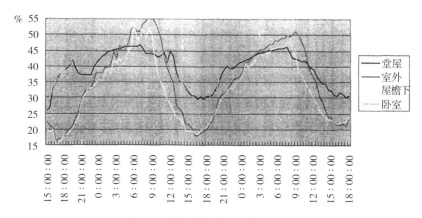

图 8.13 新建筑冬季室内外相对湿度

图片来源: 西安建筑科技大学绿色建筑研究中心.

3. 通风工况

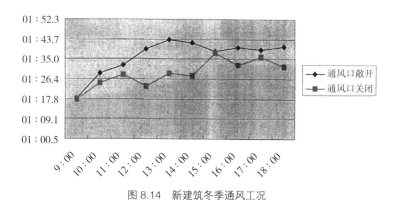

图 8.14 新建筑冬季通风工况

图片来源: 西安建筑科技大学绿色建筑研究中心.

8.3.2 夏季新建筑测试

夏季测试测试包括室内外温度、室内外相对湿度、通风工况等,结果如图 8.15 ~ 图 8.17 所示。

1. 室内外温度

2. 室内外相对湿度

3. 通风工况

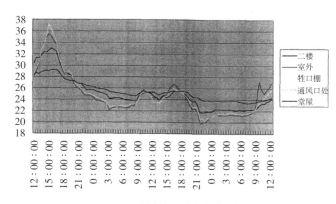

图 8.15 新建筑夏季室内外温度

图片来源: 西安建筑科技大学绿色建筑研究中心.

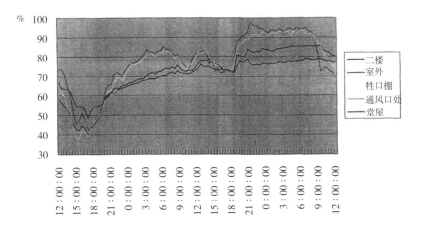

图 8.16　新建筑夏季室内外相对湿度

图片来源: 西安建筑科技大学绿色建筑研究中心.

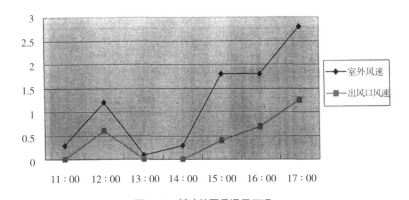

图 8.17　新建筑夏季通风工况

图片来源: 西安建筑科技大学绿色建筑研究中心.

8.3.3　测试结果分析（图 8.18）

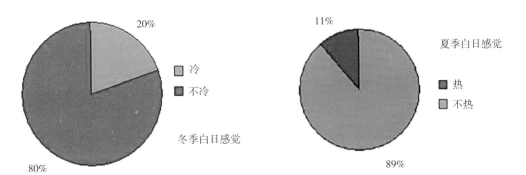

图 8.18　无供暖和空调情况下, 冬季和夏季村民对新民居的主观反映评价

图片来源: 西安建筑科技大学绿色建筑研究中心.

8.4 实践成果

8.4.1 研究成果

1. 传统民居生态建筑经验的定量化研究

传统民居建筑具有就地取材、适应气候等生态建筑经验，运用现代绿色建筑语言，就是具有一定的节能、节材和节地特征。为将蕴涵其中的这些生态经验变成新民居的设计技术，通过现场测试和模拟计算分析，完成了：①传统生土民居冬暖夏凉特性和能耗指标的测试评价；②冬、夏季室内热环境及 PMV-PPD 指标；③室内光环境及采光系数的测试评价；④室内声环境指标的测试评价；⑤室内空气质量 IAQ 测试评价。

2. 传统生土民居建筑空间解析研究

提出了民居建筑功能需求的"层级"分析原理和解析传统民居建筑空间模式与功能缺陷的方法。民居建筑需要满足的功能要远远多于城市住宅，既除必须要满足居住功能外，还要满足部分农产品加工和储藏、喜庆聚会、丧葬祭奠等社会功能。研究中，依据马斯洛层级需求原理，通过大量的主观反映调查和统计整编分析，系统地研究了生土民居空间功能"层级"分级，从而得到判断建筑空间缺陷的方法，为新民居建筑模式的设计创作奠定了理论依据，进而提出了传统民居建筑发展过程中，如何在保持传统、文化、经济、生态、地域特性和提高环境质量前提下走向现代化的演化脉络，得到了乡村聚落在城市化进程中的整合与重构的普适法则以及经济、技术进步对地域建筑文化形成和推进的一般规律。

3. 西部乡村民居室内热环境设计标准研究

长期居住传统民居建筑的居民，在不同季节气候条件下，有着不同于城市居民的热环境需求。通过大量现场测试和主观反映调查，得出了西部地区乡村居民的人体中性温度线性关系式。以此为基础，提出了适宜于西部不同地区的新型生土民居和窑洞室内热环境设计标准和建筑被动式气候设计的原则和方法。

4. 生土民居构造和室内热湿物理过程研究

生土民居通常为 1 至 2 层的独立式建筑，在局地气候与太阳辐射的双重周期性热湿作用下，生土构造和室内空间有着独特的温湿度场分布。研究中，以云南北部和陕西南部的生土围护结构为例，建立了以空气绝对湿度和温度为驱动势的生土围护结构传热传湿模型，进而得到以空气湿度梯度为动力的多孔生土围护结构表面吸放湿量计算式和等温吸湿平衡曲线的拟合函数关系式，解决了室内热环境模拟计算和节能设计的基础理论问题。

5. 生土材料力学与抗震性能研究

为能够提高传统生土围护结构体系的力学性能，从结构受力分析入手，通过生土材料改性，对改性前后的生土材料进行抗压强度、抗剪强度、弹性模量、变形等试验，建立了夯土材料单轴受压应力-应变本构模型，定量地提出了承重夯土材料的弹性模量，为夯土墙构件的刚度计算提供了参考依据。通过对硬化前后夯土材料抗剪强度的对比测试，得到了夯土材料改性前后最大抗剪强度值，为夯土建筑抗震设计提供依据。提出夯土材料允许自由收缩变形的限值为 1.5%，为解决夯土墙体开裂问题提供了基础。

8.4.2 实际效益

1. 环境效益

（1）新民居建筑利用了被动式热压通风改善了室内的热舒适度，创造节能和环保的双重效应。同时，还充分利用了二层间的漫射光，克服了原有住房存在的采光不足的弊端，满足了当地居民的心理、生理需求。

（2）利用了当地土木材料和原有的构筑形式，在解决传统住宅形式的弊端的同时，也在一定程度上保护了当地的人文、自然环境不受外来物质的侵蚀。

（3）新民居建设过程中考虑了沼气能源利用，减少对可再生能源的依赖与滥用。同时为每户设计的简易污水处理系统，有利于节约水资源与长江上游的环境保护。

2. 社会影响

新型生土民居建筑的研究成功与推广，标志着具有西部地区现代特色的民居建筑体系的出现。面对现代砖混结构体系的装配式施工、建材和构件的工业化生产、建筑物耐久性的大幅度提高和灵活随意的建筑形态和空间组织，虽然传统乡土建筑具备成本低廉、与社会形态和自然环境的和谐融洽等优势，但其固有的环境质量差、与现代生产生活方式难以适应等问题，已越来越明显，进而造成乡村高能耗、高污染、无地域特色的简易砖混房屋大量出现。本课题成果为解决此问题提供了一条途径，将会推动具有不同地域特色的乡村绿色建筑体系的发展和完善，对于建设节约型社会具有重要的意义。

2005 年中央电视台 10 频道《绿色空间》拍摄制作了系列专题电视片《搬家记》, 共 3 集, 每集 18 分钟, 专题介绍课题研究成果。示范工程于 2005 年底建设完成, 2006 年春季验收。项目同时荣获了 2007 年 "中国建筑设计研究院 CADG 杯" 华夏建设科学技术奖二等奖。

第 9 章　西北荒漠化小康住宅绿色建筑

9.1　项目背景

9.1.1　建设背景与概况

西北荒漠化小康住宅建筑是"十一五"国家科技支撑计划重大项目《村镇小康住宅关键技术研究与示范》课题之七的示范工程，研究的目标是，经过物理环境指标现场测试和主观反应调查、气候与辐射资源分析、环境指标和能耗指标的模拟等，课题组集成运用草砖墙与多孔砖混合保温墙体、土坯及粉煤灰墙体、被动太阳能供暖、自然通风降温等技术，吸纳银川平原传统民居生态经验和风貌，创作出西北生态民居型小康住宅模式，并设计出多种实施方案，富有现代气息和地域特色，具备节能、节材、抗震安全、技术简单、成本合理等生态民居建筑特征。目前已经在宁夏回族自治区银川市郊的碱富桥村建成 3.1 万 m^2（图 9.1、图 9.2）。

图 9.1　碱富桥村村落新貌

图片来源：西安建筑科技大学绿色建筑研究中心.

图 9.2　碱富桥村建筑新貌

图片来源：西安建筑科技大学绿色建筑研究中心.

9.1.2 地域与自然气候

碱富桥村位于掌政镇东部，西北邻接惠农渠。村规划面积 11.2hm²，一期规划用地 5.64hm²，范围在惠农渠、银横公路、排水沟三面为界的区域内，向西南方向至鱼池边界，居住部分离开银横公路 330m 范围内。二期 5.56hm²，安排农家乐项目。

银川位于宁夏北部地区，地理位置东经 106.22，北纬 38.48，海拔 1111.4m。银川地处内陆，远离海洋，形成较典型的大陆性气候，其基本特点是：冬寒长、夏热短、春暖快、秋凉早；干旱少雨，日照充足，太阳能资源较丰富；蒸发强烈，风大沙多。

银川市主要气候指标为：年太阳辐射总量 5711 到 6096MJ/（m²·a），年日照时数 3000h 左右，年平均气温 8 ~ 9℃，平均无霜期 150 ~ 195 天，年平均降水量在 300mm 以下。银川市冬季平均气温 –5.6℃，相对湿度平均值 54.3%；夏季平均气温 22.1℃，相对湿度平均值 61.3%。冬季最多风向为北偏西，室外风速平均 4.7m/s，夏季室外平均风速 2.1m/s。银川在热工分区上地处西北严寒地区。

9.1.3 人口组成与经济条件

碱富桥村原有 11 个村民小组，约 400 户。户均常住人口 4.2 人，多代户所占比重较小。多为一对夫妇外加两个孩子的核心家庭结构。

全村共有耕地 4870 亩，人均耕地 10 亩，人均毛收入 4000~5000 元。主要经济形式为粮食农业（水稻、玉米）、奶牛养殖业、汽车运输业、部分人员外出进城务工。

9.2 建筑设计与实施方案

9.2.1 当地原有建筑缺陷

项目实施前，项目组成员进行实地踏勘，对当地居民进行调查。经调查，宁夏地区村镇居住建筑存在问题如下：

在建筑方面，原有居住区以土房为多，破旧简陋，分布零散，建筑质量差，居住环境差（图 9.3）；无通畅的交通条件，道路无硬化，雨雪天道路泥泞难行；无绿地景观、公共活动场所及设施；生活垃圾随处可见，污水随意排放；原有农宅大部分为西南朝向，与南北朝向相比不利于采光；原居住区的东部有一片旧工业厂房，对居住环境产生影响；原有农宅防水防震性能差；原有农宅运行能耗高，室内热环境质量较差；原有农宅缺乏鲜明的地域建筑文化特色。建筑布局混乱，缺少功能分区概念，使用不便；建筑空间难以适应现代生活的变化与发展；厨厕未被重视，卫生条件差，污染重；建筑结构耐久性、安全性能差；冬季热舒适性差，但同时能耗巨大、能源使用效率很低；通风不良，空气污浊，质量差；采光不良，室内昏暗；建筑用能方式和数量正在变化，潜在危害巨大。

在技术方面，成熟建筑技术在农村使用时，需要进行地方性、适宜性、经济性等的优化，否则难以推广，或出问题，地方传统优秀建筑经验被忽视，而同时缺陷被放大。

在经济方面，地区经济发展水平低，农民收入低，限制了成熟技术的应用；村镇聚落基础设施配套不足，公共环境质量差。

（a）　　　　　　　　　　　　　　（b）

图9.3　碱富桥村居民建筑旧貌

图片来源：西安建筑科技大学绿色建筑研究中心．

9.2.2　建筑方案

碱富桥村规划建筑设计力求功能齐全、布局合理，建筑设计尊重西北农民的生活劳作习惯，在此基础上，做到洁污分区、布局合理，根据合理的宅基地条件，合理分配房间，面积比例适当。

1. 节地设计

碱富桥村原有农户宅基地占地较大，新建民居户型结构在减小了面宽的同时增加了进深，从而节约了土地面积。除公共设施占地外，新宅基地约为0.42亩，折合280m²。与原有民居占地相比，大约节约一半以上，通过集中建设可整理出大量土地用于复垦或作为村集体从事工商业加工使用。按照规划总户数228户计算，假设以前的宅基地平均占地为1亩，则新建住区可节省约132.3亩土地，这部分土地可通过资金补偿返还农户，用于改善居住生活。

2. 院落设计

村镇民居与城市住宅相比，使用要求不同。村镇民居的生活与日常劳作分不开，且多为独栋独院，自建自用，因此在建设和居住使用时，住户就会根据需要大概划分空间，并在使用中灵活调整功能。

采用联排式的组合方式，以减小体形系数和控制能耗，从农村生产生活习惯、相对独立的生产关系等角度看，多户联排困难很大。因此，在规划设计中，灵活采用了几种形式：独栋（图9.4）、两栋左右相连（图9.5）、无保户多户联排（图9.6）等。

（1）院落功能分区

生产生活方式是真正决定民居建筑空间设计的依据。生产与生活行为混合；以生活为中心，组织庭院与室内空间，室内外作用不可忽视；厨厕的分开；出入口靠近生产设施用房。

村镇民居建筑内生活活动类型的多样性决定了院落和房间内复合了多种功能，这一现象既是现实条件又是可预见将来的存在形式。

结合现存问题，处理流线与分区问题需要做到生产与生活分离、人畜分开，以便减小相互干扰，提高居住生活质量。例如，农业机械停放、农产品加工等远离居住空间。

图9.4 独栋

图片来源：西安建筑科技大学绿色建筑研究中心课题组．

图9.5 两栋相连

图片来源：西安建筑科技大学绿色建筑研究中心课题组．

图9.6 无保户多户联排形式

图片来源：西安建筑科技大学绿色建筑研究中心课题组．

（2）院落与建筑协调

调查和理论研究表明，宁夏村镇民居中的院落和建筑实体是保证民居功能正常发挥的必不可少的组成要素。许多活动要在庭院中进行，例如储藏、堆放、停车、加工、晾晒……；有些需要在室内进行，例如吃饭、睡觉；有些需要两者共同作用才能顺利完成，比如做饭与吃饭的餐饮活动、无卫生间排泄的生理活动等。在民居室内发生的这些行为本质上与城市生活是没有区别的，是接近的。城乡区别在于对庭院空间的需求与利用，城市由于多数人从事二三产业，回家就是"度假的开始"，往往不需要在家庭中从事生产性活动，即使偶尔发生，它们对空间的需要也完全可以在室内进行，需要的或许仅仅只是一张桌子而已。而村镇的许多活动需要很大的室外空间才能完成。这就决定了村镇民居建筑实体与院落空间的不可或缺性，它们是二位一体协调作用的。因此，新民居的建设也需要在提高建筑实体本身功能、性能、质量等要素的前提下，保留院落空间的存在，并发挥它的价值。

（3）典型院落设计

庭院是宁夏地区村镇居民生活中比较重要的行为场所，很多家庭行为在这里进行，比如手工生产、饲养家禽、种菜养花、邻里交往、晾晒衣物、晾晒粮食等等。庭院也是很重要的大型储物仓库，粮食、柴草、劳动工具、各种生活用品等都可能在庭院中储存。庭院也有联系着各功能房间的交通作用，很多农户脱离了农业生产，也依然保留着这种生活习惯，习惯于带有庭院的家庭住宅，庭院从物质生活到精神生活都是宁夏农民不可缺少的行为空间。同时，庭院也起到了从外到内、从公共空间到半私密空间再到私密空间的过渡作用。

　　原有的庭院的利用情况大都不够合理，物品的堆放较为随意，没有明确的功能分区，缺乏绿化，交通流线时常出现交叉。在新村镇住宅的庭院设计中，应合理组织交通空间，尽量避免交通流线的交叉，合理分配绿化空间和附属空间。在经济允许的情况下将庭院的空间合理分配，合理设置家禽饲养空间，增加简易杂物间，储存劳动工具和各种杂物；院内硬化路面使用砖铺，可以增加渗水面积，补充地下水；考虑增建沼气池，利用生活垃圾、废弃物；增加储水箱，解决供水不足时所需；发挥庭院的特色，院中开发家庭菜园；厨房产生的废水可用来浇灌植物，洗衣等废水用于冲厕，家禽粪便可用于肥沃菜园土地，使整个庭院形成一个小型的循环系统。

　　3. 单体设计

　　强调了厅堂、起居厅作为家庭对外和对内的活动中心的作用。由南向的客厅与北向的厨卫空间一起组成银川村镇民居建筑的核心空间模式（见图9.7），周边根据需要灵活增加生活或者生产性内容。考虑生活与劳作需要，合理组织各功能空间的布局，保证功能适用齐全新方案面向现代生活的发展现状，丰富和完善了使用功能，并增设厨房、卫生间、储藏室。北侧主要布置厨房、卫生间、生活储藏室等内容。在处理这些辅助性房间的相对位置关系时，按照对温度舒适性的要求，将生活储藏室、楼梯间等尽可能放在东北角、西北角等转角部位，避免将厨房、餐厅、卫生间等对温度有一定要求的房间放在角部，以免因为这些房间的外表面积过大引起冬季室内温度过低造成的不适感。功能配置合理，洁污分区、干湿分区明确，保证舒适与卫生。厨房、卫生间与起居、寝卧房间分南北布置，分区明确，主要居住房间冬季明亮温暖。各房间门窗位置适当，墙面完整，利于家具布置摆放。层高合理，既满足使用需要，又满足节能标准体形系数要求。层高控制在3.3m，体形系数控制为0.73。结合家庭人员结构，组织房间，根据家庭成员组成结合等因素，确定户型组成。设计预见生活和生产发展，具有灵活性，保证民居的可持续改造。形成一种适宜当地生活的平面布局基本模式，即由南向客厅、北向厨卫形成基本的发展核心，两侧根据需要适当添加房间自由生长的模式，如图9.8 ~图9.10所示。

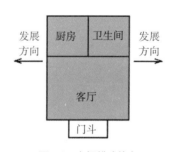

图 9.7　空间模式核心

图片来源：西安建筑科技大学绿色建筑研究中心课题组．

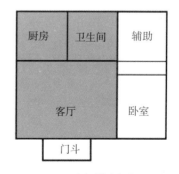

图 9.8　空间模式变化一

图片来源：西安建筑科技大学绿色建筑研究中心课题组．

辅助	厨房	卫生间	辅助
卧室	客厅		卧室

门斗

图 9.9　空间模式变化二

图片来源: 西安建筑科技大学绿色建筑研究中心课题组.

辅助	厨房	卫生间	辅助	辅助
卧室	客厅		卧室	卧室

门斗

图 9.10　空间模式变化三

图片来源: 西安建筑科技大学绿色建筑研究中心课题组.

本项目根据碱富桥村的实际情况, 采用建筑面积 56 ~ 200m² 不等的 6 种户型, A、B、C 为普通住宅 (图 9.11 ~ 图 9.13), 建筑面积为 103 ~ 120m², D 户为老年人住宅 (图 9.14), 建筑面积为 55.75m²; E、F 为农家乐住宅 (图 9.15、图 9.16)。

（a）效果图

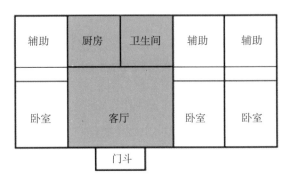

（b）首层平面图

图 9.11　A 户型

图片来源: 西安建筑科技大学绿色建筑研究中心.

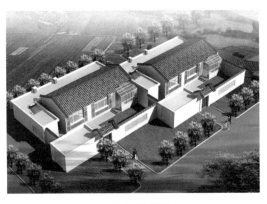

（a）效果图

（b）首层平面图

图 9.12　B 户型

图片来源: 西安建筑科技大学绿色建筑研究中心.

（a）效果图

（b）首层平面图

图9.13　C户型

图片来源：西安建筑科技大学绿色建筑研究中心.

（a）效果图

（b）首层平面图

图9.14　D户型

图片来源：西安建筑科技大学绿色建筑研究中心.

（a）效果图

（b）首层平面图

图9.15　E户型

图片来源：西安建筑科技大学绿色建筑研究中心.

（a）效果图

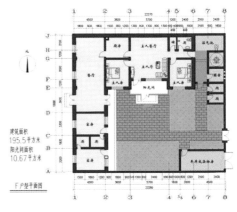

（b）首层平面图

图9.16　F户型

图片来源：西安建筑科技大学绿色建筑研究中心.

图9.17　碱富桥村新居建筑形象

图片来源：西安建筑科技大学绿色建筑研究中心.

自秦汉以来，本地就开始修渠灌田，经过两千多年的人工开发，早已成为渠道纵横、阡陌相连的"塞上江南"，项目确定白墙、灰瓦、坡顶的居住建筑形象（见图9.17）。虽然处于回族自治区，在当地民族与宗教文化对居住建筑影响十分有限，民居建筑的形式受自然环境的影响更为突出，不同民族民居的院落布局、房间组合、室内空间形态、施工做法等几乎完全一样，区别仅是局部增加了一些宗教生活必需的空间和设施，例如洗澡净身、做礼拜的地方，或者在墙上贴涂宗教图案。

9.2.3　绿色建筑技术

1. 可再生能源利用

1）太阳能

（1）被动式太阳能利用

当地的建筑形态在满足使用功能的同时主要考虑太阳能利用。因此，建筑进深小，南墙面积大成为设计的主旨。

太阳能利用集热部件的设置有多重组合，如直接受益式＋南向通暖廊、直接受益式＋南向集热蓄热墙、直接受益式＋南向集热蓄热墙＋南向通暖廊、屋顶集热器低温辐射盘管＋直接受益式＋南向集热蓄热墙＋南向通暖廊等。

主、次卧室为主要居住房间，设置在南向，且南墙为集热蓄热墙，使人们可长时间停

留在室温较高的南向暖区；客厅南向为附加阳光
间（图9.18），形成缓冲区，为客厅的保温起到
一定的阻尼作用；客厅北向不设置窗户；停留时
间较短的卫生间、厨房设置在北向，且开有采
光小窗；屋顶为坡屋顶，做平吊顶；建筑布局整
体紧凑，符合当地人民对室内布局的要求。

（2）主动式太阳能利用

虽然宁夏地区太阳辐射强度位于全国前
列，但是由于冬季气候寒冷，纯粹的被动太阳
能技术难以完全满足冬季室内热舒适要求，大
部分地区需与其他辅助热源相配合；在被动太

图9.18 被动式太阳房

图片来源：西安建筑科技大学绿色建筑研究中心．

阳能采暖技术的基础上，设置主动采暖设施。该示范工程共建设3套主动式太阳能采暖
系统住宅，为其在银川地区提供基础数据。为保证供暖系统安全性和稳定性，本系统加
入电辅助加热系统；白天，工作介质（防冻液）在集热器内经太阳辐射照射加热，再经
集热循环系统，加热蓄热水箱内水，蓄热水箱内水和进入低温辐射盘管，形成散热循环，
加热室内空气。另外，从主动太阳能采暖系统中蓄热水箱内引出一根作为生活热水管，
作为生活热水之用。

2）沼气

出于对沼气利用的考虑，卫生间紧靠外墙，邻接院中的沼气池和牲畜圈舍，产生的沼
气通过管道与厨房相连。该示范建设项目分两期进行，一期示范项目建设过程中，1户采
用了沼气池应用技术，二期139户采用了秸秆炉供暖技术，140户采用了沼气池应用技术。
示范区共建成228户，因此沼气利用率为140/228=61.4%。

3）灶连炕

所有住宅在紧邻厨房的卧室中均考虑了设置"灶连炕"的可能性，充分利用炊事余热。

2. 生态建材

（1）草砖外墙

碱富桥村草砖民居依据建筑个体的特点，考虑了具体的经济、施工水平条件以及草砖
自身的材料特性，采用草砖外保温的方式，体现生态民居的适宜性特征（图9.19）。图9.20
所示建筑外围护结构由钢筋混凝土条形基础、砌块墙体结合草砖墙、钢筋混凝土构造柱、
钢筋混凝土圈梁、屋盖组成，草砖填充在非承重墙构造柱之间，或者结合砌块墙体作为墙
体外保温，只起围护填充和保温作用而不承重，可先施工屋盖后再砌草砖，避免了在建造
过程中草砖受潮受损，该结构形式适于建造外形不复杂的村镇住宅，经济适用。

（2）蒸压粉煤灰砖外墙

在碱富桥示范区二期工程中，外墙材料采用粉煤灰蒸压砖，粉煤灰蒸压砖的推广应用，
解决了宁东能源化工基地粉煤灰等工业废渣废料的再生利用问题，转废为宝。外墙构造采
用非平衡式围护结构技术，北向外墙采用粉煤灰蒸压砖+保温苯板的结构，如图9.21所示；
南向外墙不做保温构造处理。

图 9.19　草砖墙施工过程

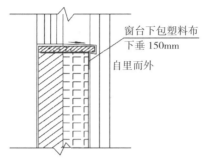

图 9.20　草砖墙构造

窗台下包塑料布
下垂 150mm

自里而外

图片来源：西安建筑科技大学绿色建筑研究中心．

图 9.21　碱富桥二期粉煤灰蒸压砖外墙建筑

图片来源：西安建筑科技大学绿色建筑研究中心．

图 9.22　复合保温墙体

图片来源：西安建筑科技大学绿色建筑研究中心．

3. 构造技术

（1）墙体

在碱富桥村项目实践中，首先将传统做法中的单一材料墙体改为复合保温墙体（图 9.22），给墙体增加一层保温材料，以降低围护结构的导热系数。为稳定保温效果，避免结露，采用外保温墙体构造，同时，为经济可行施工方便，就地取材选择可循环利用的草砖结合生土或者粉煤灰砖作为墙体建材。此外，墙体中的圈梁、门窗过梁以及外墙的交角、外墙与屋顶交界、外墙与地面交界等处存在"冷桥"，这些部位应用保温材料做局部保温处理。

（2）窗户

南向选用窗框少、玻璃面积大的双层玻璃窗，在保证采光的前提下，减少北向窗户面积；加强密封处理防止窗缝透风，利用橡胶，或者常见的毡片、软绳做成密闭防风条设置在缝隙处，并在窗户接缝外盖压压条；双层窗在室内一侧加强严密，在室外一侧适当留有小孔或者缝隙，避免外窗玻璃的内表面出现结露或冰霜；加设易拆卸的厚窗帘以减少窗户在冬季夜晚散热。

（3）地面

农村住宅多为独栋，房间通过地面散失大量热量，强化地面保温可以有效提高冬季房间室内状态，考虑到在施工中的经济、易行、可推广，地面构造还是采用当地传统做法，但是在垫层之上增加煤渣保温层。

（4）屋顶

建筑设计采用部分坡屋顶结合平屋顶的做法。建筑向阳面结合阳光间为坡屋面，是接受阳光辐射热的主要界面，这样屋顶的倾斜玻璃面可以加大阳光收集量。屋顶的保温隔热做法，吸收当地传统生态经验，利用当地建材。

9.3 室内环境测评与分析

9.3.1 冬季新、旧建筑测试

室外温湿度在 2008 年 12 月 10 日到 11 日进行了连续 48 小时测试，太阳辐射在 10 日进行了整个白天的测试，围护结构内表面温度采用自记式热电偶测温仪在 10 日进行了整日测试。12 月 10 日进行示范民居的室内热舒适测试，11 日整日进行旧民居的室内热舒适测试（图 9.23、图 9.24）。所有测试仪器测试时间间隔为 30 分钟。通过两天分别对新旧民居建筑热环境的全面测试，经过对比分析研究，得出如下对比：

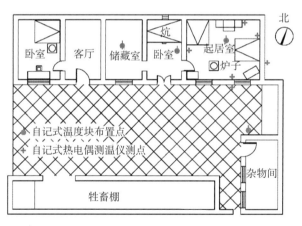

图 9.23 传统民居测点布置

图片来源：西安建筑科技大学绿色建筑研究中心.

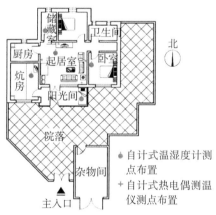

图 9.24 新型民居测点布置

图片来源：西安建筑科技大学绿色建筑研究中心.

1. 室内空气温度

示范民居建筑的保温性能优于旧民居建筑。12 月 10 日，室外平均气温 2.4℃，示范民居室内平均气温 14.8℃，高于室外气温 12.4℃；12 月 11 日，室外平均气温为 -1.6℃，旧民居室内平均气温 8.8℃，高于室外气温 10.4℃。示范民居建筑比旧民居建筑将室内外平均温差提高了 2℃。示范民居建筑保温性好的主要原因是构造合理科学，示范民居外墙采用 490mm 厚复合墙体，250mm 厚草砖加 240mm 厚空心黏土砖墙，屋顶为现浇钢筋混凝土坡屋顶，上覆盖 100mm 厚稻壳板或麦壳保温板；而旧民居外墙沿用传统构造方法，内

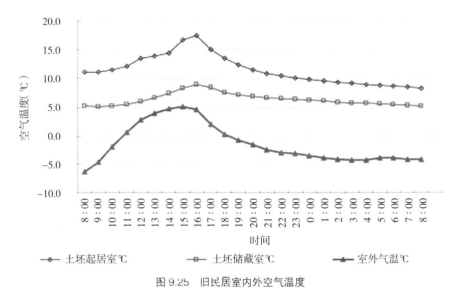

图 9.25　旧民居室内外空气温度

图片来源：西安建筑科技大学绿色建筑研究中心.

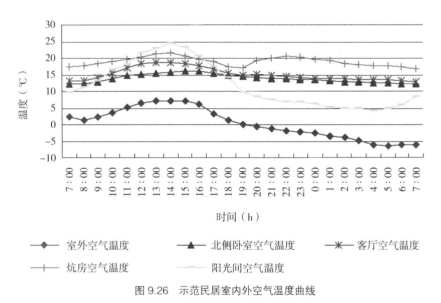

图 9.26　示范民居室内外空气温度曲线

图片来源：西安建筑科技大学绿色建筑研究中心.

外墙体均由 400mm 厚土坯砌筑，两种外墙的构造差异使得示范民居建筑既有优良的保温性能，也具有更好的坚固耐久性以及更好的防水性能。旧民居经常存在屋顶漏雨的现象，而且多次修理都没能彻底解决问题。此外南向阳光间的存在也提高了日间室内的空气温度，而且也为住户提供了一个日间温暖的活动空间（图 9.25、图 9.26）。

2. 室内空气湿度

示范民居室内平均空气相对湿度为 34.8%，旧民居室内平均空气相对湿度为 52.6%，都符合我国《室内空气质量标准》（GB/T 18883–2002）规定的 30% ~ 60%。两者相比，旧民居室内空气相对湿度明显高于示范民居，分析其主要原因为，旧民居围护结构主要采用土坯砌块，并且使用传统施工方法；屋顶采用木结构，脊梁承重，上面搭三条桁条，铺椽子，上覆芦苇席然后铺稻草加草泥；窗户采用木筐单玻窗。示范民居外墙 490mm 厚复合墙体：外侧为 250mm 厚草砖，内侧为 240mm 厚空心黏土砖墙。屋顶为现浇钢筋混凝土坡屋顶，上覆盖 100mm 厚稻壳板或麦壳保温板，做外防水层。旧民居整个建筑密闭性较差，与室外空气容易交换，因此旧民居室内湿度较高（图 9.27、图 9.28）。

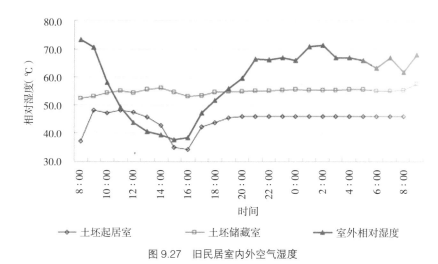

图 9.27　旧民居室内外空气湿度

图片来源：西安建筑科技大学绿色建筑研究中心.

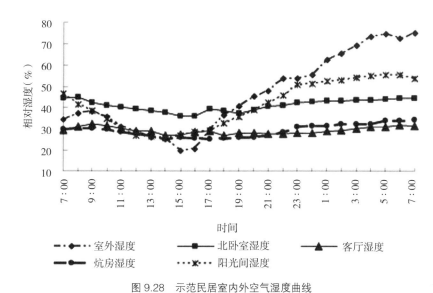

图 9.28　示范民居室内外空气湿度曲线

图片来源：西安建筑科技大学绿色建筑研究中心.

3. 室内壁面温度

在日间 8：00~18：00 之间，示范民居客厅壁面温度在 12 ~ 18℃ 之间波动，旧民居起居室温度在 8 ~ 14℃ 之间波动，示范民居建筑室内壁面温度明显高于旧民居建筑。其主要原因也是围护结构构造不同造成的差异，此外示范民居建筑的提高对于太阳的利用，南向开窗宽 2100mm，高 1700mm，客厅南向窗墙比 0.21；旧民居客厅有两扇相同的木框窗，宽 1300mm，高 1500mm，客厅南向窗墙比 0.12。示范民居提高了南向的窗墙面积比，提高了日间对太阳能的利用，同时增强了外围护结构的保温性能，因此室内壁面温度有较明显的提高（图 9.29、图 9.30）。

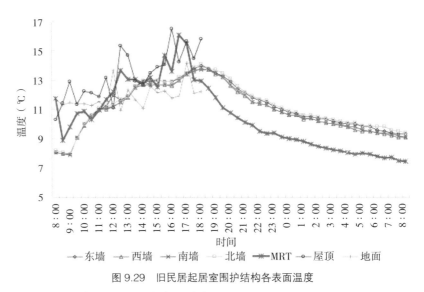

图 9.29 旧民居起居室围护结构各表面温度

图片来源：西安建筑科技大学绿色建筑研究中心．

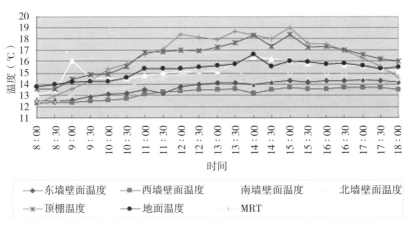

图 9.30 示范民居客厅壁面温度曲线

图片来源：西安建筑科技大学绿色建筑研究中心．

4. 室内热舒适性

室内热舒适仪通过测量房间的空气温湿度、黑球温度以及室内风速来计算出房间的热舒适指标 PMV，图 9.31 是新旧民居客厅的 PMV 比较结果。从图中可以看到，示范民居的室内热舒适感明显优于旧民居，特别是在上午和夜间，两者热舒适感差距较大，在下午16:00 ~ 18:00 之间，两者热舒适感基本相同。这和上面分析到的示范民居在室内空气温度、室内壁面温度高于旧民居相应参数的结果是相一致的。

5. 室内采光性能

示范民居南向客厅室内平均照度 480lx，旧民居南向客厅室内平均照度 284lx，由图 9.32
和图 9.33 明显能够看出，示范民居室内采光分布较为均匀，客厅中央位置和房间进深处
北墙附近的照度相差微小，相比之下，旧民居的客厅随着进深的加大，室内照度明显降低。
因此示范民居在自然采光的强度和均匀度两方面都明显优于旧民居的采光。

9.3.2 夏季新、旧建筑测试

夏季测试时间为 2009 年 7 月 9 日至 11 日，其中 10 日阴间多云，11 日晴。所有测试
仪器测试时间间隔为 30 分钟。测点位置同冬季测试。

1. 空气温度与湿度

在室外及新旧民居各主要使用房间布置自记式温湿度计测试空气温湿度，结果示于图
9.34 ~ 图 9.37。

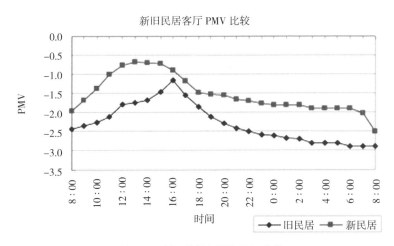

图 9.31 新旧民居客厅的 PMV 比较

图片来源：图片来源：西安建筑科技大学绿色建筑研究中心.

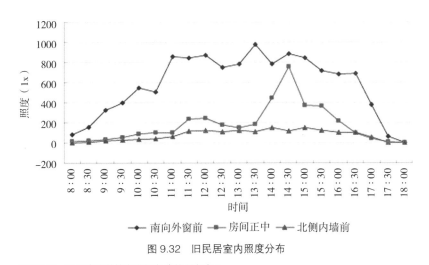

图 9.32 旧民居室内照度分布

图片来源：西安建筑科技大学绿色建筑研究中心.

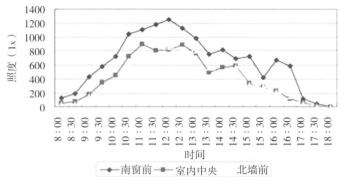

图 9.33 示范民居客厅采光曲线

图片来源：西安建筑科技大学绿色建筑研究中心．

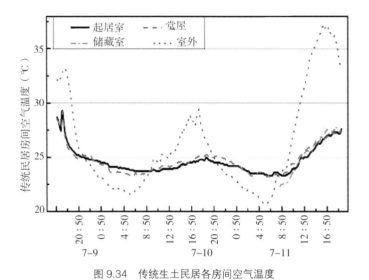

图 9.34 传统生土民居各房间空气温度

图片来源：西安建筑科技大学绿色建筑研究中心．

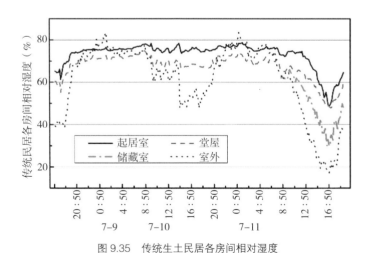

图 9.35 传统生土民居各房间相对湿度

图片来源：西安建筑科技大学绿色建筑研究中心．

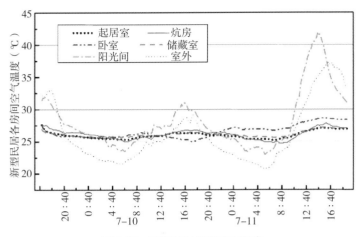

图9.36　示范住宅各房间空气温度

图片来源：西安建筑科技大学绿色建筑研究中心.

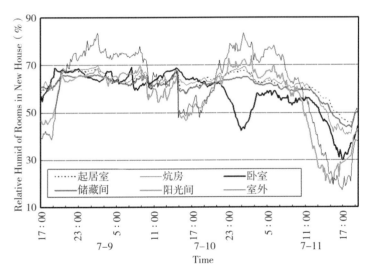

图9.37　示范住宅各房间相对湿度

图片来源：西安建筑科技大学绿色建筑研究中心.

　　室外气温日较差16.5℃，传统民居起居室最高气温29.3℃，最低气温23.3℃，日振幅6℃；炕房最高气温29.2℃，最低气温23.2℃，日振幅6℃。

　　示范住宅朝南的起居室最高气温27.6℃，最低气温25.2℃，日振幅2.4℃；北向的储藏间最高气温27.2℃，最低气温25.6℃，日振幅1.6℃；波动幅度小于传统民居。

　　但是示范住宅的阳光间温度波动很大，测试期间最高气温41.9℃，最低气温23℃，日振幅达到18.9℃，甚至大于室外气温波动。尽管阳光间夜间无人活动，但其于正午时分气温高达41.9℃，比同一时刻其他房间高15℃，很不舒适。

　　由上图可见，传统生土民居夜间相对湿度保持在70%以上，较为舒适。测试期间起居室平均相对湿度73.0%。由于当地地下水位较浅，传统民居仅做块石基础，未做隔汽层，造成室内墙角返潮泛碱严重，室内饰面受潮脱落。而示范住宅起居室湿度较小，平均相对湿度 61.7%，阳光间相对湿度波动幅度较大，达 50% 以上，因此应当注意防潮隔汽，避免频繁冷凝，破坏阳光间结构，缩减使用寿命。

2. 外围护结构内外壁面温度

从图 9.38 ~ 图 9.41 测试结果可见，房间内壁面温度变化趋势与室内空气温度的变化保持一致，而外壁面温度则与太阳辐射关系密切。如图所示，外壁面无遮挡，10 日阴天，外壁面温度最高为 34℃；而 11 日晴天，日出后外壁面升温快，壁面温度峰值高达 48℃。而在此期间内壁面温度差异很小，稳定在 25℃ 上下。

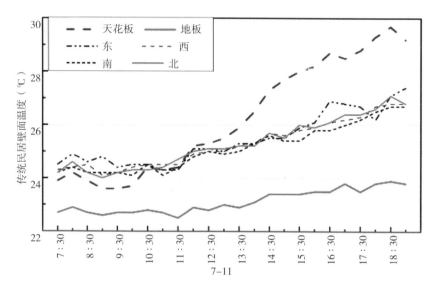

图 9.38　传统生土民居起居室各朝向内壁面温度

图片来源：西安建筑科技大学绿色建筑研究中心．

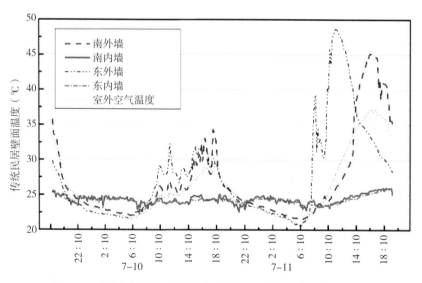

图 9.39　传统生土民居不同朝向内、外壁面温度与室外空气温度对比

图片来源：西安建筑科技大学绿色建筑研究中心．

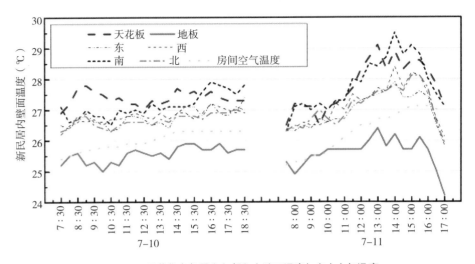

图 9.40 示范住宅起居室各朝向内壁面温度与室内空气温度

图片来源: 西安建筑科技大学绿色建筑研究中心.

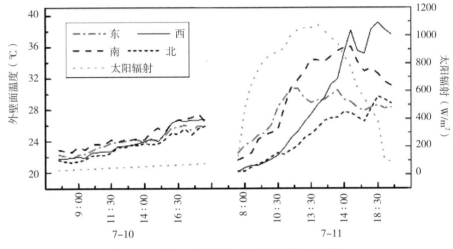

图 9.41 示范住宅不同朝向外壁面温度与太阳辐射

图片来源: 西安建筑科技大学绿色建筑研究中心.

3. 室内光环境

测试期间从 7:30 到 19:00 日落, 在不开灯的房间, 每半小时做一次室内天然采光照
度测试, 三个测点位置分别是: 测点 1 南向外窗前, 测点 2 房间进深中点处, 测点 3 内墙
前 400mm 处。测试结果见图 9.41。由图中可见, 全阴天, 正南朝向的示范住宅起居室进
深最大处室内照度有 3 小时大于 200 lx, 晴天有 12 小时大于 200 lx, 拥有良好的天然采光。
传统生土民居朝向为南偏西, 因此室内照度峰值出现时间延迟至下午; 院落中有树木、围
篱等遮挡物, 因此室内照度值不稳定; 室内粉刷老化发暗, 室内照度总体较低, 测试期起
居室进深最大处照度最大值仅 148 lx, 房间正中位置照度大于 200 lx 时间可达 5 小时。分
别见图 9.42、图 9.43。

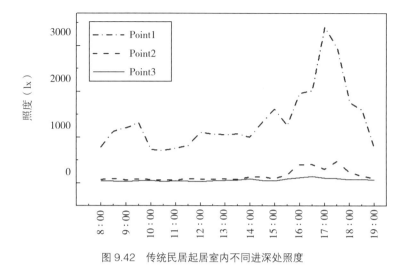

图 9.42　传统民居起居室内不同进深处照度

图片来源.西安建筑科技人学绿色建筑研究中心.

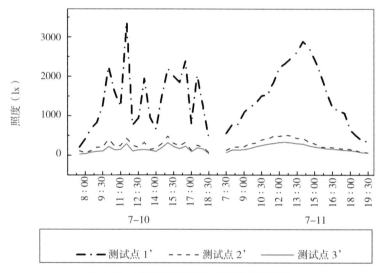

图 9.43　示范住宅起居室内不同进深处照度

图片来源:西安建筑科技大学绿色建筑研究中心.

4. 室内气流速度

测试期间两栋民居室内风速均较小,且示范住宅平均室内风速 0.031m/s,明显小于传统民居,0.069m/s。银川冬季寒冷,夏季太阳辐射强烈,民居为厚重围合式避风形制,一般居室多为单侧通风。传统生土民居仅炕房有北向小高窗,因此单侧通风的起居室风速极小。示范住宅起居室不仅单侧通风,南向的附加阳光间也在一定程度上影响空气流动,因此空气流动速度更小(图 9.44)。

5. 室内热舒适

夏季示范住宅平均 PMV 值 0.32,传统生土民居平均 PMV 值 0.18,PMV 最大值为 1,可见夏季室内环境非常舒适。二者相比,传统生土民居较凉爽,示范住宅由于阳光间未采取遮阳措施，白天略热，但仍在舒适范围内（图9.45）。

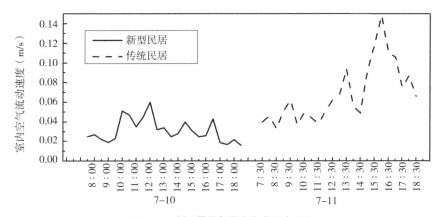

图9.44 新旧民居起居室室内风速对比

图片来源：西安建筑科技大学绿色建筑研究中心.

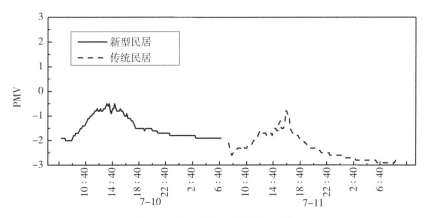

图9.45 夏季新旧民居热舒适对比

图片来源：西安建筑科技大学绿色建筑研究中心.

9.4 实践成果

9.4.1 研究成果

1. 通过研究民居生态建筑综合利用技术，总结了西北荒漠区传统民居中所隐含的适应地域气候的生态经验，如民居建筑中冬季太阳能利用、夏季自然通风降温以及地方建筑材料的使用等方面对于地域气候的适应，将传统生态民居建造技术与现代建筑有机融合，完成具有实用性的现代生态民居的方案参考图集。

2. 通过研究村镇住区太阳能等可再生能源综合利用技术，采用太阳能、沼气等新型能源技术解决农村采暖及炊事用能，改变大量燃烧煤、天然气等不可再生能源的局面，建立良性循环的农村生态用能系统，并为农村示范水窖收集雨水技术，节约景观、灌溉用水对自来水的消耗。

3.通过研究西北地区农村建房材料开发利用技术，通过对相关建筑材料与建筑构造进行实验测试和模拟分析，并对多种构造形式进行比较与优化，研发适合用于当地的秸秆草砖、生土、多孔砖等生态环保的围护结构材料，提高墙体保温性能，减少冬季热损失，同时减少农村对毁田耗能的实心黏土砖的大量需求，从而起到节能减排的作用。

4.通过研究村镇住区生态环境和基础设施建设综合技术，包括社区的生态景观绿化设计，选用适应当地气候条件的本土耐旱耐寒植物，选用透水性铺面实现雨水自然下渗补充地下水，配合社区内适当的水景设计，在获得美观效果的同时，达到改善住区微气候环境的目的，以及研究适合农村地区的分散式的小型污水、垃圾处理方法。

9.4.2 实际效益

1.环境效益

碱富桥村原有农户宅基地占地较大，经过设计的新建民居户型结构在减小了面宽的同时增加了进深，大约节约一半以上土地面积。在能耗方面，据调查表明：新建住宅冬季采暖用煤量小于2t，对比自建民居耗煤量2～4t。按照每户采暖建筑面积80m^2、优质采暖无烟煤炭1000元/吨计算，新建示范建筑每采暖季消耗煤炭普遍小于20kg/m^2（室内温度实测约14～16℃），对比其他自建的砖混房能耗约40～50kg/m^2左右（室内温度实测为8～10℃），节能率为60%。粉煤灰蒸压砖与黏土标准砖相比一块可节约标准煤125g，则1m^2建筑面积可节约37kg标准煤。据此计算，示范项目建筑面积3.1万m^2，可节约标准煤1100t，少排放二氧化碳2860t。

2.社会效益

碱富桥示范区项目实施前的宣传、项目实施后的运行维护，为周边尚未实施项目的村庄起到了示范作用。通过项目实施，在广大群众中形成了人人爱护环境、人人保护环境的良好社会舆论氛围和卫生习惯，群众的环保意识普遍提高；沼气工程很好地将厕所、圈舍、沼气池三位一体结合起来，减少蚊蝇滋生，在一定程度上改变了农村脏、乱、差的卫生状况；其可再生能源利用调整后具有良好的社会效益。

第 10 章　川西地震灾后重建绿色建筑

10.1　项目背景

10.1.1　建设背景与概况

2008 年 5·12 汶川大地震造成我国四川、陕西、甘肃三省部分地区受灾，尤以四川省为重。四川彭州通济镇大坪村就是典型之一。该村距汶川的直线距离不足 30km，虽整体村寨自然环境基本保留完整，但单体房屋均破坏严重，无法继续居住。5·12 大地震后，应中国红十字基金会和北京地球村环境文化中心邀请，课题组作为志愿者团队，义务为重灾区的成都彭州市通济镇大坪村"灾后重建生态民居示范工程"提供研究设计、技术服务、测试评价等。

震前灾区的乡村建筑基本上以传统乡土民居为主，但却出现了许多经模仿城镇建筑而建成的似是而非的"现代"乡村建筑。出现这些建筑的原因很多：显得洋气、空间组织好、采光好、市场建材供应、木材的短缺、经济基础薄弱、传统营建方式缺乏提升，等等。这些由村民和工匠自发模仿的新民居建筑，不论是它的舒适性、节能性、安全性普遍都很差，而且从一般意义上失去了地域建筑特征。

课题组经过大量现场测试、调查，运用本学科团队提出的"建筑性能层级需求"原理创作设计出"抗震安全、功能便利、环境舒适、节能环保、成本适宜、地域风貌特征明显"的生态民居模式和方案。本项目通过大坪村 44 户村民的整体原地易址重建，帮助村民重建家园，营造具有绿色生态理念与现代生活气息的生态民居。

大坪村重建示范工程始于 2008 年 8 月，至 2008 年底已全部建成。2009 年年初，村民搬入新居。后该项目在大坪村又继续推广建设多达 200 余户。示范工程项目实景如图 10.1 所示。

图 10.1　大坪村示范工程实景

图片来源：西安建筑科技大学绿色建筑研究中心.

10.1.2　地域与自然气候

大坪村隶属于四川省彭州市通济镇，该镇位于东经 103° 49′，北纬 30° 9′，坐落在彭州市西北25km，成都以北65km处。地处川西龙门山脉之玉垒山脉的天台山、白鹿顶南麓、湔江之滨。通济镇海拔为805～2484m，大坪村所在地约1400m，这里气候温和、雨量充沛、四季分明、无霜期长、日照短，平坝、丘陵、低山、中山、高山区气候差异明显，年平均气温为15.6℃。全年无霜期270多天，气候温湿，雨量充沛，降雨主要集中时段在6～9月，年平均降雨量960mm左右。全年主导风向为北东风，夏冬季主导风向为北东风。年平均风速为1.3m/s，年瞬间最大风速21m/s。

10.1.3 人文环境

大坪村共有居民283户，900多人，分属11个村民小组，基本为世代栖居的本地原住汉族居民。村民大都信奉佛教，有祭祀佛祖与先辈的习惯，是典型的川西山区村庄。

10.2 灾后重建方案创作

10.2.1 当地原有建筑缺陷

原住居民的住屋形式是在夏凉冬冷的山区发展与延续下来的，其主要问题是空间的冬季保温。因此，改进建筑的冬季保暖效果是克服民居缺陷的主要途径。

冬季建筑室内的温湿度与室外接近，居民有两个月需要烤火越冬，说明建筑的围护体系存在着较大的缺陷，主要原因是门窗与木板围护墙体太简陋。因此，从构造措施上提高围护墙体的隔热性能、增加房间的保温效果是民居热环境的首要问题。

堂屋与卧室的采光口易在室内形成较大的眩光，而室内的自然光照度随房间进深下降较大，尤其是卧室，基本上处于严重的照度不足范围中，是不利于视觉卫生与提高生活质量的。因此，如何在保留传统的基础上为居民创造较理想的光环境亦是新建民居需要解决的问题。

通过村落环境实际调查分析，可以认识到，当地居民受经济条件限制，在延续传统建房经验的过程中，存在较多的空间缺陷，这些缺陷不但影响居民的身心健康，对传统民居的绿色进化也非常不利，在众多因素的作用下，有可能促使其产生异变，造成更多的人居环境问题，并对生存环境与社会环境产生累计而滞后的影响。为了切实帮助大坪村居民建造适应地域气候、采用适宜技术的新型传统民居，我们在其传统住屋形式基础上，针对其空间缺陷进行了改进，并按建筑系统与庭院生态系统的设计策略进行了建筑方案的优化研究与设计。

10.2.2 建筑方案

我们在方案设计中建立了基本模块与多功能模块的基本单元，如图10.2所示。基本模块有：主房（堂屋）模块，次房（厢房）模块；多功能模块分为：厨房（餐厅），卫生间（储藏），阳光间（挑台）。

利用两种类型的不同模块，即可组合出多种满足村民需求的民居。在此基础上，我们优选出了三种基本的民居形式，分别适应三口之家（120m²）、四口之家（150m²）及五口之家（180m²）的居住（图 10.3 ~ 图 10.5）。同时，还优选出来两种带有旅游接待功能的标准发展户型，作为风景旅游经济发展的示范户类型。

10.2.3 绿色技术

1. 自然通风组织

门窗设计考虑了夏季自然通风，在平面布局上有利于利用室外风压形成穿堂风，在堂屋和厨房空间组织上有利于形成竖向热压对流，适宜于大坪村夏季湿度较高的气候特点（图 10.6）。

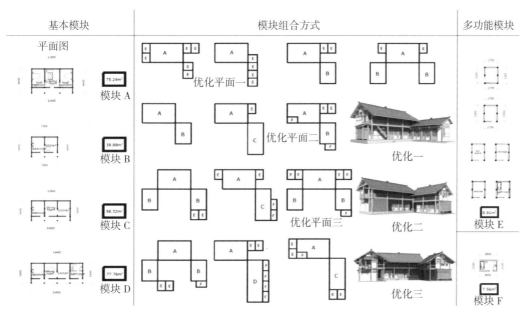

图 10.2 平面模块组合

图片来源：西安建筑科技大学绿色建筑研究中心.

（a）效果图

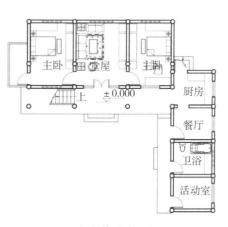

（b）首层平面图

图 10.3 三口之家

图片来源：西安建筑科技大学绿色建筑研究中心.

（a）效果图

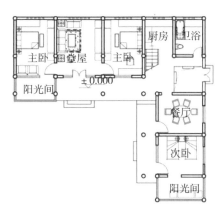

（b）首层平面图

图 10.4　四口之家

图片来源：西安建筑科技大学绿色建筑研究中心．

（a）效果图

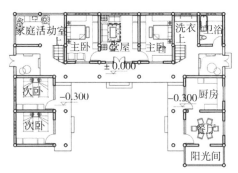

（b）首层平面图

图 10.5　五口之家

图片来源：西安建筑科技大学绿色建筑研究中心．

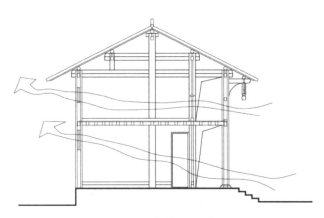

图 10.6　自然通风示意

图片来源：西安建筑科技大学绿色建筑研究中心．

2. 夏季遮阳

立面设计中采用挑檐解决了夏季遮阳问题，一般出挑水平长度在 2m 以上，有的达到

2.5m，这主要取决于挑檐对室内光线遮挡及屋顶高度（图10.7）。

（a）建筑首层挑檐遮阳　　　　　　　　　　　（b）建筑二层挑檐遮阳

图 10.7　夏季遮阳

图片来源：西安建筑科技大学绿色建筑研究中心.

3. 冬季保温

设计依然采用土－木结构，木板竹篱敷土墙。为了改善传统墙体的冬季保温性能，将墙体改进为夹土或夹聚苯板的保温墙（图10.8）。同时，选用密闭性良好的木窗。

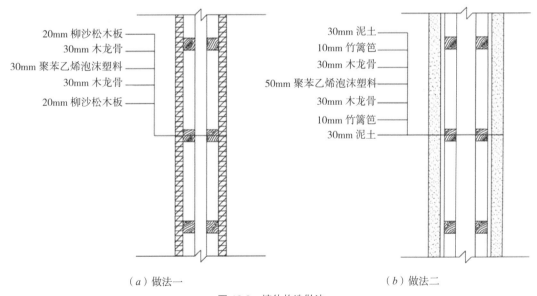

20mm 柳沙松木板
30mm 木龙骨
30mm 聚苯乙烯泡沫塑料
30mm 木龙骨
20mm 柳沙松木板

30mm 泥土
10mm 竹篱笆
30mm 木龙骨
50mm 聚苯乙烯泡沫塑料
30mm 木龙骨
10mm 竹篱笆
30mm 泥土

（a）做法一　　　　　　　　　　　　　（b）做法二

图 10.8　墙体构造做法

图片来源：作者自绘.

4. 光环境设计

新方案设计中除满足光环境舒适性要求外，为节约照明能耗，降低了房间的开间和进深，且增加了开窗，所以取得了比旧民居更好的采光环境。

5. 低碳材料

当地因盛产竹木，而被居民广泛用于墙面围护构造。建筑被竹木围合，与周边群山氛围和谐统一。土、竹可结合起来使用。当地竹笆墙利用较多，但因其墙体较薄，且保温隔声效果较差，被大量应用于厨房单体围护。设计考虑结合土来使用，竹篱上抹土做围护墙，局部需要可单用竹笆墙，以此作为隔墙，操作简单且居民可根据自己喜好制作图案，另外以抹土作为隔墙，可有效提高房间保温、隔声效果，降低建造成本，还可以降低对大气的二氧化碳排放，起到对大坪村地区生态环境的保护作用，实现人与环境的可持续发展。

6. 可再生能源利用

在正房中采用了直接式和附加阳光间（图 10.9）等太阳能利用技术，这些被动式太阳能利用，可以有效地改善冬季室内热环境，减少对自然林木作为取暖能源的砍伐；为居民综合使用太阳能创造较好的条件。

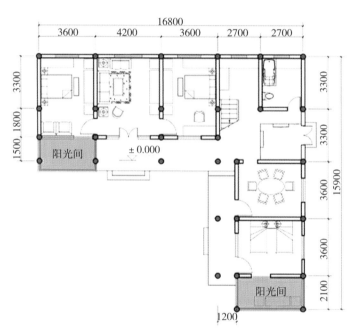

图 10.9 附加阳光间

图片来源：西安建筑科技大学绿色建筑研究中心.

当地盛产黄连植物秸秆，每户村民均饲养牲畜，可作为沼气原料，可为村民提供部分炊事能源。

7. 庭院生态系统

庭院系统中的伴生种群是系统良性发展的重要因素，主要的饲养品种为：马、羊、鸡、鹅、鸭、兔等，应鼓励养殖。

适当扩大庭院后，厕所独立卫生，改善当地人祖祖辈辈简陋的卫生习惯，同时也可以加大伴生种群与人的居住距离，方便控制寄生种群的繁殖与危害，提高卫生标准，保证居民的健康生活。

10.3 室内环境测试数据与分析结果

示范工程完工后，课题组对新民居与旧民居的冬、夏季室内热环境对比测试，对新建民居夏季室内光环境测试。选取一栋新建的木结构建筑（图 10.10）与一栋地震中尚存的旧建筑作为研究对象（图 10.11）。新民居为单层，采用传统的穿斗式木构架结构体系；墙体构造分为两部分，1.5m 以下采用 200mm 黏土砖砌筑，1.5m 以上采用 20mm 柳沙松木板 +30mm 聚苯乙烯泡沫塑料 +20mm 柳沙松木板；双坡屋面，木屋架上铺设小青瓦。旧民居为单层，采用砖木结构，穿斗式木结构体系；120mm 砖墙围护结构；双坡屋面，木屋架上铺设小青瓦。测试参数包括室内外空气温度，室内外相对湿度，室内风速等。测试仪器主要为 175-H2 自计式温湿度计、热舒适仪、热电偶测温仪、红外测温仪、风速仪及 TES 1332A 照度计等。

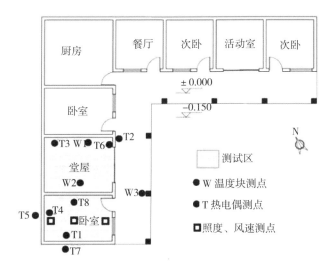

图 10.10　新民居测试对象平面图及布点图

图片来源：作者自绘.

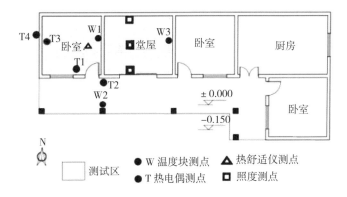

图 10.11　旧民居测试对象平面图及布点

图片来源：作者自绘.

10.3.1 夏季新、旧建筑测试

夏季测试时间为 2009 年 7 月 22 ~ 25 日。

1. 室内外温度

由图 10.12 可知夏季测试期间室外空气温度变化较大，范围在 19.1~28.2℃之间，平均温度为 23.2℃；新建民居室内空气温度变化范围为 19.8~25.3℃，最低和最高温度分别出现于 7：00 时、12：00 时和 13：00 时，平均气温为 22.7℃。旧民居室内空气温度变化范围在 19.8~24.0℃，平均温度为 21.9℃。

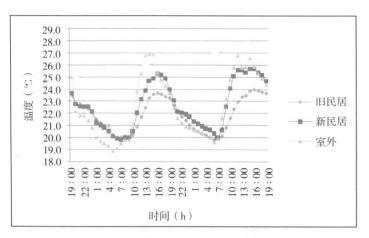

图 10.12　新、旧民居夏季室内外温度

图片来源：作者根据测试结果自绘.

2. 室内外相对湿度

由图 10.13 可知夏季室外空气相对湿度变化范围为 63%~100%，平均相对湿度为 87.1%，新建民居室内空气相对湿度变化范围 74%~93%，其平均相对湿度 85.6%，与旧民居室内空气平均相对湿度 88.4% 相比降低了 2.8 个百分点。

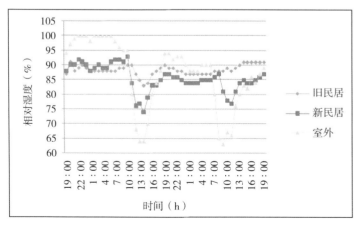

图 10.13　新、旧民居夏季室内外相对湿度

图片来源：作者根据测试结果自绘.

3. 室内照度值

由图 10.14 可知，新建民居室内照度值从窗口随进深方向呈现递减趋势。尽管方案设计中减小房间进深，但为尊重当地人生活习惯，建筑后墙不开窗，因此造成该趋势。

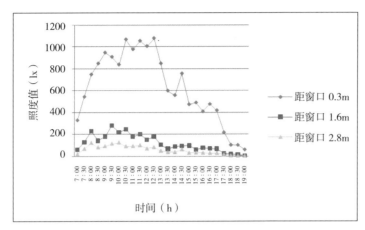

图 10.14 新建民居夏季室内照度值

图片来源：作者根据测试结果自绘．

4. 室内风速

由图 10.15 可知夏季新民居室内风速在 0.045 ~ 0.148m/s 之间变化，平均风速 0.092m/s，通风状况良好。旧民居室内风速 0.022 ~ 0.098m/s，平均风速 0.067m/s，低于新民居室内风速。

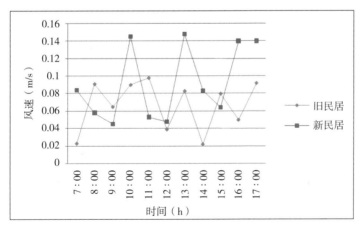

图 10.15 新、旧民居夏季室内风速

图片来源：作者根据测试结果自绘．

10.3.2 冬季新、旧建筑测试

冬季测试时间为 2010 年 2 月 7 ~ 11 日。

1. 室内外温度

图 10.16 显示，室外温度变化范围在 6.6~8.1℃。新民居室内最高温度为 8.3℃，出现在 16:00，最低温度为 7.4℃，出现在 8:00，平均温度 7.8℃。旧民居室内温度 6.4~6.9℃，平均温度 6.6℃。与旧民居相比，新民居室内温度提高了 1.2℃。

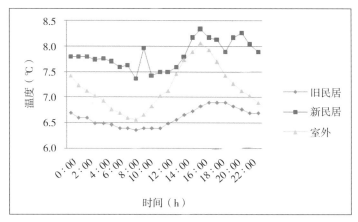

图 10.16 新建民居冬季室内外温度

图片来源：作者根据测试结果自绘.

2. 室内外相对湿度

图 10.17 显示，室外相对湿度变化范围在 80%~85%，平均相对湿度为 83%。新民居室内相对湿度变化范围 82%~88%，平均相对湿度为 85%。旧民居 82%~85%，平均相对湿度 84%。由此可见，新、旧民居平均相对湿度相差无几。

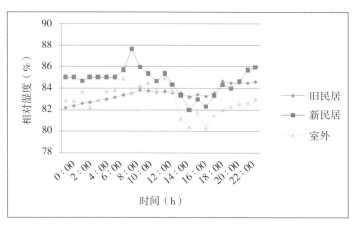

图 10.17 新、旧民居冬季室内外相对湿度

图片来源：作者根据测试结果自绘.

通过改进建筑外围护结构保温、隔热措施，冬季室内平均温度比原有砖木民居有所提高，虽然提高幅度不大，但村民反映可通过添加衣物方式而不采取任何采暖设施越冬。之

所以未达舒适要求，其主要原因在于村民在实际建设中注重了墙体的保温措施，忽略了屋顶部分的保温措施。

由文献可知，室内达到舒适性的相对湿度为 30%～70%。无论冬、夏季，室内空气相对湿度都超出舒适范围。夏季新民居室内相对湿度低于旧民居，缘于建筑设计中注重室内自然通风的组织。冬季新、旧民居内相对湿度相差不大，原因在于：其一，大坪村所处山区，室外空气相对湿度过大；其二，木、竹等材料的吸湿性能大于砖砌体材料。

10.4 实践成果

10.4.1 研究成果

1. 模块化组合的设计思路满足了不同居民对新民居的要求。当地的建筑形态主要为双坡一字形建筑组成的"L"形及"U"形，因此，在方案设计中建立了基本模块与多功能模块的基本单元。利用不同的模块，即可组合出满足村民需求的不同民居类型。

2. 地域性建筑材料采用与建造技术的传承。充分利用当地的土、石、木、瓦材料，结合当地建造技术与现代建筑设计技术，形成适于当地实情的适用建造技术，根据民居现状提出相应的经济型改造措施，突出传统民居的建筑风格。

3. 地域适应性生态技术应用。针对大坪村的民居，本项目在设计中以"经济，适用，充分利用自然能源，保护生态环境"为原则，在当地有限经济条件下考虑了太阳能利用、建筑遮阳与自然通风组织、混合材料围护结构、简易储水系统、沼气利用等符合当地实际情况的适宜性技术。

10.4.2 实际效益

1. 环境效益

根据课题组在调查走访中统计，新建民居外墙基本都采取木板＋木龙骨＋聚苯乙烯泡沫塑料＋木龙骨＋木板的构造措施，屋面则采取屋架上直接铺瓦的做法。据估算，这一保温隔热措施的实施，使新建民居的空调与供暖能耗在原有基础上至少降低 70%。在 2009 年 7 月与 2010 年 2 月的调查中发现，大坪村村民夏季没有使用空调、风扇，冬季没有采取取暖措施，说明建筑的空调、供暖能耗几乎为零。

至 2009 年 7 月，约有 72% 的农户正在修建沼气池或者已经建成沼气池并投入使用，这将方便农户对能源的使用，同时减少了对薪柴等传统能源的使用。据估算，新建民居能源消耗中大约 50% 来自可再生资源，其余 50% 来自电力、薪柴等。土、木、竹等当地材料的运用降低了能源资源的消耗，且为建筑后期材料循环利用及拆卸过程降低碳排放创造了可能。自然通风、采光等手段的运用使得建筑在运行阶段除满足人体环境舒适要求外，更降低了能耗，减少了二氧化碳排放。

2. 社会效益

至 2011 年 5 月，大坪村村民入住新居两年多，大都从对震前家园的向往和留恋中，逐步产生对新建家园的归属和认同。据调研结果统计，村民对新建民居满意度高达 95%。

周边村庄的村民自愿参观、学习并模仿建造大坪村的民居样式。大坪村生态民居在墙体保温、防潮、遮阳、自然通风与采光等方面的具体措施可直接应用于周边村庄的民居设计与建设。依据该方案建造的民居，也能够成为低碳环保生态的乡土民居与聚落。对于我国乡村建筑的节能减排、生态化发展具有直接的借鉴意义。该项目荣获 2011 年度世界人居奖（World Habitat Awards）优秀奖（Finallist）。

第11章 青藏高原藏牧民定居点绿色建筑

11.1 项目概况

11.1.1 建设背景与概况

充分利用可再生资源是我国调整能源结构、发展循环经济的重要策略之一。尤其针对常规能源缺乏，太阳能、风能等自然资源相对丰富的青藏高原地区，在该类地区充分利用太阳能热能技术，可在一定程度上满足室内热环境要求，并且可降低建筑供暖能耗和减少环境污染，因此利用太阳能供暖成为青藏高原地区冬季改善室内热环境的首选。青海省刚察县牧民定居点太阳能供暖示范工程是此理念的强有力的实践，对解决该地区常规能源缺乏、减少环境污染、提高人们生活水平具有积极意义。

项目位于青海省海北藏族自治州刚察县沙柳河镇，国道315线以北，土地总占地面积95923m²，基本户型面积78m²，砖混结构，均为单层建筑，层高2.8m。总建筑面积7800m²，其中被动式太阳能采暖住宅80套（6240m²），主被动结合太阳能采暖住宅20套（1560m²）。项目2008年初启动，于2010年底完工，目前大部分牧民已搬入新居，示范工程实景如图11.1所示。

图 11.1 示范工程建成实景

图片来源：西安建筑科技大学绿色建筑研究中心．

11.1.2 自然地貌与气候条件

刚察县地处青藏高原地区，平均海拔3300.5m，绝大部分地区海拔在3500m以上，海拔最高点4775m，位于县境西部的桑斯扎山峰，最低点3195m，位于县境南部的青海湖湖滨地带。气候属于典型的高原大陆性气候，日照时间长，昼夜温差大。冬季寒冷，夏秋温凉，1月平均气温 –17.5℃，7月平均气温11℃，年平均气温 –0.6℃，其中供暖期长达242天。年日照时数3037h，日照百分率为68%，5～9月平均日照在14h以上，属长日照区域，境内平均日照时数为8h，年总辐射可达6580MJ/m²，太阳能资源仅次于拉萨，位于全国第二。

11.2　项目设计与实施方案

11.2.1　整体规划

1. 基地选择及场地规划

地形地貌与建筑接受阳光照射情况密切相关，建筑基地应选择在向阳的平地或坡地上，争取尽量多的日照，为建筑单体的热环境设计和太阳能利用创造有利条件。

青海省刚察县一年中有一半时间处于寒冷恶劣的气候环境中，"向阳"成为选址所必须考虑的重要因素之一。由于该地区地形主要以川和山地为主，因此建筑物不宜布置在山谷、洼地、沟底等凹形场地，主要由于凹地冬季易于沉积雨雪，其融化蒸发将带走大量热量，增加围护结构负担，增加建筑能耗。该地方老宅基地通常依地势起伏错落布置或因山就势，散居在向阳坡地上，不仅有利于阻挡寒风侵袭，而且有利于接受太阳辐射。因此本项目工程场地位于阳坡上，地形总体北高南低，争取建筑物接受太阳辐射最大化。

2. 建筑朝向及日照间距

建筑物朝向的选择应综合考虑冬季太阳能热利用和防止冷风侵袭。接受面积相同，方位不同时，其各自接受太阳辐射存在较大差异，当集热面朝向偏离正南方向的角度超过30°时，其接收到的太阳辐射将会急剧下降，因此，为了保证建筑物及集热面接收到足够多的太阳辐射，应使建筑物方位控制在正南偏东西30°以内，而且最佳朝向为正南，以及偏东西15°以内。

青海省大部分地区太阳能资源丰富，其季节分布中，数冬季最为强烈，为主被动太阳能热利用提供了很好的保障，并且冬季最佳的利用时段基本为上午和中午，朝向宜调整为正南或南略偏东为宜。

该工程在规划阶段，由于刚察县整体规划需要，要求与南面主干道平行，故在总体平面布置时，建筑单体的朝向为南偏西6.8°，在最佳朝向范围内。

一定的日照间距是建筑充分得热的条件，但是考虑到节约用地，日照间距过大又会造成浪费，一般以建筑类型的不同来规定不同的连续日照时间，以确定建筑的最小间距。目前，常规建筑一般根据冬至日正午太阳高度角来确定日照间距。青海地区冬季通常9：00 ~ 15：00之间6小时中太阳辐射量占全天辐射总量的90%左右，若前后各缩短半小时（9：30 ~ 14：30），则下降至75%左右。因此，太阳能建筑日照间距应保证冬至日正午前后共5小时的日照，并且在9：00 ~ 15：00之间没有较大遮挡。因此示范工程建筑向阳的前方应无固定遮挡，避免周围地形、地物对建筑物在冬季对日照遮挡。

以青海省大部分地区民居日照时间应保持冬至日正午前后共5小时的日照为基准，该工程建筑日照间距为14m，建筑高度为4.7m，而且后排与前排地形高差大约为1m左右，因此，该日照间距满足最小间距要求。

11.2.2　建筑方案

1. 平面布局

太阳能建筑内部的平面布置除了应满足一般的建筑要求外，还应满足主要房间在冬季获得足够多的太阳热量，而且最大限度的利用自然采光，降低建筑常规热能利用，减少人工采光能耗，改善住宅室内光热环境，满足生理和心理的健康要求。

当地的建筑形态在满足使用功能的同时主要考虑太阳能利用。因此，小进深、大面积南墙成为建筑设计的主旨。建筑分为主卧、次卧、客厅、厨房、卫生间、阳光间等功能。在建筑物平面布局上，应根据自然形成的北冷南暖的温度分区来布置各房间，该布置方式可缩小采暖温差，节省采暖能耗。主要房间（卧室、客厅）尽量布置在南侧暖区，并尽量避开边跨。次要或辅助房间（卫生间、厨房、过道等）可以布置在北侧或边跨，形成温度阻尼区，其北侧各房间的围合对南侧主要房间起到良好的保温作用。

对于被动式太阳能建筑通常主要将南墙面作为集热面来集取热量，而东、西、北墙面为失热面。按照尽量加大得热面减少失热面的原则，应选择东西轴长、南北轴短的平面现状。因此，建议建筑平面短边与长边之比控制为 1：1.5 ～ 1：4 为宜，并可根据实际需要取值。

2. 建筑体形

建筑平面形状凹凸、体形复杂、外表面面积大是导致建筑能耗大的主要因素。应通过对建筑体积、平面和高度的综合考虑，选择适当的长宽比，实现对体形系数的合理控制，确定建筑各面尺寸与其有效传热系数相对应的体形，同时也注意在整体设计中，建筑体形与周边日照的关系，尽量实现冬季向阳的效果。

3. 太阳能利用

太阳能利用集热部件的设置有多重组合，如直接受益式＋南向通暖廊、直接受益式＋南向集热蓄热墙，直接受益式＋南向集热蓄热墙＋南向通暖廊，屋顶集热器低温辐射盘管＋直接受益式＋南向集热蓄热墙＋南向通暖廊等。

4. 外围护结构

建筑内、外墙主体结构采用实心黏土砖，外墙均设置挤塑型聚苯乙烯泡沫保温板；屋顶为现浇混凝土结构外设置挤塑型聚苯乙烯泡沫保温板；地面结构为 C20 混凝土，下设置挤塑型聚苯乙烯泡沫保温板；外窗均采用 60 系列单框双玻塑钢平开窗；建筑色彩主要为藏族传统的黄、白、藏红色组成，外表美观，实用性强。

5. 造型设计

主、次卧室为主要居住房间，设置在南向，且南墙为集热蓄热墙，使人们可长时间停留在室温较高的南向暖区；客厅南向为附加阳光间，形成缓冲区，为客厅的保温起到一定的阻尼作用；客厅北向不设置窗户；停留时间较短的卫生间、厨房设置在北向，且开有采光小窗；屋顶为坡屋顶，做平吊顶；建筑布局整体紧凑，符合藏族人民对室内布局的要求。

6. 建筑层数、层高及进深

太阳能建筑设计主要从节能角度考虑，一般情况对于独户住宅为 3 开间时单层为最佳。

太阳能建筑层高设计应结合通风换气措施考虑。根据青海地区的特点，住宅建筑的层高不宜过高，一般控制在不低于 2.8m 为宜。建筑层高确定后，其可利用的最大集热面即一定，房间的进深过大则整栋建筑的节能率将降低，因此，房间的进深在满足使用的条件下尽量减少，从实践经验看，房间进深一般应控制在不超过层高的 2.5 倍时可以获得比较满意的节能率。如为了保证利用太阳能的南向主要房间能够达到较高的太阳能供暖率，房间的进深不宜过大。根据经验一般不大于层高的 1.5 倍比较合适，这时可以保证集热面积与房间面积之比不小于 30%，从而保证房间具有较高的太阳能供暖率。

在建筑方案设计与太阳能综合利用的情况下，形成 8 种方案。鉴于太阳能增量投资（元 /m²）、太阳能保证率、节能率、年节标煤、投资回收期（年）等因素综合比较下，最后确定其中一种（图 11.2）。

（a）效果图

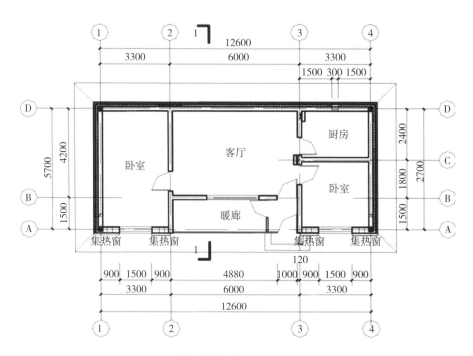

主被动结合式太阳房平面图

（b）平面图

图 11.2　最终确定方案（一）

（c）立面图　　　　　　　　　　　（d）剖面图

图 11.2　最终确定方案（二）

图片来源：西安建筑科技大学绿色建筑研究中心．

11.2.3　太阳能采暖技术

1. 被动太阳能供暖技术

被动太阳能供暖技术可依靠房屋本身来完成对太阳能的集热、贮热和释热过程，实现对建筑的供暖，并且本身不需要设置供暖所必需的管道、散热器等设备，其结构和运行简单，投资少，节能效果明显，已成为太阳能供暖的主要方式。充分利用北半球中高纬度地区太阳能高度角夏季高、冬季低的特征，通过对建筑物构造、朝向、南向外墙窗的巧妙设计和选用有特色的建筑材料等方式，使建筑物达到冬暖夏凉的效果。

1）集热蓄热墙

集热蓄热墙外立面、内立面、外立面尺寸如图 11.3 所示。集热蓄热墙构造由外向内依次为 4mm 玻璃盖板、100mm 空气层、10mm 瓦楞铁皮、15mm 细石砂浆、40mm 聚苯板、240mm 黏土砖和 15mm 细石砂浆，其中瓦楞铁皮外表面选择被藏族人民广泛接受的藏红色，在保留传统藏族民居色彩的同时也起到了吸热材料的作用，集热蓄热墙上下各设置可开启关闭式通风孔，其中上部设置 2 个，下部设置 3 个，尺寸均为 200mm×200mm，内附可启闭式木盖板。冬季昼间，太阳辐射透过外玻璃，大部分被设置有吸热材料的蓄热墙所吸收，被吸收的太阳辐射热量，一部分主要用于加热玻璃盖板与墙体外表面之间的空气，被加热的空气在热虹吸作用下，经过集热蓄热墙上通风孔进入室内，室内温度空气经下通风孔流出室内进入集热蓄热墙空气层再次被加热，如此循环，形成对室内的供暖作用；另一部分则通过集热蓄热墙，首先通过导热，再经过蓄热墙内表面对流的方式，将热量带给室内空气，在此形成对室内的供暖。对于冬季夜间，关闭集热蓄热墙通风孔，减少室内热气流外流。而且需增加集热蓄热墙体的保温措施，使得在白天加快室内温升的同时，减少夜间室内散热速率。

对于集热蓄热墙夏季工作模式，关闭集热蓄热墙上部通风孔，打开北墙、南墙玻璃盖板上以及蓄热墙体下通风孔，利用玻璃与蓄热墙之间的空气夹层"热烟囱"效应，将室内热空气抽出，而室外冷空气经过北墙进入室内，以达到降温目的。但是由于该地区夏季凉爽，平均气温不高，基本不需要降温措施，因此在施工过程中，将北墙通风孔封住，南面玻璃上通风孔也封住，仅玻璃下通风孔可自由开启，其目的为蓄热墙内清灰之用。南外窗为真空玻璃窗，其尺寸为 1500mm×1800mm，结构由外向内依次为 4mm 普通玻璃、4mm 封闭空气层和 4mm 普通玻璃。

（a）外立面　　　　　　　　　　　　　　（b）内立面

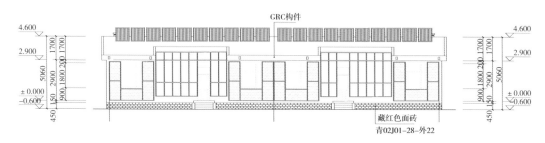

（c）外立面尺寸

图 11.3　集热蓄热墙

图片来源：西安建筑科技大学绿色建筑研究中心．

2）附加阳光间

在客厅南墙外搭建的封闭玻璃间，从太阳能利用角度考虑，起到了附加阳光间的作用。客厅南向为全玻璃封闭阳光间的外观和内部如图 11.4 所示。阳光间南立面和顶部框架上均铺装 4mm 普通玻璃，南立面中间位置设置玻璃窗，在夏季阳光间内温度过高时，打开用于通风换气降温。阳光间与客厅隔墙结构为 15mm 细石砂浆、240mm 普通砖和 15mm 细石砂浆。隔墙上窗户为普通玻璃窗，尺寸为 1500mm × 1800mm。在冬季，附加阳光间首先起到空气集热器的作用，太阳辐射透过南向屋顶玻璃和南向玻璃进入温室，加热温室内空气的同时，被温室地面和客厅南墙外表面所吸收、升温。通过客厅南墙门窗的开启，温室内的热空气流入客厅，加热客厅内空气；另一方面通过南墙导热作用将热量送入客厅，使客厅升温。

2. 主动太阳能采暖技术

虽然青藏高原地区太阳辐射强度位于全国前列，但是由于冬季气候寒冷，纯粹的被动太阳能技术难以完全满足冬季室内热舒适要求，大部分地区需与其他辅助热源相配合。在被动太阳能供暖技术的基础上，设置主动供暖设施，可在很大程度上降低设备投资，节省常规能源，降低建筑供暖能耗。

（a）附加阳光间外观　　　　　　　　　　　（b）附加阳光间内部

图 11.4　附加阳光间

图片来源：西安建筑科技大学绿色建筑研究中心．

主动太阳能供暖或空调系统可较好满足室内温度要求，但是其初投资高、回收年限较长，一直被认为是其难以大面积推广的问题所在，鉴于该地区示范性质的工程，考虑到该地区太阳辐射资源丰富，在此共建设 20 套主动式太阳能供暖系统住宅，为其在青藏高原地区的推广提供理论支持和可靠的基础数据。

主动太阳能供暖系统，主要包括太阳能集热器、蓄热装置、散热装置、管道和阀门等（图 11.5）。为保证供暖系统安全性和稳定性，本系统加入电辅助加热系统。白天，工作介质（防冻液）在集热器内经太阳辐射照射加热，再经集热循环系统，加热蓄热水箱内的水，蓄热水箱内的水进入低温辐射盘管，形成散热循环，加热室内空气。

另外，从主动太阳能供暖系统中蓄热水箱内引出一根作为生活热水管，作为生活热水之用。该项目示范工程考虑到采暖负荷较大，在被动和主动太阳能供暖无法完全满足室内热舒适所需供热量时，开启辅助电加热设备，考虑到电辅助长期开启所承担电费的负担，该示范工程散热系统也与县城市政供暖相连接，以备之用。

11.3　项目实际效果测试分析

11.3.1　被动太阳能建筑室内热环境

测试期间（1 月 15 ~ 17 日）室外空气温度变化规律如图 11.6 所示；水平面和南立面

太阳辐射强度如图 11.7 所示；被动太阳房各房间室内空气温度对比如图 11.8 所示。

（a）太阳能集热器

（b）电加热水箱

（c）蓄热水箱

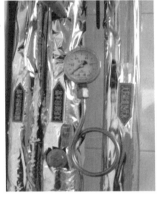
（d）供回水管道

（e）控制箱

（f）分集水器

图 11.5　主动太阳能供暖设备

图片来源：西安建筑科技大学绿色建筑研究中心.

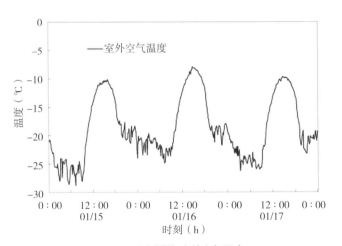

图 11.6　测试期间室外空气温度

图片来源：西安建筑科技大学绿色建筑研究中心.

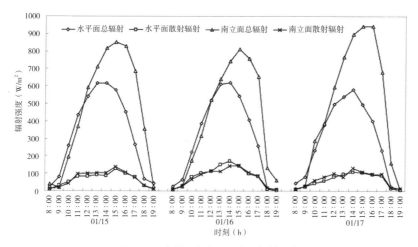

图 11.7　水平面和南立面太阳辐射强度

图片来源：西安建筑科技大学绿色建筑研究中心.

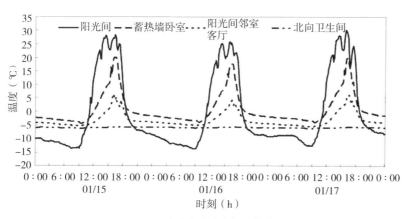

图 11.8　各房间室内空气温度对比

图片来源：西安建筑科技大学绿色建筑研究中心.

　　根据图 11.6，室外空气温度在 –5 ～ –30℃之间，其中平均值可达 –16.9℃。而且室外空气相对湿度在 5% ～ 40% 之间，平均值仅为 19.8%，可见该地区冬季不仅寒冷，而且干燥，属于严寒地区。

　　根据图 11.7，南外墙面太阳辐射日出时间总辐射平均值为 477W/m²，水平面太阳辐射日出时间总辐射平均值为 364 W/m²，南墙面太阳辐射明显强于水平面，且总辐射中直射辐射占到 80% 以上，可见该地区冬季太阳辐射强烈，为太阳能热利用提供了足够的热源。

　　根据图 11.8，阳光间内温度白天最高可达 31.5℃，夜间最低为 –15.8℃。可见附加阳光间温度波动幅度较大，但是昼间 12:00 ～ 18:00 温度均高于 5℃，且全天平均为 –0.7℃，相比寒冷的室外气温，附加阳光间为对室内保温和缓冲起到一定作用。集热蓄热墙卧室室内温度最大值亦可达 20℃，最小值仅为 –4.8℃，其温度波幅明显小于附加阳光间，日平均温度为 0.7℃，可见，针对全天室内平均温度而言，集热蓄热墙要优于附加阳光间式。由于卫生间坐落于建筑北面，无太阳能得热，室内日平均温度为 –5.8℃。

11.3.2 主被动结合太阳能建筑室内热环境

测试期间（4月25～28日）室外空气温度变化规律如图11.9所示，为表述方便，将与阳光间相邻房间记作房间A，集热蓄热墙卧室记作房间B。主被动太阳能结合采暖房间A与房间B室温如图12.10所示；单纯被动太阳房与主被动太阳能结合采暖房间A室温对比如图11.11所示，房间B室温对比如图11.12所示。

根据图11.9，04/25～04/28测试期间连续四天室内温度逐渐升高，日平均值分别为4.5℃、6.2℃、7.6℃和9.0℃，这也是后续耦合调节房间室温逐日稍有增加的原因，其四天内平均值为6.9℃。

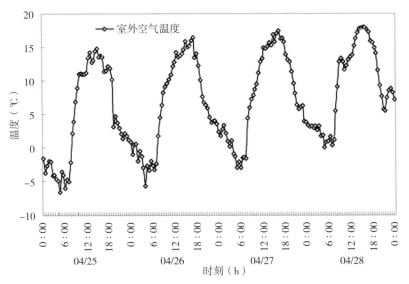

图 11.9　测试期间室外空气温度

图片来源：西安建筑科技大学绿色建筑研究中心.

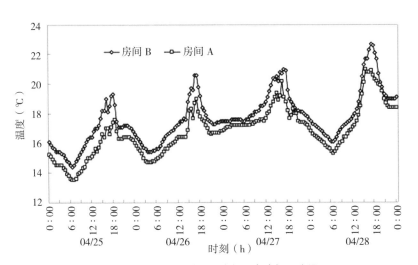

图 11.10　主被动结合采暖房间 A 与房间 B 室温

图片来源：西安建筑科技大学绿色建筑研究中心.

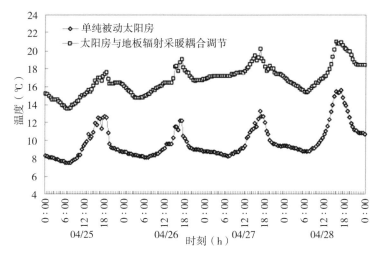

图 11.11 单纯被动太阳房与主被动太阳能结合采暖房间 A 室温对比
图片来源：西安建筑科技大学绿色建筑研究中心．

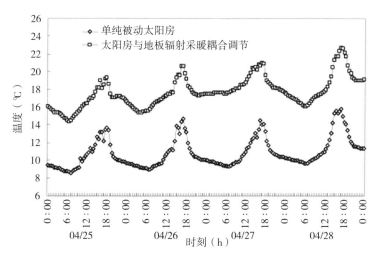

图 11.12 单纯被动太阳房与主被动太阳能结合采暖房间 B 室温对比
图片来源：西安建筑科技大学绿色建筑研究中心．

　　根据图 11.10，主被动太阳能结合供暖房间 A 和 B 连续四天室温对比分析，可知房间 B 室温高于房间 A，解释为：房间 B 卧室北墙为与卫生间相邻的内墙结构，而房间 A 北墙为外墙结构，房间 B 南墙为集热蓄热墙 + 直接受益窗式被动太阳能得热部件，而房间 A 南墙为与阳光间相邻的内墙，通过阳光间间接得热。主被动太阳能结合供暖房间 A 和 B 日平均室温分别为 16.8℃和 17.7℃。

　　根据图 11.11 和图 11.12 可以看出，主被动太阳能结合供暖房间室温明显高于单纯被动太阳房室温，房间 A 日平均温度分别为 16.8℃和 9.8℃，房间 B 日平均温度分别为 10.8℃和 17.7℃，房间 A 和房间 B 分别高 7.0℃和 6.9℃，可见耦合调节对单纯被动太阳房室内热环境的改善是显而易见的。总评结果，主被动太阳能结合供暖可很好地保证室内热环境，并且对节约采暖能耗也起着巨大作用。

11.4 实践成果

11.4.1 研究成果

1. 从分析当地环境与建筑之间关系入手，对民居建筑进行了深入研究。当地的建筑形态在满足使用功能的同时主要考虑太阳能利用。因此，建筑物的朝向、间距、进深、平面的长宽比、体形、层数、南墙面积等方面都是要考虑的内容。通过多方案比较分析，最终挑选出最为合理的方案设计。

2. 注重空间舒适性的平面设计：主、次卧室为主要居住房间，设置在南向，且南墙为集热蓄热墙，使人们可长时间停留在室温较高的南向暖区；客厅南向为附加阳光间，形成缓冲区，为客厅的保温起到一定的阻尼作用；客厅北向不设置窗户；停留时间较短的卫生间、厨房设置在北向，且开有采光小窗；屋顶为坡屋顶，做平吊顶；建筑布局整体紧凑，符合藏族人民对室内布局的要求。

3. 从被动式和主动式太阳能利用的角度进行了充分的考虑。在被动式太阳能采暖系统方面，主要采用了集热蓄热墙、附加阳光间。在冬季集热蓄热墙在白天加快室内温升的同时，减少夜间室内散热速率。而附加阳光间则起到空气集热器的作用，太阳辐射透过南向屋顶玻璃和南向玻璃进入温室，加热温室内空气的同时，被温室地面和客厅南墙外表面所吸收升温，通过客厅南墙门窗的开启，使阳光间的热空气流入客厅，加热客厅内空气，以及通过南墙导热作用将热量送入客厅，使客厅升温。而在主动太阳能供暖系统方面，主要使用了太阳能集热器、蓄热装置、散热装置、管道和阀门等，为保证供暖系统安全性和稳定性，本系统加入电辅助加热系统。白天，工作介质（防冻液）在集热器内经太阳辐射照射加热，再经集热循环系统，加热蓄热水箱内的水，蓄热水箱内的水进入低温辐射盘管，形成散热循环，加热室内空气。

4. 太阳能利用集热部件的设置的多重组合。例如直接受益式＋南向通暖廊、直接受益式＋南向集热蓄热墙，直接受益式＋南向集热蓄热墙＋南向通暖廊，屋顶集热器低温辐射盘管＋直接受益式＋南向集热蓄热墙＋南向通暖廊等。

5. 热工缺陷与热桥的改进与完善。在民居设计中，露台、挑出阳台、暖廊挑出部位等构造部位都是潜在的热桥，本项目在做外保温时，额外注意了以上部位保温，在做法上可以参照屋面保温的方式处理，外保温施工时要注意将热桥部位进行单独保温，做到外围护结构全部包住。为了得到围护结构和部位的平均传热系数，还对梁、柱、拐角等热桥部位进行细部分析和统计，了解建筑物局部热桥的部位及对保温性能的影响程度，对唯一的热桥部位进行数值模拟研究，进而采取相关的技术措施保证最终的围护结构热工性能。

11.4.2 实际效益

1. 环境效益

示范工程综合运用建筑围护结构非平衡保温、被动太阳能与主动太阳能供暖系统组合优化设计方法等理论和方法。通过对示范工程进行全面系统的测试分析评价可知，新型组合式太阳房在供暖期节约采暖能耗约可达86.6%，附加阳光间和集热蓄热墙作为集热部件，在供暖期起到了一定的供暖作用，在太阳能丰富的严寒地区体现了明显的节能效果；与普通对比房相比，太阳房不仅可以减少常规能源的消耗，而且对缓解严重的环境污染也起到了积极的作用。

2. 社会效益

充分利用可再生资源是我国调整能源结构、发展循环经济的重要策略之一。尤其针对常规能源缺乏，太阳能、风能等自然资源相对丰富的青藏高原地区，在该类地区充分使用自然资源在满足室内热舒适要求前提下降低建筑能耗和减少环境污染成为发展的必然。青海省刚察县农牧区主被动太阳能供暖示范工程是此理念的强有力的实践，对解决该地区常规能源缺乏、减少环境污染、提高人们生活水平具有积极意义。而且随着该示范工程的建成以及使用，在技术上实现了较大的突破，在实用性上得到了住户的广泛认可，对青藏高原地区农牧区住宅以及太阳能供暖建筑具有重要的示范作用和巨大的推广潜力。

参考文献与注释

[1] 庄菁，联合国与全球环境发展问题探析 [D]. 苏州：苏州大学，2008：13-14.

[2] 朱建营，漯河职业技术学院学报 [J]. 2006，5（1）：75-78.

[3] 世界环境与发展委员会 . 我们共同的未来 [M]，吉林：吉林人民出版社，1997：3.

[4] 李道增，王朝晖 . 迈向可持续建筑 [J]. 建筑学报，2000，12：4-8.

[5] 冉茂宇，刘煜 . 生态建筑 [M]. 武汉：华中科技大学出版社，2008：21.

[6] GREG DOWLING 著 . 张健译 . 可持续的绿色设计 [J]. 建筑知识，2004（6）：46-48.

[7] 李道增，王朝晖 . 迈向可持续建筑 [J]. 建筑学报，2000，12：4-8.

[8] [英] 布莱恩·爱德华兹 . 周玉鹏，宋晔皓译 . 可持续建筑 [M]. 北京：中国建筑工业出版社，2003.

[9] 童丽萍 . 从能源危机看建筑节能的趋势 [J]. 郑州大学学报（理学版），2008，40（4）：105-109.

[10] 张宏彬 . 能源问题、环境污染与 " 节能减排 "[J]. 改革与开放，2010（20）：97.

[11] 伊恩·伦诺克斯·麦克哈格著 . 芮经委译 . 设计结合自然 [M]. 天津：天津大学出版社，2006：3.

[12] 刘福智，刘媛 . 绿色建筑与可持续发展理论的发展及概述 [J]. 沿海企业与科技，2008，66（8）：137-138.

[13] 刘福智，刘媛 . 绿色建筑与可持续发展理论的发展及概述 [J]. 沿海企业与科技，2008，66（8）：137-138.

[14] 刘鸿志 . 当代西方绿色建筑学理论初探 [J]. 新建筑，2000，3：3-4.

[15] 杨维菊 . 绿色建筑设计与技术 [M]. 南京：东南大学出版社，2011：5.

[16] 西安建筑科技大学绿色建筑研究中心，绿色建筑 [M]. 北京：中国计划出版社，1999：28.

[17] 姚润明，李百战，丁勇，刘猛 . 绿色建筑的发展概述 [J]. 暖通空调，2006，36（11）：27-32.

[18] 杨维菊 . 绿色建筑设计与技术 [M]. 南京：东南大学出版社，2011：6-10.

[19] 詹凯 . 关于绿色建筑发展的思考 [J]. 四川建筑科学研究，2010，36（5）：265-267.

[20] 李百战 . 绿色建筑概论 [M]. 北京：化学工业出版社，2007：4.

[21] 绿色建筑论坛 . 绿色建筑评估 [M]. 北京：中国建筑工业出版社，2007：153.

[22] 刘福智，刘媛 . 绿色建筑与可持续发展理论的发展及概述 [J]. 沿海企业与科技，2005，66（8）：137-138.

[23] 卜增文，孙大明，林波荣，林武生，杨建荣 . 实践与创新：中国绿色建筑发展综述 [J]. 暖通空调，2012，42（10）：1-8.

[24] 刘福智，刘媛 . 绿色建筑与可持续发展理论的发展及概述 [J]. 沿海企业与科技，2005，66（8）：137-138.

[25] 中国城市科学研究会，绿色建筑（2009）[M]. 北京：中国建筑工业出版社，2009：5.

[26] 万蓉，刘加平，孔德全 . 节能建筑、绿色建筑与可持续发展建筑 [J]. 四川建筑科学研究，2007，33（2）：150-152.

[27] 万蓉，刘加平，孔德全 . 节能建筑、绿色建筑与可持续发展建筑 [J]. 四川建筑科学研究，

2007，33（2）：150-152.

[28] 崔英姿，赵源.持续发展中的生态建筑与绿色建筑 [J]. 山西建筑，2004，30（8）：9-10.

[29] 中国科学院可持续发展研究组 .2003 年中国可持续发展战略报告 [M]. 北京：科学出版社，2003.

[30] 路斌 . 可持续建筑及其发展状况 [J]. 建筑科学，2003，19（5）：1-4.

[31] 台湾建筑报道杂志社 . 永续绿色建筑 [M]. 台湾建筑报道杂志社，2002.

[32] 冉茂宇，刘煜 . 生态建筑 [M]. 武汉：华中科技大学出版社，2008：31.

[33] 陈晓扬，仲德崑 . 地方性建筑与适宜技术 [M]. 北京：中国建筑工业出版社，2007：12.

[34] Brenda & Robert Vale. Green Architecture—Design for Sustainable Future. London：Thames &Hudson Ltd，1991：15-32.

[35] 刘先觉 . 现代建筑理论：建筑结合人文科学自然科学与技术科学的新成就 [M]. 北京：中国建筑工业出版社，2010：610.

[36] 卢峰 . 重庆地区建筑创作的地域性研究 [D]. 重庆：重庆大学，2004：95.

[37] 世界资源研究所等 . 世界资源报告 1996-1997. 中国环境科学出版社 .1997.

[38] 荆其敏，张丽安 . 生态家屋 [M]. 武汉：华中科技大学出版社，2010：127.

[39] United Nations. 1987."Report of the World Commission on Environment and Development." General Assembly Resolution 42/187，11 December 1987. Retrieved：2007-04-12

[40] 世界环境与发展委员会 . 我们共同的未来 [M]. 长春：吉林人民出版社，1997.

[41] 吴良镛 . 北京宪章 [J]. 时代建筑 1999.3

[42] 庄惟敏 . 建筑的可持续发展与伪可持续发展的建筑 [J]. 建筑学报 .1998：55.

[43] [美] 塞缪尔·亨廷顿 . 文明的冲突与世界秩序的重建 [M]. 北京：新华出版社，2009.12：45.

[44] 塞缪尔·亨廷顿（Samuel P. Huntington）:哈佛大学阿尔伯特·魏斯赫德三世（Albert J·Weatherhead III）学院教授，哈佛国际和地区问题研究所所长，约翰·奥林战略研究所主任。

[45] [美] 塞缪尔·亨廷顿 . 文明的冲突与世界秩序的重建 [M]. 北京：新华出版社，2009.12：35.

[46] [美] 塞缪尔·亨廷顿 . 文明的冲突与世界秩序的重建 [M]. 北京：新华出版社，2009.12：35-37.

[47] [美] 塞缪尔·亨廷顿 . 文明的冲突与世界秩序的重建 [M]. 北京：新华出版社，2009.12：6.

[48] [美] 塞缪尔·亨廷顿 . 文明的冲突与世界秩序的重建 [M]. 北京：新华出版社，2009.12：47.

[49] [美] 塞缪尔·亨廷顿 . 文明的冲突与世界秩序的重建 [M]. 北京：新华出版社，2009.12：25-26.

[50] [美] 塞缪尔·亨廷顿 . 文明的冲突与世界秩序的重建 [M]. 北京：新华出版社，2009.12：26.

[51] [美] 塞缪尔·亨廷顿 . 文明的冲突与世界秩序的重建 [M]. 北京：新华出版社，2009.12：51-57.

[52] [美] 塞缪尔·亨廷顿 . 文明的冲突与世界秩序的重建 [M]. 北京：新华出版社，2009.12：45.

[53] 曾坚，袁逸倩 . 回归与超越 X——全球化环境中亚洲建筑师设计观念的转变 [J]. 新建筑，1998，（4）：3-6.

[54] [美] 阿里夫·德里克 . 王宁译 . 后革命氛围 [M]. 北京：中国社会科学出版社，1999：47-53.

[55] Sahins.M. Goodbye to tristes tropes : ethnography in the context of modern world history[J]. Journal of Modern History，1988：l–25.

[56] Sahins.M. Goodbye to tristes tropes : ethnography in the context of modern world history[J]. Journal of Modern History，1988：l–25.

[57] 吴良镛 . 国际建协"北京宪章"[J]. 北京：国际建筑师协会第 20 届世界建筑师大会，1999

[58] 沈克宁 . 批判的地域主义 . 引自：当代建筑设计理论——有关意义的探索 [M]. 北京：中国水利水电出版社，知识产权出版社，2009：141.

[59] 刘易斯·芒福德（Lewis mumford）:美国城市规划学家、哲学家、历史学家、社会学家、文学批评家、技术史和技术哲学家。其著作涉及建筑、历史、政治、法律、社会学、人类学、文学批评等。从 1925 年担任美国社会研究新学院讲师起，他先后在哥伦比亚大学、斯坦福大学等十余所大学担任过讲师、教授或访问教授、高级研究员。

[60] • Alexander Tzonis and Liane Lefaivre. The Grid and the Pathway. Architecture in Greece，1981，No.5.

[61] 亚历山大·楚尼斯著，陈燕秋，孙旭东译 . 全球化的世界、识别性和批判地域主义建筑 [J]. 国际城市规划，2008，23（4）：115–118.

[62] K. Frampton. Towards a critical regionalism : six points for an architecture of resistance [M]// Hal Foster. Postmodern Culture. London：Pluto Press，1983：16–30.

[63] 该思想缘于康德的"三大批判"著作即 1781 年的《纯粹理性批判》（后 1787 年再版）、1788 年的《实践理性批判》、和 1790 年的《判断力批判》以及康德在法兰克福学校的著作。在《纯粹理性批判》中，康德说："我之所谓批判，不是意味着对诸书籍或诸体系的批判，而是关于独立于所有经验去追求一切知识的一般理性能力的批判。"——转引自李泽厚 . 批判哲学的批判——康德述评 [M]. 北京：人民出版社，1984：61.

[64] 刘晓竹 . 康德《纯粹理性批判》评析——序言·导论·先验感性论篇 [M]. 北京：中国妇女出版社，2002：100.

[65] 与我们日常理解的"思想批判"、"错误批评"含义不同，它没有"反驳"、"驳倒"的意思 .

[66] 《康德〈纯粹理性批判〉评析》一书关于西方"批判哲学"进行过分类认知，西方哲学传统中批判有大、小之分 .

[67] 从目标价值取向上而言，批判又有积极与消极之分。消极批判的目的在于取消对立面或完全否定对方的观点；积极批判是建设性的批判，不是要取消、否定对手，而是要超越对手，达到更高层次的真理境界。

[68] 乔治·史丹纳 . 海德格尔 [M]. 李河，刘继译 . 浙江：浙江大学出版社，2013：207.

[69] [丹麦] 斯汀·拉斯姆森 . 建筑体验 [M]. 刘亚芬译 . 北京：中国建筑工业出版社，1990.

[70] 单军 . 建筑与城市的地区性：一种人居环境理念的地区建筑学研究 [M]. 北京：中国建筑工业出版社，2010：124.

[71] [美] 肯尼斯·弗兰姆普顿 . 现代建筑——一部批判的历史 [M]. 张钦楠，译 . 北京：生活·读书·新知三联书店，2004：354.

[72] 秦红岭 . 全球化语境下建筑地域性特征的再解读 [J]. 华中建筑，2007，25（1）：2–3.

[73] 李百浩，刘炜 . 当代高技术建筑的地域性特征 [J]. 华中建筑，2004（3）：29–30.

[74] 刘先觉 . 现代建筑理论：建筑结合人文科学自然科学与技术科学的新成就 [M]. 北京：中国建筑工业出版社，2008，04：210.

[75] 亚伯拉罕·马斯洛著 . 许金声等译 . 动机与人格 [M]. 北京：中国人民大学出版社，2007：3-17.

[76] 亚伯拉罕·马斯洛著 . 许金声等译 . 动机与人格 [M]. 北京：中国人民大学出版社，2007：18-30.

[77] 彭克宏 . 社会科学大词典 [M]. 北京：中国国际广播出版社，1989：116.

[78] 维特鲁威著 . 高履泰译 . 建筑十书 [M]. 北京：中国建筑工业出版社 .1986：14.

[79] [英] 戴维·史密斯·卡彭 . 王贵祥译 . 建筑理论（上）[M]. 北京：中国建筑工业出版社，2007.

[80] 何泉 . 藏族民居建筑文化研究 [D]. 西安：西安建筑科技大学，2009.

[81] 谭良斌 . 西部乡村生土民居再生设计研究 [D]. 西安：西安建筑科技大学，2008.

[82] 虞志淳 . 陕西关中农村新民居模式研究 [D]. 西安：西安建筑科技大学，2009.

[83] 张群，朱佚韵，刘加平，梁锐 . 西北乡村民居被动式太阳能设计实践与实测分析 .[J]. 西安理工大学学报，2011，26（4）：477-481.

[84] 何泉，刘加平，吕小辉 . 西北农村地区的生态建筑适宜技术——以银川市碱富桥村设计为例 .[J]. 四川建筑科学研究，2009，35（2）：243-247.

[85] 吴良镛 . 查尔斯柯里亚的道路 . 建筑学报 [J].2000，（11）：44.

[86] 夏明，武云霞 . 地域特征与上海城市更新 [M]. 北京：中国建筑工业出版社，2010：8.

[87] 优势需要，即人同时存在多种基本需要，但在不同的时候，各种基本需要对人的行为的支配力是不同的，在所有的基本需要中，对人的行为具有最大支配力的需要就是"优势需要"。如此我们可以说马斯洛的需要层次论讲的是"优势需要"的更替，而不是"需要"的更替。

[88] 吴金福，李先绪，木春荣 . 怒江中游的傈僳族 [M]. 昆明：云南民族出版社，2001：40.

[89] 中共云南省委政策研究室 . 云南地州市县情 [M]. 北京：光明日报出版社，2001：586，589.

[90] 中共云南省委政策研究室 . 云南地州市县情 [M]. 北京：光明日报出版社，2001：578.

[91] 中共云南省政策研究室 . 云南地州县情 [M]. 北京：光明日报出版社，2001：578.

[92] 吴金福，李先绪，木春荣 . 怒江中游的傈僳族 [M]. 昆明：云南民族出版社，2001：40.

[93] 中共云南省委政策研究室 . 云南地州市县情 [M]. 北京：光明日报出版社，2001：586.

[94] 吴金福，李先绪，木春荣 . 怒江中游的傈僳族 [M]. 昆明：云南民族出版社，2001：41-42.

[95] 贡山独龙族怒族自治县志编纂委员会 . 贡山独龙族怒族自治县志 [M]. 北京：民族出版社，2006：37.

[96] 王翠兰，陈谋德 . 云南民居续编 [M]. 北京：中国建筑工业出版社，1993：65.

[97] 王翠兰，陈谋德 . 云南民居续编 [M]. 北京：中国建筑工业出版社，1993：64.

[98] http：//baike.baidu.com/view/5241314.htm.

[99] 贡山独龙族、怒族自治县志编纂委员会 . 贡山独龙族怒族自治县志 [M]. 北京：民族出版社，2006：35 ～ 37.

[100] 李建斌 . 传统民居生态经验及应用研究 [D]. 天津：天津大学，2008.

[101] 徐梅，李朝开，李红武 . 云南少数民族聚居区生态环境变迁与保护 [J]. 云南民族大学学报（哲学社会科学版），2011，28（2）：31-36.

[102] 罗为检，刘新平，高昌海.云南怒江流域土地资源利用的主要问题及退耕工程探讨 [J]，云南地理环境研究，2001，14（1）：85-91.

[103] 陈南岳.我国农村生态贫困研究 [J].中国人口.资源与环境，2003，13（4）：42-45.

[104] 付保红等.怒江州农村特困人口现状及工程移民扶贫研究 [J].热带地理，2007，27（5）：451-454，471.

[105] 冯芸，陈幼芳.云南怒江傈僳族自治州实施异地开发与生态移民的障碍分析及对策研究 [J].经济问题探索，2009，（3）：68-73.

[106] 骆中钊等.新农村住宅设计与营造 [M].北京：中国林业出版社，2008：290.

[107] 高建岭等.生态建筑节能技术及案例分析 [M].北京：中国电力出版社，2007：6-7.

[108] 毛刚.生态视野.西南高海拔山区聚落与建筑 [M].南京：东南大学出版社，2003：178.

[109] 惠逸帆.西蒙.华勒兹的现代竹构实践 [J].住区，2009，（6）：78-83.

[110] 柏文峰，曾志海，吕珏.振兴傣族竹楼的技术策略 [J].云南林业，2009，30（5）：36-37.

[111] 柏文峰.云南民居结构更新与天然建材可持续利用 [D].北京：清华大学，2009.

[112] 柏文峰.云南民居结构更新与天然建材可持续利用 [D].北京：清华大学，2009.

[113] 光明网.西藏概况［EB/OL］.http://www.gmw.cn/content/2009-09/07/content_976735.htm，2015-09-10.

[114] 中国青藏高原研究会.西藏自治区鸟瞰图［EB/OL］.http://www.cstp.org.cn/，2015-09-10

[115] 杨柳等.西藏自治区《居住建筑节能设计标准》编制说明 [J].暖通空调，2010，（09）：51-54

[116] 刘树华，熊康.南极瑞穗站太阳分光辐射及大气透明状况 [J].北京大学学报（自然科学版），1994，（01）.

[117] 西藏气候特点［EB/OL］.http://www.sccts.com/tibet/weather.htm，2015-09-10.

[118] 西藏气候特点［EB/OL］.http://www.sccts.com/tibet/weather.htm，2015-09-10.

[119] 张晴原，Joe Huang.中国建筑用标准气象数据库 [M].机械工业出版社，2004.

[120] 中国气象局风能太阳能资源中心，我国太阳能资源分布图［EB/OL］.http://cwera.cma.gov.cn/Website/index.php?WCHID=2，2014-09-10.

[121] 阿兹古丽 艾山.喀什维吾尔族住宅建构文化与特色研究 [D].新疆大学硕士论文.2010.

[122] 何文芳，新疆干热气候维吾尔族住宅建筑气候设计方法研究 [D].西安建筑科技大学博士论文.2012.

[123] 陈震东.新疆民居 [M].北京：中国建筑工业出版社，2009.

[124] 严大椿.新疆民居 [M].北京：中国建筑工业出版社，1995.

[125] 何文芳，白卉，刘加平.吐鲁番地区民居夏季热舒适测试研究 [J].太阳能学报.

[126] 闫增峰.生土建筑室内热湿环境研究 [D].西安建筑科技大学博士学位论文.2003.

[127] ASHRAE HANDBOOK FUNDAMENTALS, 1997, American Society of Heating, Refrigerating and Air- Conditioning Engineers, Inc.

[128] 孙晓峰，曾坚，周传璐，黄晓冬.台风灾害对琼北地区城市建设的影响 [J].北京工业大学报，2012，38（6）：840-846.

[129] 张彩凤.海口市海岸防护林现状及景观海防林规划建设研究 [D].海口：海南大学，2008.

[130] 海口市海岸线近缘陆域生态景观建设问题调查报告 [R]. 海口：海口市林业局，2009.

[131] 商萍君，陈志，胡汪洋，罗昔联，俞炳丰. 太阳辐射下建筑外墙墙面材料隔热性能的实验研究 [J]. 制冷，2003，22（4）：1-5.

[132] 谢浩. 从自然通风角度看广东传统建筑 [J]. 住宅科技，2007，（12）：30-33.

[133] 江亿，林波荣，曾剑龙，朱颖心. 住宅节能 [M]. 北京：中国建筑工业出版社，2006：152.

[134] 何水清. 空心砖的某些物理性能与墙的性能研究 [J]. 四川建筑，2005，（4）：11-14.

后　记

　　不同于城市地区的是中国广大乡村地区尤其是西部乡村地区缺乏良好的经济基础和营造技术，绿色建筑的理念如何在占地面积广泛而经济发展又相对落后的西部乡村进行推广，这是我们一直思考的问题。研究中心立足于中国西部地区，经过多年来的努力，分别对陕西、青海、宁夏、西藏、新疆、四川、云南等地的地域性乡村民居从理论研究和工程实践两个方面进行了深入的探讨，初步架构了西部地区绿色建筑的层级理论，建立了西部地区绿色乡土民居的研究框架，积累了大量的实地调研的案例、测试数据以及工程实践的经验，取得了一定的理论成果和社会效益。同时，研究中心不断拓宽研究视野，不仅仅局限于西部地区，同时将海南、安徽、江苏、贵州等地一切富有人居环境营造智慧的传统地域性民居也纳入到研究的范畴中来，对一切有益的传统人居智慧进行梳理，以期能够将这些传统人居智慧在当代的地域性乡土民居的发展中得到传承与发扬，以此来缓解城市化的建筑模式在向广大乡村地区传播扩散过程中所带来的与乡村生活、生产方式不匹配、建筑能耗过高、环境污染加剧、地域特色丧失等诸多方面的问题。

　　当然，由于时间和经验的局限，本书还有许多地方还不够完善。关于西部绿色建筑的层级理论如何能够在地域性乡土民居的理论研究中深入的贯彻与体现；传统地域性民居建筑的绿色营造智慧的系统化梳理；地域性建筑材料与建筑体系的当代适用性；新型材料、建构体系与当代乡村民居的融合等方面的内容研究得还不够深入，这些相关的内容会在研究中心将来的发展过程中进一步完善。

　　本书的出版要感谢那些长期在西部偏远地区进行调研的老师与同学。无论是在夏季炎热的新疆吐鲁番、还是在冬季寒冷的青藏高原，他（她）们的身影总是会出现。他（她）们的敬业精神以及对学术执着的追求，凝结成了本书中点滴的智慧结晶。同时要感谢那些为本书的形成所提出各种宝贵经验的专家、学者们，是你们的宝贵意见才使得本书日趋完善。最后还要感谢那些在本书中所引用的文献的作者以及在整理出版工作过程中默默付出努力的人们。